KB166968

젊은 여성 과학자의 초상

A PORTRAIT OF THE SCIENTIST AS A YOUNG WOMAN
Copyright © 2023 by Lindy Elkins-Tanton
All rights reserved.
Korean translation rights arranged with Aevitas Creative Management,
New York through Danny Hong Agency, Seoul.
Korean translation copyright © 2023 by Next Wave Media Co., Ltd.

이 책의 한국어판 저작권은 대니홍 에이전시를 통한
저작권사와의 독점 계약으로 흐름출판(주)에 있습니다. 신저작권법에 의해
한국 내에서 보호를 받는 저작물이므로 무단전재와 복제를 금합니다.

젊은 여성 과학자의 초상

린디 엘킨스탠턴 지음
김아림 옮김
a Portrait of the Scientist as a Young Woman
흐름출판

추천의 글

우주라는 녹록지 않은 공간에 도전하는 사람들의 용기는 어디서 나오는 것일까. 태양계 행성들의 첫 탄생의 순간을 고스란히 간직하고 있는 소행성 탐사라는 매력적인 프로젝트를 이끈 대담한 여성 과학자는 어떤 삶을 살아왔을까. 프시케 소행성 탐사선은 2023년 10월 13일 우주로의 여정을 시작했다. 우주 미션을 만드는 일은 탐사선을 계획하고, 제안서를 작성하고, 어렵게 예산을 확보한 후, 실제 개발과 탐사선의 비행까지 십수 년의 시간이 걸리는 일이다. 예상치 못한 변수 때문에 프로젝트는 늘 지연되거나 취소될 수 있고, 실패할 수도 있다. 그 모든 위험을 감수하고도 우리는 늘 더 넓은 세상으로 나가기 위해서 끊임없이 도전한다. 비록 실패하더라도 최선을 다한 모든 순간에 인류는 조금 더 가치 있는 진보를 이룬다. 여기, 수많은 고비를 넘기면서도 결코 포기하지 않고 온전히 자신의 일에 몰두한 용기 있는 여성 과학자의 삶, 사랑, 과학에 관한 이야기가 있다. 우주 탐사선에 관심이 있거나, 우주과학자의 꿈을 가진 사람들에게 주저 없이 이 책을 추천하겠다.

— 황정아, 인공위성 만드는 물리학자, 한국천문연구원 책임연구원,
한국과학기술원 항공우주공학과 겸직교수

제목에 책의 모든 것이 담겨 있다. 젊은, 여성, 과학자. 스물한 살에 MIT에서 석사 학위를 마치고도 커리어를 발전시키는 데 시간이 지연된 이유부터, 가족사에 얽힌 슬픔과 기쁨, 배움의 발견과 과학계 #미투, 건강과 관련된 우여곡절, 엄청난 좌절을 감수하면서 우주 프로젝트에 장기간 헌신하는 지금에 이르기까지, 과학과 삶은 묵직하게 린디 엘킨스탠턴의 이야기를 끌어가는 두 개의 축이 된다. 과학계에서 여성이 공부하고 가르치고 팀을 이끄는 과정 전반에 대해 엘킨스탠턴은 자신이 쌓아온 노하우를 아낌없이 나눈다. 그가 여상하게 풀어내는 삶의 국면들은, 미처 다 보도될 수 없었을 사건의 이면이기도 하고 가족에게도 다 털어놓기 어려웠을 애끓는 고뇌이기도 하다. 멀리 내다본다는 말의 뜻을 이 책을 통해 배운 듯한, 충만한 기분이 든다. 엘킨스탠턴은 위대한 탐험가들 이야기를 읽으며 자랐다고 적었다. 이 책 또한 독자들에게 위대한 탐험가의 모험담이 되어줄 것임을 믿어 의심치 않는다.

— 이다혜, 작가, 「씨네21」 기자

"린디 엘킨스탠턴은 경이와 발견과 고통과 상실로 가득한 놀라운 삶을 살아왔다. 강렬하고, 흡인력 있으며, 궁극적으로 영감이 넘치는 책."

— 엘리자베스 콜버트, 퓰리처상 수상 작가, 『여섯 번째 대멸종』 저자

"눈을 사로잡는, 아름답게 쓰인 책. … 엘킨스탠턴은 자신을 솔직하게 드러내는 용기를 내어 과학자로서, 또 여성으로서, 좋고 나빴던 모든 경험을 살펴 삶의 가장 핵심에 있는 의미를 발굴해낸다."

— 「워싱턴포스트」

"매력적이다. 과학 분야에 몸담은 한 여성의 여정을 탐사하는 동시에 여성들을 위해 더 다양성 있는 일터를 만들어내자고 호소하는 책."

— 「사이언스」

"남성이 지배적인 분야에서 여성으로서 성공하기까지의 도전과 기쁨, 그리고 우주의 숭고한 아름다움이 전하는 힘과 위안이 담겼다. 미국 우주 프로그램의 스타가 쓴, 두려움 없이 나아가는, 흥미진진한, 에너지를 주는 이야기."

— 「커커스리뷰」

"과학 분야로 나아갈지 고민하는 사람들에게 영감을 주는 책. 하지만 이 책은 그 외의 독자들에게도 통찰의 원천으로서 가치가 있다."

— 「네이처」

"여성 리더십, 과학 분야와 자기 발견에서 우리에 깨달음을 주는 책."

— 크리스 해드필드, 전 국제우주정거장 사령관

"엘킨스탠턴은 과학적 발견의 과정을 설득력 있는 산문으로 표현하는 능력에서 빛을 발한다. … 과학 탐험의 아름다움에 대한 멋진 찬사."

— 「퍼블리셔스위클리」

" 아름답고 영감 넘치는 회고록."

— 「크리스천사이언스모니터」, '올해 최고의 책' 선정

“감동적이다. 저자가 이야기하는 어린 시절의 트라우마와 성차별에 대한 투쟁은 과학계에서 많은 여성들이 여전히 직면하고 있는 장벽을 드러낸다.”

— 「사이언스뉴스」, ‘올해 최고의 책’ 선정

“투지와 우아함이 담긴 감동적인 이야기이자 변화하는 시대의 리더십에 대한 매혹적인 연구. 재능 있는 이야기꾼인 저자는 우주 탐험에 대한 회고록을 넘어, 우리가 이 지구에서 어떻게 살아가는지에 대한 통찰력 있는 이야기를 썼다. 지금까지 쓰인 과학 회고록 중 가장 훌륭한 책.”

— 데이비드 W. 브라운, 『미션』 저자

“매력적이고 솔직하다. 남성이 지배적인 분야에서 여성으로서 겪는 도전과 성공을 집중 조명한다. 폭넓은 독자의 마음을 끌 만한 이 책은 우리에게 과학의 인간적인 면을 자세히 들여다볼 기회를 제공한다.”

— 「라이브러리저널」

“엘킨스탠턴은 호기심, 관대함과 협업을 통해 더 나은, 더 포용적인 학문을 창조하는 방법을 이야기한다.”

— 「북리스트」

일러두기

- 이 책은 Lindy Elkins-Tanton의 *A Portrait of the Scientist as a Young Woman*(William Morrow, 2022)을 완역한 것이다.
- 도서명과 잡지명은 겹낫표(『』)로, 짧은 글이나 논문, 곡명은 홑낫표(「」)로 표시했다.
- 본문에 언급된 도서 중 국내에 번역된 것은 국내 번역서의 제목을 따랐다. 국내에 번역되지 않은 도서는 그 제목을 번역하고 원제를 병기했다.
- 본문 하단의 각주는 모두 옮긴이 주이다.

우주로 떠나는 임무

"그게 폭발하면 어떻게 되나요?" 최근에 고등학생 하나가 내게 이렇게 질문했다. "고쳐서 다시 할 수 있어요?"

이런, 안 돼. 8억 달러가 들어간 우주 프로젝트를 처음부터 다시 하는 건 내 사전에 없다. 폭발하는 순간 우린 끝장이다.

2022년 8월, 행운과 노력, 운명이 한 목표로 맞아떨어진다면 우리 로켓은 지구를 떠나 소행성 '(16) 프시케(16) Psyche'로 향하는 3.4년의 여정을 시작할 것이다. 소행성들은 발견된 시점부터 번호가 하나씩 붙는데, 프시케는 우리 인류가 발견한 16번째 소행성이다. 아마도 소행성대에 있는 소행성 150만 개 가운데 하나일 것이다. 인류가 탐사해야 할 태양계 천체는 그렇게 많이 남지 않았는데 프시케는 그런 천체 중 하나다. 우리 과학자들은 이 소행성이 주로 금속으로 이루어졌다고 생각한다. 완전히 확실한 것은 아니지만, 프시케는 아마도 태양계에서 최초로 형성된 중심부 핵의 금속에서 비롯했을 것이다. 이것이 바로 우리가 이 소행성을 탐사하는 이유다. 먼저 미행성planetesimal이라고 불리는 매우 초기의 뜨겁고 조그만 행성에서 녹은 금속이 안쪽으로 가라앉아 중심부 핵을 형성했을 것이다. 이후에 이 미행성은 지구를 비롯해 오늘날의 다른 여러 큰 행성에 통합되는 대신 조각조각 부서졌다. 프시케는 당시 노출된 중심부의 일부로 추정된다.

인류는 달에 도착한 이후로 무인 우주선을 보내 다른 암석 행성(수성, 금성, 화성)과 가스나 기체로 이루어진 거대 행성(목성, 토성, 천왕성, 해왕성), 그리고 얼어붙은 소행성과 위성(세레스, 엔셀라두스, 유로파, 그리고 혜성 몇 개)들을 조사했다. 그런데 우리가 그동안 조사한 적이 없는 태양계 천체의 한 부류가 남아 있었다. 바로 주로 금속으로 이루어진 소행성의 작은 범주다.

지구 중심부의 핵을 비롯해 다른 암석 행성들의 핵은 금속으로 이루어졌다. 지구의 핵은 자기장의 원천이기도 한데, 이 자기장은 대기를 보호하고 우리 행성에 생명체가 거주할 수 있도록 한다. 금속은 분명 생명체가 지구에서 살아갈 수 있게 하는 기본적인 구성 요소다. 하지만 지구의 중심부 핵을 직접 관찰하기란 불가능하다. 우리는 핵이라는 금속성 세계를 마주 보기 위해서는 소행성 프시케로 가야 한다고 판단했다. 물론 그곳에 도달하기 전까지는 프시케가 진짜로 미행성 핵의 일부였는지를 확실히 알 수 없겠지만, 그래도 프시케는 우리 태양계에서 금속으로 이루어졌을 가능성이 있는 유일한 소행성이다.

태양계는 근처의 한 항성이 폭발해 초신성이 되면서, 여기서 나온 충격파에 부딪힌 먼지와 기체의 광대하고 밀도 낮은 구름에서 시작되었다. 이 초신성이 우리를 탄생시킨 도화선이 된 셈이다. 충격파가 구름을 압축하자 구름 일부가 자체 중력에 의해 붕괴하기 시작했고, 회전하면서 중심부에 먼지와 기체가 집중된 원반을 이루어 젊은 항성으로 자라났다. 플라스마와 먼지, 기체 등이 회전하는 원반에서 칼슘, 알루미늄, 티타늄이 풍부한 조그만 미네랄 광물이 처음 등장했다. 이것들은 플라스마와 액체 상태였던 뜨거운 원반이 냉각되면서 가장 높은 온도에서 고체로 응고되는 원소들이다. '칼슘-알루미늄 함유물'이라 불리는 이러한 성분은 오늘날 지구로 떨어지는 운석에서 발견된다. 회전하는 원반 속에서 압력과 충격파에 의해 물질이 서로 부딪치며 점점 더 큰 덩어리로 뭉쳐서 행성을 이루는데, 이 빠르고 격렬한 과정에서 생겨난 조그만 생존물들인 셈이다. 이런 덩어리들 가운데 일부는 대륙만큼이나 커다랗다.

칼슘-알루미늄을 함유한 이 작은 돌멩이들이 형성된 45억 6800만 년 전이라는 시점은 지구가 형성되기 훨씬 이전으로 우리 태양계가 시작된 시기라고 일컬어진다. 만약 우리가 45억 6800만 년 된 태양계의 나이를 24시간으로 환산한다면, 처음 20초 이내에 벌써 암석과 금속이 뭉쳐져서 지름이 수십에서 수백 킬로미터에 이르는 미행성이 되었을 것이다. 이것이 방금 말한 대륙 크기의 덩어리들이다.

우리는 이런 미행성들 가운데 하나가 소행성 프시케의 모체라고 추정한다. 오늘날 화성과 목성 사이를 공전하는 소행성 프시케는 파괴된 미행성의 부스러기라고 여겨진다. 하지만 우리와 원시 미행성 사이의 시간 간극 때문에 초기의 여러 덩어리를 관측하기가 불가능한 것과 마찬가지로, 지구와 프시케 소행성 사이의 먼 거리 때문에 지름이 약 222킬로미터(코드곶을 제외한 매사추세츠주의 폭, 또는 스위스의 남북 거리)인 프시케는 너무 작아 지구에서 또렷하게 관찰하기 어렵다. 그래도 전자와 후자의 차이점이 있다면 우리가 과거로 돌아갈 수는 없어도 프시케라는 우주의 만까지 '다리를 놓을' 수는 있다는 것이다. 다시 말해 우리는 프시케의 정체를 알아내기 위해 무인 탐사선을 보낼 수 있다.

2022년 여름의 그날, 우리는 약 2만 킬로그램의 폭발성 추진체 위에 800명의 인력과 11년의 세월, 2000장의 제안서, 완벽한 배선과 소프트웨어, 태양 전지판과 볼트, 연결부, 버팀대로 이루어진 노력이 담긴 우리 우주선을 텅 빈 우주로 보낼 것이다. 우리 모두는 성공하리라 생각한다. 성공하도록 최선을 다하고 있다. 그리고 성공하기를 바란다.

물론 실패할 수도 있다.

우주란 까다로운 곳이니까.

그동안 심우주 탐사 프로젝트를 진행했던 사람은 많지 않고, 각자가 서로 다른 길을 걸었다. 어쩌면 우주 임무를 수행하는 단 하나의 방법은 없을지도 모른다. 하지만 과거에 효과가 있었던 일련의 과정이 있었다 해도 나는 우리가 그중 어느 것도 따르지 않았다고 얼마쯤 확실히 말할 수 있다.

차례

1부

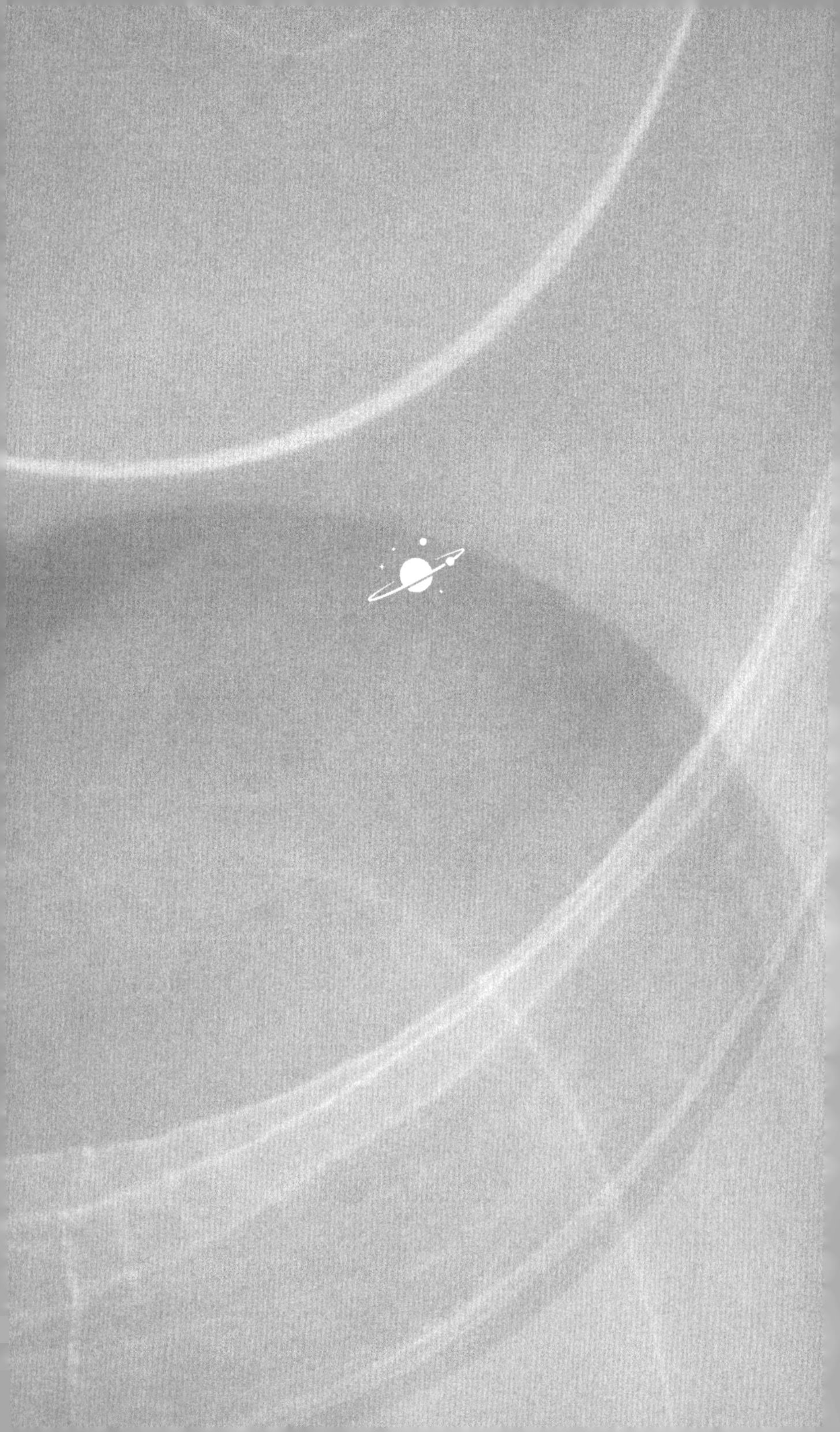

1장

내가 가진 건 질문뿐

어린 시절을 생각할 때, 내 머릿속에 가장 선명하게 떠오르는 이미지는 우리 집의 진입로 기슭에 자리한 어린 포플러 군락이다. 솎아내거나 다듬지 않은 나무 무리는, 진입로 끄트머리로 지나가는 지하 배수로에 깊은 구멍을 숨기고 있었다. 그날 오후 내가 길을 따라 올라가는 동안 봄날의 어린잎이 햇빛과 바람에 반짝이며 부스럭거렸다.

그해는 1982년이었고, 그날 아침 물리학자이자 노벨상 수상자인 한스 베테 교수가 내가 다니던 이서카고등학교를 방문해 미국과 소련 사이의 핵 군비 경쟁과 상호 확증 파괴의 개념에 관해 강연을 했다. 이 칙칙한 인도와 화려한 승용차들, 바람에 흔들리며 제멋대로 반짝거리는 포플러 군락도 어느 순간 끝날지 몰랐다. 우리는 경고도 받지 못한 채 화염 폭풍으로 순식간에 사라질 수 있었다. 이렇게 부서지기 쉬운 연약한 세상에 산다는 건 어떤 의미일까? 나는 예전부터 마음속에 품었던 두려움의 원인을 오늘 막 찾았다. '핵전쟁'에 관한 두려움은 순식간에 솟구쳐 올라 나의 기쁨과 미래에 어두운 그림자를 드리웠다.

그때까지만 해도 나는 진로를 확실히 정하지 못한, 성실하기만 한 10대 예비 지성인이었다. 플루트 연주 실력이 괜찮았고 음악원에 진학할까 하는 생각도 해보았지만, 내가 훌륭한 오케스트라에서 솔리스트나 수석 연주자가 될 재능이 결코 없다는 사실도 알았다. 또 문학이나 글쓰기, 예술, 예술사에 관심이 많기는 했어도 그건 나보다 오빠와 아버지의 영역이라고 내심 느꼈다. 나는 '젊은 배관공들'이라는 이름의, 고등학생 지식인과 활동가들이 속한 조그만 동아리의 일원이었다. 우리는 정치적 견해와 평론을 담은 고급 정기 뉴스 레터를 썼는데 일부 글은 학교 교육위원회를 겨냥했고 일부는 국내외 시사 문제에 관한 것이었다. 우리는 대학 학점으로 인정되는 고급 강의를 함께 들었는데 특히 영어 과목을 같이 수강했다. 이 수업에서 우리는 『비운의 주드』와 셰익스피어의 작품을 읽었고 주로 성과 정치에 관해 토론했다. 그러던 어느 날 수업에서 시를 선택해서 암송하는 과제를 받았다. 나는 흥분했다. 체스와프 미워시라는, 정말 좋아하는 시인이 있기 때문이었다. 나는 그의 시 중에서 가장 좋아하는 시인 「외로움의 공부Study of Loneliness」를 골라서 외웠다.

만약 내가 모든 인류라면, 그들은 내가 없는 그들 자신일까?
그리고 그는 소리쳐도 소용없다는 것을 알았다. 그들 중 누구
도 그를 구할 수 없었기에.

암송을 마치자 침묵이 뒤따랐고, 그런 다음 선생님은 내가 잘난척한다고 날카롭게 평했다. 선생님의 말에 내가 시에서 느꼈던 기쁨과 위안이 순식간에 씻겨 내려가고 싸늘한 부끄러움이 남았다. 그리고 곧바로 깨달았다. 「무의미한 말Jabberwocky」을 암송하는 게 훨씬 나았을 거라고. 나는 자리에 앉았다.

모임에서 우정을 쌓고 여러 활동을 이어갔지만, 이런 순간들 때문에 나는 남들이 나를 어떻게 받아들이는지 모른다는, 그래서 내 행동과 의도의 주인이 내가 아니라는 불편한 느낌이 생겼다.

그러는 동안 집에서는 어머니도 어딘가 망가져 갔다. 어머니는 여러 해 동안 아버지 사무실의 관리를 맡았는데, 이제 어머니는 매일 저녁 화가 난 채 퇴근했고, 그때마다 현관문을 발로 차서 온 집 안의 유리창이 덜컹거렸다. 어머니는 식료품이 든 봉지를 부엌 조리대에 내던지고는 침실로 성큼성큼 걸어가 등 뒤로 문을 쾅 닫았다. 이런 상황은 아마도 필라델피아의, 오점 없이 깔끔한 가족에서 자라 온 어머니가 상상한 생활은 아니었을 것이다. 그렇게 나는 몇 달 동안 어머니 얼굴을 제대로 보지 못했고 대화도 전혀 나누지 못했다. 오빠들은 대학에 진학하며 집을 떠난 지 오래여서 저녁 시간에는 나와 아버지만 있었다. 나는 아버지

와 함께 텔레비전을 보며 조용하고 다정하게 차를 나눠 마시곤 했는데 그나마 이때 삶의 한구석에 조그만 빛무리가 있다고 느꼈다.

하지만 불행히도 아버지는 얄팍한 피난처일 뿐이었다. 아버지는 불시에 화를 냈고 누구도 보호받지 못하는 우주의 추위처럼 강렬하게 타올랐다. 몇 년 전에는 휴가차 캐나다 세인트로런스강 어귀에서 드라이브를 하는 동안 누군가 말 한마디를 잘못했다는 이유로 아버지는 통제할 수 없는 우주 같은 상태가 되어 여행 내내 엄청나게 격분했다. 나는 패닉에 빠져 심장 박동이 귀에 울릴 정도였다. 아버지는 빈 캔을 창밖으로 내던지며 끊임없이 맥주를 마셨다. 한때는 야외 활동을 좋아해서 나에게 카누 타는 법을 가르치고 뉴욕 카유가 호수의 북쪽 끄트머리에 있는 몬티주마 야생동물 보호구역에서 지금 날아가는 새가 어떤 종인지 알아내는 법을 알려주던 아버지였다. 하지만 그 여행에서 나는 아버지 옆에 겁에 질린 채 앉아 있었고 가족 모두 차 안에 처박혀 있었다. 엄마와 큰오빠 짐은 앞 좌석에, 작은오빠 톰과 아버지는 뒷좌석에 앉았고 내가 그 사이에 앉았다. 톰이 이따금 정신을 차리고 침착하고 안전하게 가벼운 화제로 대화를 시도했다.

집에서 우리는 함께 토마토를 키웠고, 아버지는 나에게 잔디 깎는 기계 수리하는 법을 가르쳐주었다. 우리 가족은 그해 처음 수확한 잘 익은 토마토를 함께 먹는 전통이 있었다. 햇볕에 따뜻해진 향기로운 토마토는 한 입 베어 물었을 때 가능한 한 가장 신선한 것이어야 했다. 그러려면 토마토가 가지에 붙어 있을 때 따서 먹어야 했다. 텃밭에서 아버지가 옆으로 다가와 자리를 잡으면 나는 눈을 감았고, 아버지는 마치 의식처럼 소금을 솔솔 뿌렸다. 소금이 탄탄한 과육 위로 튕겨져 나오면 나는 토마토를 한 입 베어 물었다.

그런 순간에 느껴졌던 가족 간의 애정과, 아버지가 일을 마치고 집에 돌아왔을 때 "안녕, 친구!"라고 외치던 모습이 아버지와 저녁에 차를 마시고 텔레비전을 보는 동안 내게 잠정적인 안정감을 가져다주었다. 하지만 나는 항상 말을 조심했다. 아버지가 나의 보호자가 아니라는 사실을 알았지만 그래도 우호적인 관계를 유지할 수 있었다.

대학교 입학 원서를 내야 할 때가 되면서 상담 교사가 진로와 관련한 질문지를 줬다. 내 기억에 내가 제안받은 분야 중 하나는 산림 관리학이었다. 나는 그 분야를 잘 몰랐지만, 과학에는 흥미가 있었다. 과학이라는 분야에서는 단단함이 느껴졌다. 나는 몬티주마와 핑거 호수에 관련된 동식물, 지형, 동물 행동학, 야생동물 보호, 생물학, 지구 과학에 관심이 있었다.

그중에서도 지질학에 관해 생각할수록 마음이 차분해지고 위로를 받았다. 나는 태양계가 40억 년이 넘었다는 사실을 알았다. 수십억 년 동안 행성들이 궤도를 공전하고 태양이 빛나고 있는데 1분 1초가 무슨 소용인가? 내가 아무리 핵무기의 파괴력이 주는 공포에 사로잡혀 있다 해도 무슨 소용인가? 그것이 그저 우주적인 시간의 한순간을 스쳐가며 앞으로 수십억 년은 더 지속될 조그마한 행성에 거주하는 작은 인간이 느끼는 두려움이라면 말이다. 과거로, 그리고 미래로 뻗어 있는 지질학 연대표를 보고 있으면 마치 무더운 날 시원한 음료수 한 잔을 들이켜는 느낌이었다.

* * *

"$\frac{1}{(x+1)}$을 적분하면 뭐지?"

대학에서 나는 프랭크 모건이라는 무척 카리스마 넘치는 젊은 교수님의 1학년 미적분 수업에서 고전을 면치 못했고, 교수님을 찾아갔다. 소리가 웅웅 울리는, MIT 수학과의 석회석 복도를 지나, 수수한 검은색 문을 열고 두려워하며 교수실로 들어갔다. 하지만 내가 안고 있는 문제를 어떻게 해결해야 할지에 대한 생각은 없었다. 교수님은 문제에 대한 답을 주는 대신 곧바로 또 다른 문제를 냈다.

나는 미적분학에서 C를 받았는데 이건 나에게 F처럼 느껴지는 성적이었다. 고등학교에서는 굳이 따로 공부할 필요가 없었다. 하지만 학생 모두가 존경했던 미적분학 예비 과정 선생님은 나에게 MIT 추천서를 써주는 데 동의하면서도 "너는 절대 그 학교에 들어갈 수 없을 거야"라고 장담했다. 그 말대로였는지 MIT에 입학하고서도 물리학, 미적분학, 화학, 인문학(나는 예술사를 수

강했다)으로 이루어진 표준적인 신입생 교육 과정과 기숙사에서 이루어지는 열정적인 사교 활동은 취약한 내 학습 능력을 한계까지 쥐어짰다.

모건 교수는 내가 대답하기를 묵묵히 기다렸다. 도저히 나오지 않는 답을 찾아 머릿속을 뒤지다 보니 눈앞이 흐려지고 손이 시려 왔다. 자연로그에 대해 내가 아는 지식을 중얼거렸지만 자신 있는 대답이 아니었다. 교수님은 나를 더 괴롭히지 않았다.

"그래서 학생의 성적이 좋지 않은 거야." 교수님이 말했다. "공부를 충분히 열심히 하지 않으니까."

* * *

MIT에 처음 입학했을 때, 나는 자신감 넘치고 힘차게, 그리고 나답게 학교 생활을 시작했다. 그해 여름에는 친구 테오, 크리스와 함께 자전거 종주를 했다. 우리는 위스콘신주 매디슨에서 오대호를 건너 캐나다를 거쳐 온타리오주를 따라 내려가 이서카로 돌아왔다. 부품을 사서 자전거를 직접 조립하기도 했다. 하지만 미적분학이라는 과목에서 겪은 실패는 MIT가 고등학교와는 또 다른 어려운 경험이 될 것이라는 신호였다. 나는 내가 탐험가나 현장 지질학자 일에 적응하기 힘들 것이라는 사실을 금세 깨달았다. 그것이 내가 가장 원하던 일이기는 했지만. 나는 자신감과 희망으로 가득 차서 8월에 대학교에 들어왔지만 얼마 지나지도 않아 대학교는 나를 흠씬 두들겨 팼다. 나는 질문만 한가득이고 대답은 얻지 못했다. 하지만 당시에 질문은 캄캄한 어둠 속에서 내가 팔을 뻗어 주변 풍경을 이해하는 방식이었다.

가장 순수한 최고의 영어를 구사하는 학생(케임브리지에서 온)과 순수한 프랑스어(오를레앙에서 온), 최고의 힌두어를 자신 있게 말하는 학생이 널린 상황에서 나는 어디에도 감히 끼어들 수 없었다. 컴퓨터 과학을 미리 공부한 사람과만 대화를 나누는 학생들도 있었다. 내가 마치 다른 종류의 인간인 것처럼 느끼게 하는 이 자신감 넘치는 학생들을 보며 나는 이런 잠정적인 결론을 내렸다. 그들을 피하자.

나는 위대한 탐험가 이야기를 읽으며 자랐다. 인듀어런스호 이야기를 읽으며 그들과 함께 탐험하는 기분이었다. 섀클턴 팀은 해빙에 갇히고 배가 부서졌는데도 살아남았지만 엘리펀트섬의 얼어붙은 바위에 몸이 약한 사람들을 두고 떠날 수밖에 (바라건대 일시적으로) 없었다. 몇 명 안 되는 사람들과 사우스조지아섬으로 출항한 섀클턴은 결국 기적적으로 모든 팀원을 산 채로 구조할 수 있었다. 『말레이 정글에서 보낸 6년Six Years in the Malay Jungle』에서는 작가 카베스 웰스가 나를 정글로 데려갔다. 나는 두리안과 오랑우탄, 오랜 기간 탐험에 전념하는 여행을 접했다. 그리고 아마 내가 가장 좋아하고 마음 깊이 경험한 모험은 아이번 샌더슨의 책 『귀중한 동물Animal Treasure』로 알게 된 이야기일 것이다. 나는 샌더슨과 함께 유럽과 미국의 과학자들에게는 알려지지 않은 소문 속 동물들을 찾아 서아프리카로 갔다. 아프리카발톱개구리, 포토원숭이, 날다람쥐가 그런 동물이었다. 나는 말라리아에 관해 알게 되었고, 신비로운 캭, 꽥꽥 소리를 따라 동물들의 위치를 찾는 방법을 배웠다. 칠흑 같은 밤, 아프리카 대륙 한복판의 속이 빈 나무에 겁 없이 팔을 쑥 들이미는 상상도 했다.

이 책에서 나는 용기 있는 모험을 마주했고 미지의 스릴을 발견했다. 당시 내가 알지 못했던 것은 내가 모험에 초대받지 못한 이유였다. 그건 내가 어려서가 아니라 여성이기 때문이었다. 평등주의자들, 더 나아가 이상적인 히피들이 살던 이서카에서 성장한 나는 이 모든 것을 나도 할 수 있다고 생각했다. 탐험의 세계가 나를 위한 장소라고 생각했던 것이다.

하지만 프랭크 모건 교수와의 대화에서 알게 되었다시피, 나는 그 세계에서 먼저 나의 자리를 얻어야 했다. 1983년에 MIT에 입학한 것만으로는 과학과 탐험의 세계에 진정으로 받아들여지는 데 충분하지 않았다. 당시 MIT 학부생 가운데 여성은 약 20퍼센트에 불과했다. 그래도 비율은 점점 늘고 있었다. MIT는 과도기였다. 대다수 강의실에는 여성 수강생이 아예 없거나 몇 명밖에 없었다. 그리고 교수들은 거의 다 남성이었다. 캠퍼스 건물에 새겨지거나 유화, 벽화로 그려진 존경받는 인물들도 거의 다 남성이었다.

과학 분야에서 여성이라는 사실은 왜 중요한가? 누군가에게는 놀라울지도 모르지만, 그건 내가 하필 여성이기 때문은 아니다. 그보다는 내 정체성과 외모가 나에게 특정한 편견과 특권을 가져다주기 때문이다. 확실히 수 세기 동안 과학은 남성들의 세계였고, 서구에서는 백인들의 세계였다. 수천 년 동안 대다수 대학에서는 여성을 배제했다. 상당수 고위직이 여성에게 개방되지 않았던 만큼 그 위치에 있던 여성 기술자들의 성과는 남성 동료들의 것이 되었다. 꽤 최근까지도 학문 분야의 주도권은 거의 전적으로 남성들 차지였다. 물론 상황이 지난 수십 년 동안 변화하기 시작했지만, 과학자 공동체가 남성의 영역이라는 의식은 여전히 강하다. 나는 1980년대 MIT에서 그런 분위기를 확실히 느꼈다.

신입생이 수강해야 할 물리학, 화학, 미적분학 강좌를 거치면서 머뭇거리듯 나아가던 나는 전공을 선택할 순간을 맞았다. 어린 시절 사냥꾼들과 함께 모험하고 온갖 반려동물과 놀며 야생동물과 새를 즐겨 관찰했던 만큼(그리고 위대한 탐험가들이 쓴 책을 읽으며 꿈꿨던 것처럼) 동물 행동학을 전공하기를 바랐지만 당황스럽게도 유기 화학이 나를 방해했다. 분자의 상호 작용과 반응에 관해 보편적으로 이해할 수 있는 규칙이 대체 무엇이었을까?

성적이 그저 그런 신입생이었던 내게, 그리고 내 마음속에서도 이제 그 진로는 닫혀버렸다. 나는 좀 더 논리적으로 느껴지는 주제로 눈을 돌렸다. 지질학을 전공으로 선택한 것이다.

내가 다니게 된 지구대기행성과학부의 학부생은 대부분 여성이었다. 몇몇 사람은 지질학 전공을 '어려운' 과학이나 공학에서 좋은 성적을 얻지 못한 사람들의 피난처로 여겼다. 하지만 이것은 잘못된 가정이다. 지구대기행성과학부에서 뛰어난 성과를 거두려면 수학, 화학, 물리학, 생물학을 잘해야 한다. 그래도 오늘날 일부 대학에서도 그렇지만 당시에는 지질학이 내용 면에서 다른 과목보다 쉽지는 않아도 전공하는 것은 상대적으로 수월하다고 여겼다. 지구 과학은 하나의 분야로 성숙하는 속도가 생물학보다 뒤처졌고, 생물학은 화학이라든지 특히 물리학보다 뒤처졌다.

1800년대 초, 화학자이자 물리학자인 마이클 패러데이는 단출한 실험실에서 전기와 자기에 관한 기본 원칙을 발견해냈다. 패러데이는 자기 집 부엌에서 연구했다. 비슷한 시기에 지질학자 찰스 라이엘은 『지질학 원리**Principles of Geology**』라는 저서를 출간했는데, 여기에는 지질학적 과정이 느리고 균일하게 일어나며 이전에 서양 박물학자와 철학자 들이 상상했던 것보다 훨씬 더 오랜 시간에 걸쳐 진행된다는 주장이 최초로 명확한 근거와 함께 실려 있다. 당시 사람들은 지구가 단지 수천 년 동안 존재했다고 생각했고 어떤 사람들은 수천만 년이라고 추정했다. 물리학자 켈빈 경**William Thomson**도 지구의 나이가 4억 년을 넘지 않는다고 생각했는데, 이것은 실제 지구 나이의 10분의 1에 불과하다. 라이엘은 전 세계에 걸친 여행과 관찰을 담은 저서 세 권에서 자기만의 주장을 내놓았다. 방대한 시간에 대한 이해가 전제되지 않으면 지질학은 설명이 되지 않았고 하나의 과학 분야로 연구될 수 없었다. 라이엘의 연구는 다윈에게 큰 영향을 끼쳤고 지질학이 '기술 과학'에서 '가설에서 비롯한 과학'으로 길고 느리게 발전하는 데 도움을 주었다.

나는 신입생 시절부터 무엇을 공부하는지가 아니라 무엇을 하는지가 진짜로 더 중요하다는 생각을 품고 있었다. MIT는 연구자 문화에 지배되고 있었으며 모든 시간을 연구에 들이는 대학원생이 학부생만큼이나 많았다. 학부생이 교수와 함께 무언가를 연구하는 것은 당연한 일이었다. 수업이 끝난 늦은 오후에 기숙사 부엌에 앉아 있자면 운동 연습에 지쳐 다리를 질질 끌며 들어오는 학생들도 있었지만, 실험실에서 시간을 보내다가 늦어서야 들어오는 학생들도 있었다. 마침내 1학년 1학기가 끝날 무렵, 나는 오늘날까지도 스스로 놀라워하는 용기를 내서 저명한 교수인 나피 톡쇠즈에게 전화를 했다. 내가 태어난 해인 1965년에 MIT에 와서 지구자원연구소를 설립한 나피는 팀원들과 함께 지진, 판 구조론, 천연자원에 관한 기초적인 연구와 발견을 했다. 나는 그가 높은 권위를 내세워 압박할 수도 있지만 그 대신 따뜻하고 겸손한 미소로 세상을 대하는 사람이라는 것을 느꼈다. 나는 나피에게 경험 없는 신입생이 할 만한 연구직이 있는지 물었다. 나는 우체국에서 일했던 것 말고는 아무 경험이 없었다.

내 말을 주의 깊게 들은 나피는 나를 고용했고 뉴잉글랜드 지진 네트워크를 위해 코드를 작성하는 일을 시켰다. 뉴잉글랜드 전역에 흩어진 이 지진계는 지진 관측은 물론 소련의 핵 실험 탐지에도 사용되었다. 우리는 지진계에 기록된 파동의 형태로 둘의 차이를 분간할 수 있었다. 이제 나는 지구과학자가 되어 한스 베테의 무시무시한 핵 과학의 세계에서 무언가를 담당하는 사람이 되었다.

나는 지구자원연구소에서 컴퓨터 단말기와 오픈릴식으로 테이프가 감긴 당시의 거대한 기계에 둘러싸여 매일 몇 시간씩 앉아 있었다. 옆방에는 대형 컴퓨터를 식히기 위해 바닥 아래에 냉각 시스템이 있었는데 우리는 기계를 식히기 위해 때때로 바닥에 탄산수소나트륨을 놓기도 했다. 우리 방은 키보드 두드리는 소리와 테이프 감기는 소리로 가득했고, 탁자는 양 끝에 구멍이 뚫려 계속 이어지는 인쇄 용지로 덮여 있었다. 그곳에서 나는 친절하게 웃으며 주변 사람들을 돕는 마이크 게넷과, 그가 지도하는 학부생, 대학원생, 그리고 여러 스태프 과학자와 함께 일했다. 마이크는 포트란 언어로 코딩하는 법을 알려줬으며 뉴잉글랜드 지진 네트워크가 감지한 지진의 좌표에 가장 가까운 도시를 찾는 프로그램을 짜는 일을 맡겼다. 친절하고 힘이 되는 사람들로 이루어진 이 팀은 MIT에서 내가 소속된 항구가 되었다. 우리는 센트럴스퀘어에 있는 메리청스 식당에서 저녁으로 불타는 듯이 뜨거운 중국식 만두인 훈툰을 먹었다. 우리는 그 나이에 가장 자주 벌어지는 마법 같은 방식으로 각자의 인생을 공유했다.

나는 연구실에서 멀지 않은 캠퍼스에 살았기 때문에 지진계의 종이 두루마리를 갈아 끼우는 저녁 근무를 자주 맡았다. 주머니 속에 건물 열쇠를 쥐고 어두운 에임스 거리를 가로질러 지구자원연구소까지 걸어가는 동안 나는 내가 강한 사람이며 조금은 중요한 일을 하고 있다는 느낌이 들었다. 나는 어두운 연구실의 불을 켜거나, 기계의 기록을 멈추고 지진의 파동이 그려진 1피트 너비의 종이 실린더를 교체하는 작업을 좋아했다.

어느 날 밤에는 불을 켜자 작은 펜이 열에 민감한 종이를 따라 거대한 파동을 그렸다. 그 파동은 너무나 큰 나머지 다른 모든 꿈틀대는 선을 넘어 펜이 이동할 수 있는 한계에 부딪혔다. 이런 비상사태에 대비해 빨간색 응급 전화가 있었는데, 나는 그날 저녁 처음으로 퇴근한 연구실 관리자에게 전화를 걸어 방금 큰 지진이 기록되었다고 말했다. 위치가 어딘지는 아직 아무도 몰랐다. 그것이 1985년 멕시코시티에서 일어난 대규모 지진이었다는 사실은 나중에 알았다. 뉴햄프셔로 이어지는 지진 감시 네트워크에서 이 지진은 거대한 파동과 스파이크를 보여주었다.

여기서 나는 가족처럼 느껴지는 새로운 팀을 찾았다. 이 팀에서 내가 사람들과 함께한 작업은 그동안 강의실에서 배운 지식에 의미를 부여했다. 팀원들과 함께 목표를 달성하는 것은 주어진 문제를 푸는 것과는 다르게 진짜처럼 느껴졌다. 그렇게 한 해를 마무리하고 여름 방학이 되어 이서카의 본가에 돌아갈 무렵 나는 스스로 어느 정도 기반을 찾았다고 느끼기 시작했다.

전공 공부를 시작한 2학년 때 나는 화성 암석학이라는 수업을 들었다. 담당 교수인 팀 그로브는 진지하고 엄격했으며, 수업은 필기할 것이 많았지만 그래도 이해하기 쉬웠다. 그로브 교수는 단정한 셔츠와 바지 차림에 버켄스탁을 신고 수업에 나왔다. 수업이 이해하기 쉽다 해도 그로브 교수는 엄했고 우리가 대답을 더듬거리면 웃음기 없는 표정으로 안경 너머로 우리를 똑바로 바라보곤 했다.

어느 날 그로브 교수는 연구를 할 학부생이 필요하다고 말했다. 나는 열성적으로 자원했고 그 주 후반에 '그린빌딩Green Building'으로 더 자주 불리는 MIT의 54동 건물 12층 사무실에서 그로브 교수를 만났다. 사무실에는 현미경과 컴퓨터, 책과 서류 더미, 그리고 수수한 철제 책상이 있었다. 창문에서 찰스강 너머 보스턴에 이르는 전경을 볼 수 있었지만 여기에는 블라인드를 쳐놓았다. 그로브 교수는 자신에게 위험이 따르는 아이디어가 하나 있다며 말을 건넸다. 이 프로젝트에 필요한 실험은 시간이 걸리고, 들인 공에 비해 효과가 없을 수도 있다. 그래서 바꿔 말하면 이 프로젝트는 과학을 연구하는 과정과 실험을 수행하는 방법에 관한 모든 것을 배워야 하는 학부생에게 제격이다. 구체적인 결과가 나오지 않더라도 그렇게 큰일은 아니다…. 높은 위험에 높은 보상이 따르는 일인 걸까? 프로젝트가 결국 실패해도 크게 놀랄 일은 아니고 문제도 없다는 걸까? 나는 참여하기로 했다. 그리고 교수님에게 질문을 하기 시작했다. 그러자 그로브 교수는 몇 마디 대답하더니 차갑게 덧붙였다. "질문이 지나치게 많지 않았으면 좋겠구나." 그 순간 나는 한기를 느꼈고 그것이 아버지에 관한 기억 때문이라는 사실을 깨달았다. 아버지는 발 한 번 잘못 디뎌 깊은 수렁에 빠지는 것처럼 갑자기 변해 돌이킬 수 없을 만큼 화를 내곤 했다.

어쨌든 그로브 교수는 나의 첫 번째 과학적 집념의 대상이 될 큰 과제를 소개해주었다. 지구와 달의 내부를 모방한 고온과 고압 환경에서 실험을 수행해서 그 내부의 온도와 압력, 구성 성분이 오늘날 어떠한지, 그리고 과거에는 어땠는지 해석하는 작업이었다. 나에게 그 일은 제대로 된 과학처럼 느껴졌다. 겉으로는 관련이 없어 보이는 바위 조각에서 우주의 진리를 알아내고, 우리가 찾아가기에는 너무 먼 곳에 관해 알아내는 것이다. 이 프로젝트에서 나는 전문가가 될 터였다. 아무도 알지 못하는, 지구에 관한 어떤 사실을 배울 수 있을 것이다.

그로브 교수의 프로젝트에서는 암석을 형성하는, 지구에서 가장 흔한 광물인 장석을 다뤘다. 마그마에서 응고된 암석인 화성암에는 두 종류의 장석이 공존한다. 하나는 칼륨 함량이 높고, 다른 하나는 칼슘과 나트륨의 혼합물이 더 풍부하다. 각각의 정확한 구성비, 즉 칼륨, 칼슘, 나트륨의 상대적인 비율은 광물이 형성되는 온도와 압력에 따라 달라진다. 그로브 교수는 정해진 압력과 온도에서 가루가 된 암석을 가열하고 그 결과 만들어진 암석을 추출하면 그 속의 장석에서 칼륨, 칼슘, 나트륨의 비율을 측정할 수 있을 것이라고 생각했다. 서로 다른 압력과 온도에서 이 작업을 반복하면 다양한 압력과 온도에서 형성된 장석의 성분에 대한 데이터베이스를 구축할 수 있다. 그러면 두 종류의 장석이 포함된 자연 암석을 가진 사람이면 누구든 암석의 조성물을 알아내고 그것을 우리의 데이터베이스와 비교해 암석이 형성된 압력과 온도를 알아낼 수 있다. 이러한 종류의 보정 방식을 지질 기압계, 지질 온도계라 부른다. 우리는 장석을 이용해 지질 기압계와 지질 온도계를 만드는 작업을 시작한 참이었다. 그러면 과학자들은 암석 표본을 가지고 암석이 산으로 밀려 올라가기 전에 지각에 얼마나 깊이 묻혔는지 같은 질문에 답하면서 암석이 형성된 온도와 압력을 알아낼 수 있었다.

그로브 교수의 설명에 따르면 실험에 필요한 용광로는 아직 없으며 팀원들과 함께 만들 예정이었다. 몇 달 동안 나는 그로브 교수의 견습생이었다. 실험실의 한 방에는 탁자와 낡은 동석 작업대에 관찰 현미경, 진공 처리된 벨 모양 보관용 유리 용기, 연마용 사포, 산이 든 병, 금 배관이 든 상자, 탄산바륨(쥐약이 아니라 특수한 고압 실험 기구에 사용되는)이 든 판지 통, 용접기, 용광로 단지가 가득했고 작업대 위로는 무거운 책들이 꽂혀 불안정하게 흔들리는 선반이 들어섰다. 또 다른 방에는 고온 고압의 용광로가 할 수 있는 만큼 단단히 포장되어 있었다. 교수와 함께 작업할 실험실 뒤편으로 가려면 작업대와 용광로 압력계의 큼직한 원반 사이로 빙 돌아가야 했다.

그로브 교수는 과학에서 가장 근본적인 규칙을 제대로 따랐다. 도구가 어떻게 작동하는지 알아야 하고 그것을 직접 제작해야 한다는 것이다. 나를 고용했을 때 교수는 내 손을 봤다. 도구를 사용하는 손처럼 보였을까? 정말 그랬다. 손에는 자전거를 조립해 타는 과정에서 생긴 굳은살이 그대로 남아 있었다. 그로브 교수는 저수조에서 나온 고압 튜브를 폭탄과 용광로 앞 밸브에 각각 연결하는 방법을 비롯해, 폭탄의 나사 캡에 있는 밸브를 전선처럼 얇고 유연한 고압 튜브에 연결하는 방법을 보여주며 우리를 가르쳤다.

마침내 우리는 원통형 고온 가마를 열두 개 넘게 만들었다. 옆으로 누운 가마의, 조개껍질처럼 벌어진 구멍에는 얇은 바게트 크기의 작은 금속 원기둥인 저온 밀봉 폭탄이 놓였다. 각 폭탄에는 중심부까지 관이 뚫려 있었고 우리는 여기에 약 1센티미터 길이의 금 캡슐이 붙은 암석 가루를 소량 넣었다. 폭탄의 한쪽 끝은 닫혀 있었고, 다른 쪽 끝은 철사처럼 얇은 금속 수관 중 하나와 연결되어 정교하게 가공된 나사 마개가 덮인 채였다. 이 금속 튜브는 차례로 고압의 물이 든 시스템에 연결되었다. 금속 폭탄은 이 물속에서 압력을 받았고 화씨 1650도(섭씨 899도)쯤 되는 뜨거운 용광로에 놓였다.

쉬운 말로 설명할 때 이 장치의 난점은 무엇일까?

일단 이 고압 장치는 다루기 까다로웠다. 너무 꽉 조여서는 안 되며 적당히 조여야 했다. 교수는 저수조의 압력계를 읽는 법을 가르쳐 주었는데, 수치가 떨어지고 있다면 어딘가에서 물이 샌 것이었다. 가끔은 고압 전선에서 바늘구멍만 한 크기로 누수가 생겼지만 극도로 뜨겁고 압력이 높은 물이 분출해도 흐름이 거의 보이지 않아 문제를 파악할 수 없었다. 실험실 구성원 모두가 용광로의 위험성을 알고 있었다. 폭발하거나 압력관이 열릴 수 있었고, 재료가 타거나 용광로의 금속 부분이 고압에서 총성 같은 폭발음을 내며 터질 수 있었다. 우리는 훈련을 받고 서로를 챙긴 데다 약간의 행운이 따라 아무도 다치지는 않았지만 그래도 크고 작은 온갖 재난이 뒤따랐다. 교수는 우리에게 도구를 떨어뜨리면 그 순간 "소음 발생!" 하고 외치라고 일렀다. 그렇게 하면 바닥에서 난 쿵 소리가 실험실의 다른 구성원에게 큰 충격을 주지 않을 것이었다. 실험실의 다른 장치도 가동 중엔 소리가 나기 때문에 큰 소리로 외쳐야 했다.

1차 실험을 할 준비가 되자 교수는 우리가 가진 표본을 보충하기 위해 하버드대학교에 순수 광물 표본을 요청하는 방법을 알려주었다. 이 광물들의 이름은 여전히 시처럼 읽힌다. 버지니아주 아멜리아코트하우스에서 온 아멜리아 알바이트(조장석), 미네소타주 크리스털베이에서 온 크리스털베이 바이토나이트(아회장석), 캐나다의 준주 누나부트에 자리한 배핀섬에서 온 레이크하버 올리고클라세(회조장석), 노르웨이 산니달에서 온 산니달 안데신(중성장석), 사우스다코타주 휴고의 페그마타이트(우백질 암석)에서 온 휴고 마이크로클라인(미사장석)이 그랬다.

나는 이런 광물을 가루로 갈아서 1만 분의 1그램까지 무게를 쟀다. 우리가 원하는 초기 구성비를 정확하게 만들기 위해서였다. 그런 다음 조그만 금 캡슐을 만들고 캡슐이 정해진 폭이 될 때까지 망치로 두드렸으며, 손으로 뾰족하게 다듬은 탄소 선단이 달린 아크 용접기를 사용해 작은 암석 가루와 물을 넣고 용접했다. 가끔은 용접기에 합선이 일어나면서, 페달을 밟아 기계에 전류를 흘릴 때 얼굴에 눌러 쓴 용접용 보안경으로 충격이 전달되기도 했다. 이런 상황에서 안정적으로 솜씨를 발휘하려면 대단한 강단이 필요했다.

그렇게 우리는 6개월 동안 매일같이 가마에서 고압으로 첫 열 가지 실험을 했다. 우리는 용접용 장갑으로 불타는 가마 받침대에서 봄베(고압 기체를 보관하는 강철 용기)를 하나씩 들어 올렸다. 그리고 여기에 뚜껑을 덮고 커다란 렌치로 두드려 좁은 구멍 안에 있는 실험 장치를 느슨하게 해서 봄베의 냉각된 윗부분으로 떨어지게 했다. 그래야 결과물이 상온까지 식어 추가적인 반응이 일어나지 않기 때문이었다. 뚜껑의 나사를 풀면 각각의 조그만 금 캡슐이 차례로 봄베에서 떨어졌다. 그중 한두 개는 변색되거나 구겨졌는데 교수는 그것들이 가마에서 가열되는 긴 시간 동안 터져서 쓸모없게 된 것이라고 말했다. 우리는 나머지 캡슐을 현미경이 있는 실험실로 조심스럽게 옮겼다. 그리고 쌍안 현미경 아래 깨끗한 페트리 접시 위에서 반짝이는 캡슐을 하나씩 열었다. 크게 애쓴 만큼 우리는 캡슐 하나하나를 마치 나비를 다루듯, 그것을 감싼 금보다 더 귀중하고 조심스럽게 다뤘다.

나는 그로브 교수가 첫 번째 캡슐 끝을 잘라 뒤집어 내용물을 페트리 접시에 쏟는 것을 어깨 너머로 열심히 지켜봤다. 교수는 무대 위 스포트라이트를 받는 스타처럼 빛났고 해부 현미경 아래서 확대되어 보였다. 캡슐에서 물 한 방울과 약간의 모래 더미가 쏟아져 나왔다. "윽, 이런." 교수가 낮게 소리 냈다.

"왜 그러세요? 무슨 일이에요?" 내가 물었다.

"아무것도 없어." 교수님이 대답했다. "아무런 변화도 없구나. 네가 6개월 전에 이 캡슐에 용접했을 때와 똑같은 암석 가루와 물뿐이야." 우리는 아마도 용광로의 온도 센서가 고장 나 충분한 온도에 이르지 못한 것이라 추정했다. 처음 용접했을 때와 똑같이 변화가 없는, 실망스러운 캡슐 속 가루 더미가 생길 때마다 우리의 좌절감도 커졌다. 6개월이라는 시간은 성과를 내기에 충분하지 않았고 온도와 압력도 충분하지 않았다. 그래서 새로운 장석 광물은 결정화되지 않았다.

이 모든 실험이 물거품으로 돌아가는 것은 결코 작은 실패가 아니었다. 시간과 비용, 정신적인 에너지를 비롯해 1년의 대부분이 아무런 성과 없이 사라졌다. 당시에 나는 어찌해야 할지 몰랐다. 그래서 이런 게 바로 실험 과학이지, 하고 생각했다! 교수는 더 높은 온도와 압력에서 실험을 다시 시도할 것이라고 말했고, 그렇게 우리는 처음부터 다시 시작했다.

첫해 중반쯤 되자 온도를 높여 반응 속도가 높아진 덕분에 실험은 결과를 내기 시작했다. 해부 현미경 아래에서 금 캡슐을 살짝 열자 가마에서 결정화된 장석 조각이 페트리 접시로 굴러 나왔다. 이것을 에폭시 수지에 고정하고 연마용 습식 화합물과 더 고운 사포로 손수 연마한 다음, 증기 증착된 탄소로 코팅하고 전자 마이크로프로브*로 분석했다.

그때 그 전자 마이크로프로브가 아직도 생각난다. 그 장치는 공간에 꽉 들어찼고 조작자(바로 나!)는 화면, 손잡이, 다이얼, 스위치로 이루어진 각진 장치들 앞에 앉았다. 한쪽에는 진공 상태로 유지되는 큰 샘플실이 있었고 측정을 실행할 때마다 단열 용기에는 차갑게 식힌 액체 질소가 다시 채워졌으며, 그러는 가운데 종종 바닥에 액체 질소가 콸콸 쏟아졌다. 마이크로프로브는 샘플 표면에 전자 빔을 쏘아 고체 재료의 원자 조성을 측정한다. 사실 이 전자총은 진공실의 뜨거운 텅스텐 필라멘트다. 전자는 필라멘트에서 흘러나와 전자기 렌즈에 의해 초점이 맞춰지며, 우리가 눈으로 볼 수 있는 가장 작은 물체보다 100배는 더 작고 심지어 세균보다도 더 작은 지름 1마이크론 정도의 빔이 접지된 샘플을 때린다. 전자는 샘플 속 원자에 에너지를 더해서 그 원자의 전자가 원자핵 주변의 더 높은 에너지 궤도로 올라가게 한다. 각각의 전자가 이 추가된 에너지를 잃으면 엑스선을 방출하며 다시 낮은 궤도로 내려앉는다. 이 엑스선은 샘플에서 날아가고 그 중 일부가 샘플실에 있는 특별한 결정 센서와 충돌한다. 각각의 원자는 특징적인 에너지의 엑스선을 방출하기 때문에 그 엑스선

* 전자 빔을 이용한 고체 물질(광물, 유리, 금속) 분석 장치.

개수를 세어보면 샘플에 어떤 종류의 원자가 각기 얼마나 있는지 알 수 있다.

이런 기계를 만들어낸 대담함이란! 그때 느꼈던 놀라움은 여전하다. 전자 마이크로프로브를 통해 내 실험에서 만들어진 장석 광물의 조성을 정확하게 알아낼 수 있었고 그로브 교수와 나는 마침내 지질 기압계와 지질 온도계를 만들었다.

하지만 먼저 나는 이 기계를 작동하는 방법을 배워야 했다. 친절하고 똑똑하며 괴짜 같기 그지없었던 실험실 담당자는 내가 작동법을 배우고 연습하는 동안 몇 날 며칠을 함께했다. 나는 먼저 작동법을 보고 들은 다음 담당자가 지켜보는 동안 기기를 조작했다. 그런 다음 담당자와 함께 실험실 밖에서도 기기를 작동해보았다. 그렇게 몇 달이 지난 뒤 나는 마침내 마이크로프로브의 액체 질소 탱크를 채울 수 있었다. 먼저 샘플을 준비하고 그것을 탄소로 코팅한다(다른 별도의 진공실과 흑연 막대, 전기가 필요한, 그 자체로 흥분되지만 실수하기 쉬운 단계다). 그리고 결과물을 마이크로프로브에 넣고, 프로브 샘플실을 진공으로 되돌린 다음 보정하고, 측정값이 신뢰할 수 있고 반복 가능한 것이 되도록 표준화한다. 마지막으로 내가 한 실험을 스스로 평가한다. 때때로 이 과정은 기기를 운용하는 비용이 낮은 밤 시간을 꼬박 새워 마라톤처럼 진행된다(설비를 계속 가동하기 위해서다. 이 시간의 운영 비용은 연구 보조금에서 지불된다).

그런 밤이면 내가 처음으로 진짜 과학자처럼 느껴졌다. 마이크로프로브가 설치된 실내는 창문이 없고 냉방 장치가 가동되었으며 기기 작동 중에는 완전히 어두웠다. 그래야 샘플에서 전자가 튕겨 나오며 형성된 이미지가 더 잘 보였다. 나는 초점을 맞춘 전자 빔으로 샘플의 조성을 측정했을 뿐 아니라 광자 대신 전자를 사용해 샘플을 '볼' 수 있었다. 전자 빔이 샘플을 가로질러 앞뒤로 래스터링*해서 하나의 이미지를 쌓아 올렸고, 그 과정에서 가시광선으로 색을 보는 게 아니라 전자를 활용해 샘플의 조성을 보았다. 이때 원자가 밀집되어 있을수록 더 많은 전자가 반사되어 이미지는 더 밝아졌다. 다시 말해 '밝음=조밀함'이고 '어두움=덜 조밀함'이었다. 나는 기기를 이해했기에 어느 정도 안심하며 사용할 수 있었고 그동안 아무도 하지 않았던 장석의 특징에 관한 정보 데이터베이스를 구축하는 중이었다. 과학자로서 내 자신감은 연결이 느슨한 전구처럼 때로는 반짝 빛났지만 곧 다시 깜박이며 사라지곤 했다.

* * *

MIT에서 여학생들은 다들 어느 순간 배려받아 학교에 입학할 수 있었으며 사실 실력이 충분치 못하다는 이야기를 들었다. 나는 고등학교 수학 선생님에게 지원서를 부탁할 때 그 말을 처

* 이미지를 2차원 형태의 픽셀로 구성하는 것.

음 들었고, 이후로 노골적이거나 암시적으로 여러 번 그런 이야기를 접했다. 또 나의 몸이 욕구의 대상이 되거나 나라는 존재가 데이트 상대로만 여겨지는 일은 비교적 쉽고 일상적으로 벌어졌다. 한 남학생은 우리가 신입생이었을 때 학부생 간의 치열한 데이트 경쟁에 대해 남자들끼리 '린디 복권'이라며 등 뒤에서 농담했다고 털어놓기도 했다. 이건 내가 매력적이거나, 똑똑하거나, 활기 넘치는 것과는 아무런 상관이 없다. 그보다는 여학생 수가 남학생 수보다 훨씬 적다는 사실과 관련이 있었다. 이때 내 가치는 과연 뭐였을까? 여자 친구 후보, 아니면 과학자? 이 무렵 지도교수의 자택을 방문했던 여성 대학원생에게 교수의 어린 자녀 하나가 이렇게 말했다고 한다. "당신은 과학자가 될 수 없어요! 여자니까!"

대학 내에서도 남녀 성비에 관해 많은 논의가 오갔다. 성별을 막론하고 학내 상당수 구성원은 여학생들의 입학이 일종의 사회적 약자 우대 정책 때문으로, 여학생들은 남학생들만큼 성취할 수 있다거나 준비되어 있지 않다고 여겼고 그런 생각을 강하게 밝혔다. 여학생이 자격 요건을 갖췄다는 사실을 보여주기 위해 입학처에서 SAT 점수를 비롯한 다른 평가 결과를 발표하기까지 했다. 그럼에도 이런 데이터보다 감정적인 반응이 더 설득력 있게 느껴지는 경우가 많았다.

나는 이렇게 느끼는 사람이 나 말고 더 있는지 알고 싶었다. 그래서 MIT 슬론경영대학원의 로트 베일린 교수에게 조언을 구하는 한편 동료 학부생을 대상으로 일반적으로는 과학 분야의 여성, 구체적으로는 MIT의 여성에 관한 그들의 관점을 묻는 설문 조사지를 만들었다. 베일린 교수의 지도에 더해 나는 MIT 학생처장 셜리 맥베이와 여학생 지원 담당자인 린 로버트슨의 도움을 받아 설문지를 작성해 배포했다. 이어 3학년 때는 통계 데이터 프로그램인 SPSS에서 데이터 처리 방법을 배워 결과를 분석하고 보고서를 작성했다.

조사 결과 여학생의 46퍼센트와 남학생의 53퍼센트는 여성이 이 학교에 우대를 받으며 입학한다고 생각했다. 여학생회에서도 축적된 연구를 통해 남학생과 여학생이 학업에서 동등하게 잘해 나간다는 사실을 보여주었지만 이를 아는 이는 여학생의 55퍼센트, 남학생의 32퍼센트뿐이었다. 이런 수치가 보여주는 것만큼 여학생은 MIT에 어울리지 않는다는 분위기가 캠퍼스에 널리 퍼져 있었다. 나는 그 결과로 생긴 '가면 증후군'을 누구 못지않게 뼈저리게 느꼈다. 캠퍼스 내 온통 남성뿐인 동상과 벽화들마저 나를 향해 인상을 찌푸리고 있는 것 같았다. 내 조사에서 확인된 또 다른 진부한 고정 관념은 여학생의 79퍼센트와 남학생의 71퍼센트가 MIT에 속한 여성들에게 꽤 부정적인 선입관을 가졌다는 점이다. MIT 여학생들은 '못생긴' '지루한' 같은 형용사로 자주 묘사되었다.

나는 자신감 넘치는 극소수를 제외하면 MIT의 남녀 학생 모두 종종 가면 증후군을 겪는다는 사실을 금세 발견했다. 1980년대 중반에는 괴짜들을 멋지다고 여기는 문화가 아직 없었다. 내가 지내던 여학생 기숙사에서(MIT 기숙사는 학부생 시기에 공동생활을 지원하는 시스템 역할을 했다) 우리는 치열하게 우정을 쌓고 여러 활동을 했다. 우리는 함께 과제를 하고 밤에는 빈 강의실 칠판에 글을 쓰기도 했으며, 농산물 직판장에서 과일을 상자째 사 오거나 칵테일 파티를 열기도 했다. 같이 생초콜릿 칩 쿠키 반죽을 하며 서로를 위로하고 해결하기 어려워 보이는 문제를 함께 헤치고 나아갔다.

나는 이스트 캠퍼스로 알려진 기숙사의 서드 이스트 동에 살았다. 입학한 해에 MIT 미디어랩의 첫 번째 건물이 길 건너편에 세워졌다. 찰스강 유역의 진흙 속에 말뚝을 깊숙이 박아 넣는 진동이 기숙사 내 방까지 전해져 선반 위의 커피 잔이 튀어 올라 리놀륨 바닥에 떨어져 박살 났다. 공사 소음 때문에 늦잠을 잘 수도 없었고 낮에 공부라도 하려면 기숙사에서 나가야 했다. 물론, 그래서 우리는 복수를 했다.

미디어랩 건물의 공사를 담당한 유명한 건축가 I. M. 페이는 하얀색 타일 일색이던 거리에 검은색, 빨간색, 노란색의 세 가지 색을 추가했다. 기숙사의 우리 층은 '민트그린'이라는 색깔이 트레이드마크였다. 우리는 밤에 몰래 길을 건너 민트그린 색으로 네 번째 정사각형을 그려놓기 시작했다. 그러면 낮에 건설 팀이 그걸 지우곤 했다. 우리가 원래대로 돌려놓았지만 말이다. 그러다가 1985년 완공된 건물이 대대적으로 공개되기 전날 밤, 우리는 MIT의 수준에 걸맞은 공격을 자행했다. 그날 밤 특별 배치된 경비원들의 코앞에서 다시 페인트칠을 해놓은 것이다. 다음 날 민트색 정사각형이 다른 구조물과 함께 모습을 드러내자 건축가인 페이는 깜짝 놀랐지만 우아하게 대응했다.

한편 장석 데이터는 점점 훌륭하게 풀려 갔다. 그로브 교수는 이 자료를 바탕으로 나에게 석사 논문을 쓰라고 했고 나는 지질학 학사 학위를 마친 뒤 여성학 집중 과정을 7학기로 끝낼 만큼 이미 학점이 있다는 사실을 알게 되었다. 나는 8학기 차에 대학원 과정과 논문을 마쳤고 1987년 봄 졸업식에서 지질학과 지구 화학 분야에서 각각 학사와 석사 학위를 받았다. 연말에 교수는 학회에 우리의 연구를 제출했고 나에게 그 자리에 참석해서 발표하라고 했다. 나는 곧바로 "싫어요"라고 답했다. 참석한다는 생각만으로도 덜컥 겁이 났다.

질문하는 것부터가 두려웠다. 너무 많이 질문하면 뭘 잘 모르는 사람처럼 보일 것이다. MIT에서 질문을 한다는 것은 용납할 수 없는 무지를 의미했다. 학생들은 이미 답을 안다거나, 아니면 즉시 스스로 깨우쳐야 한다는 기대를 받았다. 질문을 하면 분명 무언가를 놓쳤다는 사실을 타인에게 드러낼 위험이 있었고, 그것은 쉽게 무시하기 힘든 상당한 위험이었다. 이 규칙에 한 가지 예외가 있다면 방문 과학자들을 불러 매주 여는 세미나였다. 교수진, 대학원생, 그리고 몇몇 학부생은 그린빌딩 9층의 큰 회의실에 모여 저명한 연구자의 발표를 듣고 난 뒤 질문과 날카로운 논평이 오가는 싸움터에서 자신의 지적 능력을 증명하곤 했다.

어떤 원로 정치가는 낮잠을 자다가 깨어나 "그건 단지 시일 뿐이야!"라고 외친 뒤(실체가 없이 번드르르한 말을 모욕하는 최고의 표현이었다) 특히 통찰력 넘치는 '유사 질문'으로 연설자를 쫓아내는 것으로 유명했다. 겉으로는 질문으로 보이지만 사실은 치명적인 약점을 지적하기 위해 만들어진 진술이다. MIT에서 질문은 세상을 바라보는 돋보기가 아니라 누군가를 찌르는 검이었다.

하지만 나에게 필요한 건 돋보기가 되어줄 질문이었다. 내가 과학자가 되고 싶지만 아직 준비되지 않았다면, 나는 지금 무엇에 준비가 되어 있을까?

2장

산산조각 나다

신경이 날카로워진 나머지 계속 배 속이 부글부글 끓었다. 절망적으로 가라앉은 마음으로 메릴랜드주 그레이트밀스의 긴 시골길을 달려 먼지가 뒤덮인 어느 주차장에 도착했다. 낮은 갈색 건물 안, 작은 대기실에는 푹신한 의자 몇 개, 재생 중인 라디오, 잡지 더미가 있었지만 접수원은 없었다. 대기실에서 다른 공간으로 연결되는 문은 닫힌 채였다. 시계를 확인해보니 내가 약속보다 좀 이르게 온 것 같았다. 닫힌 문 하나를 두드려봐야 할까? 아무래도 그건 아닌 것 같아서 기다리기로 했다. 자리에 앉아 잡지를 집어 들고 숨을 가라앉히려 애썼다. 나는 평범하게 보이고 싶었지만, 동시에 어떻게 해야 필요한 도움을 받을 수 있을 만큼 내가 지닌 불안과 절망을 생생하게 드러낼 수 있을지를 생각했다. 나는 그때, 내가 한 번도 만난 적 없는 사람에게 받을 치료에 모든 희망을 걸고 있었다.

몇 분이 지나자 문 하나가 열렸고, 내 또래 여자 한 명이 고개를 내밀었다. "린디인가요?"

"네." 나는 일어나서 문을 지나 메리의 사무실로 들어갔다. 긴 머리를 단정하게 뒤로 넘기고 통통한 몸매에 캐주얼한 옷을 입은 메리가 나에게 소파에 앉으라고 손짓했다. 방은 책과 그림으로 가득했고, 아이들을 위한 장난감이 구석에 쌓여 있었다. 메리는 한쪽 의자에 앉았고 나는 맞은편 소파에 앉았다. 무슨 일이 일어날지 전혀 짐작할 수 없었다.

메리는 나에게 인사를 건넸고 왜 치료를 받으러 왔는지 물었다. 나는 숨을 들이쉬고 바닥을 내려다본 다음 이야기를 시작했다. 결혼 생활이 끝나고 새로운 관계가 시작된 일, 그리고 우울증에 시달린 일까지. 나는 우울증이 왜 재발했는지 모르겠다고 말했다. 지금은 삶이 꽤 안정된 것처럼 보이고, 또 지금 느끼는 우울감의 원인이 될 만큼 끔찍한 일도 없었기 때문이다. 우울증을 겪을 만한 이유가 하나도 없었다.

메리의 첫 번째 반응은 이랬다. "당신은 여기에 뭔가를 떠올리기 위해 온 것 같네요. 어쩌면 왜 화가 났는지 기억하기 위해서일 수도 있고요. 맞나요?"

메리의 말은 지나치게 막연하게 들렸다. 하지만 내 안의 무언가를 건드렸고, 그것은 진짜인 것처럼, 적어도 놀랍고 중요한 것처럼 느껴졌다.

메리는 이렇게 말했다. "당신은 미지의 것에 두려움이 있는 것 같아요. 우리는 알려지지 않은 것에 관해 생각해야 하죠."

그 간단한 말에 나는 깊이 두려워졌다. 메리의 말이 내 마음 속 무언가를 건드렸고 나는 그것을 곧바로 밀어냈다.

* * *

1학년을 마치고 여름 방학에 이서카에 머무는 동안 친구 세라와 파티에 간 적이 있다. 세라는 룸메이트의 친구에게, 나는 세라에게 초대를 받았다. 우리는 안내받은 대로 어두운 시골길을 운전해 한쪽에 주차한 다음, 숲을 지나는 흙길을 따라 폴크리크라는 개울까지 걸어갔다. 여기까지 이야기하면 무슨 범죄 이야기 같지만, 1984년 이서카에서는 그저 멋진 여름밤의 평범한 모험담일 뿐이었다.

물가에는 코넬대학교에 다니는 학생 두어 명이 어울려 이야기를 나누고 있었다. 몇몇은 일종의 전통 사우나인 스웨트 로지에서 마리화나를 피웠지만 나는 어떤 종류의 마약도 하지 않았다. 키가 큰 대학원생 커티스도 마찬가지여서 우리는 함께 앉아 이야기를 나눴다. 커티스는 습지 생태학 박사 과정을 밟고 있었고 우리는 서로가 하는 스포츠에 관해 이야기했다. 그는 올림픽 크로스컨트리 스키 대표 팀에서 훈련을 받았고 펜싱 선수로 활동했을 뿐 아니라 합기도도 할 줄 알았다. 게다가 말에 관해서도 어느 정도 지식이 있었다. 승마술은 내가 가장 잘하는 스포츠이기도 했다. 커티스는 밝은 금발에 눈에 띄게 잘생긴 데다 몸이 탄탄하고 키가 180센티미터가 넘을 만큼 훤칠했다. 어쩌면 노르웨이 사람일지도 몰랐다. 그날 밤 우리는 과학에 관해 이야기했고, 나는 그에게 푹 빠졌다.

가을에 커티스가 나를 만나기 위해 MIT에 찾아왔다. 우리는 야영을 하기 위해 차를 몰고 화이트산맥에 올랐다. 생태학자였던 커티스는 자신의 연구 대상인 모든 식물에 마음을 줬다. 씹을 수 있는 식물을 발견했다고 신이 나서 건넸던 것이 유감스럽게도 노루발이 아니라 호자덩굴 잎이었지만 말이다. 그날 밤은 가져간 물이 얼 정도로 추웠다. 그래도 우리는 여행의 모든 순간을 사랑했다. 나는 내가 야외에서도 할 줄 아는 게 많고 악천후에도 강인하다는 것을 보여줄 수 있어 좋았다. 모든 것이 편하고 재미있었다.

커티스는 사회적으로 꽤 많은 것을 성취한 저명한 가문 출신이었다. 그의 가문에는 상무장관, 대사, 국무부 차관보, 수백 년에 걸친 산업 분야 투자자들, 거물 자선가들이 있었다. 반면에 나는 나라는 집의 튼튼한 기둥 몇 개만이 있을 뿐이었다. MIT에서의 학업, 승마와 플루트 연주, 외가의 유명한 친척들이 그것이었다. 이듬해에 커티스와 나는 여름 몇 주 동안 그의 가족을 방문했다. 우리는 메인주 해안을 오가며 페리를 타고 섬으로 나가거나 범선에 올랐다. 캐스코만을 순항하는 어느 오후의 길고 반짝이는 항해에서, 나는 커티스 아버지 나이 대의 몇몇 남자 어른에게 따져 묻는 듯한 질문을 받았다. 나는 승마 선수였고 그분의 손녀 하나도 그랬다. 아주 좋다. 나는 MIT에서 과학을 공부하는 중이었고, 또 다른 어른의 손자는 하버드대학을 다닌다고 했다. 그의 가족은 꼭 명문 고등학교인 세인트폴스쿨에 갔다. 어느 고등학교를 나왔냐는 질문이 내게 떨어졌다. 나는 이서카의 공립 학교 출신이었다. 그분은 눈썹을 치켜 올리며 "오오" 하고 읊조렸다.

커티스는 나의 성장 배경을 문제로 여기지 않았다. 하지만 나는 갈망과 동경이라는 강렬한 감정을 느꼈다. 남 앞에 내세울 만한 부모님 두 분, 깨끗하고 아름다운 집, 사건이 돌발하지 않는 즐거운 휴일, 그리고 차분하고 우아한 태도를 내가 얼마나 바랐는지. 나는 온몸으로 그것을 원했다. 하지만 커티스와 함께 있을 때는 그런 욕구도 나와 먼, 전혀 상관없는 것처럼 느껴졌다. 우리는 하이킹을 하고 배낭여행을 하고 카누를 탔다. 저녁에는 파티를 열고 이것저것 음식을 만들기도 했으며, 행복했다. 이듬해 우리는 약혼했다.

그해 여름, 체서피크만에 있는 커티스의 본가에서 그의 부모님을 만났다. 우리는 테이블에 둘러앉아 커티스 어머니가 어김없이 하루 세 번 만들어준 맛있고 건강한 식사를 했다. 브리타니스패니얼 한 마리가 테이블 아래서 자고 있었고, 돛대에 걸린 핼야드가 바람에 달그락달그락 소리를 냈으며, 뒤편 목장에서는 말들이 풀을 뜯으며 이따금 힝힝거렸다. 우리는 셰리주를 곁들여 맛 좋은 수프를 먹었고, 커티스의 어머니가 가꾼 정원 채소로 만든 샐러드와 로스트비프, 칠면조, 치즈, 다양한 빵과 소스를 곁들인 수제 샌드위치를 맛봤다. 우리가 약혼 소식을 전하자 커티스의 어머니 재닛은 기쁨에 겨워 소리를 질렀고, 대대로 전해 오던 다이아몬드 반지를 곧바로 손가락에서 빼서 커티스에게 건넸다. 커티스는 반지를 내 손에 끼워주었다.

청바지에 바람막이 파카를 입은 MIT의 어린 과학도가 빛나는 다이아몬드가 큼직하게 박힌 두꺼운 백금 반지를 손가락에 끼게 된 것이다. 이제 모든 게 괜찮아질지 모른다.

* * *

스물한 살에 MIT에서 석사 학위를 마쳤지만 연이어 박사 과정을 밟을 자신이 없었다. 삼촌 몇 분이 사업을 하고 있었는데, 나는 그 일에 관심이 많았다. 그때는 사업이나 회사가 어떤 건지도 몰랐지만. 그래도 나는 MIT 취업 진로 본부를 통해 인터뷰를 한 뒤 필라델피아에 있는 경영 컨설팅 회사인 투셰로스(현 딜로이트)사에 취직했다.

하지만 나 말고는 아무도 기뻐하지 않았다. 부모님은 내가 신념을 버렸다고 생각했다. 그로브 교수는 당황했을지도 모르고, 내가 산업계에 뛰어든 것을 시간 낭비라고 생각했을지도 모른다. 사실 그로브 교수가 어떻게 생각했는지는 나의 짐작일 뿐인데,

소식을 전하고 나서 몇 달 동안 서로 크게 대화를 나누지 않았기 때문이다. 나는 비즈니스 세계가 어떤 곳인지 알고 싶었고 돈도 벌고 싶었다. 하지만 주변 사람들은 내가 무언가 다른 것을 하기를 바랐고, 그 때문에 약간 과민해졌다. 그들이 옳았을까, 아니면 내가 옳았을까?

나는 보스턴의 브랙스턴 제휴사에서 연수 기간을 거치며 엑셀 사용법과 시장 점유율을 나타내는 버블 차트 다루는 법을 익혔고 정장을 입는 데 익숙해졌다. 그리고 펜실베이니아 나버스의 작은 아파트로 이사해, 고층 빌딩이 있는 센터시티까지 매일 기차를 타고 통근하기 시작했다. 나 자신이 현실 세계에 발 디딘 전문직 종사자처럼 느껴졌다. 기차 안에서 나는 어른스러워 보이는 사람들, 예를 들어 분홍색 『파이낸셜 타임스』를 읽는 사람들을 보았고 이들처럼 나도 어딘가에 속했다는 감각을 느꼈다. 센터시티 기차역에서는 버터를 발라 바삭바삭하게 구운 옥수수빵을 사서 사무실로 걸어가는 길에 먹곤 했다. 사무실의 또 다른 연구원은 BMW를 모는, 와튼 스쿨에 다니는 남자 친구가 있는 아름답고 상냥하고 멋진 젊은 여성이었다. 나는 프로젝트 팀에 배정되었고 할 수 있는 모든 방법을 동원해 프로젝트를 컨설팅하는 것을 도왔다. 우리 팀의 작업에는 차트를 작성하고 발표하기, 보고서 한데 묶기, 데이터 수집하기, 프로젝트 전략 수립하기가 포함되었다. 각자는 소속된 팀 안에서 능력을 최대로 발휘해야 했다.

여기서 첫 번째로 맡은 대형 프로젝트 중 하나는 보잉헬리콥터사 건이었다. 나는 기차를 타고 센터시티로 들어가는 대신, 두 오빠와 내가 '달 로켓 발사 기지**moonport**'라고 불렀던, 선루프가 달린 1979년식 볼보 세단을 몰고 필라델피아 남쪽에 거대하게 자리한 보잉사의 공장을 오갔다. 95번 주간고속도로를 따라, 끊임없이 화염을 뿜어내 어둠 속에서는 특히 으스스해 보이는 거대한 정유 공장을 지나면 공장이 나왔다. 이 공장에서는 치누크 CH-47A, B, C 헬리콥터 모델을 D 모델로 다시 제작하고 있었다. 헬리콥터를 만드는 생산 라인은 꽤 인상적이었다. 거대한 건물은 헬리콥터가 이동하는 정거장, 주변을 둘러싼 커다란 기계, 도구가 실린 카트, 천장 높이까지 선반이 들어찬 부품 관리 구역과 그것을 보호하기 위해 일정한 간격으로 높이 세운 울타리, 테이블, 골프 카트로 채워졌고 특히 사람으로 붐볐다. 공간에는 금속이 쨍그랑거리는 소리가 울렸고 기계에 치는 기름 냄새가 가득했다.

여기서 기존의 헬리콥터는 분해되고, 부품은 폐기하거나 재제작에 들어가거나 닦아서 보관된다. 모든 부품이 추적되었고, 컴퓨터상의 재고가 실제 개수와 일치해야 했다. 우리 팀은 보잉사가 재고 관리 작업을 개선하도록 돕고 있었다. 그리고 내 업무는 서류를 추적하는 것이었다. 나는 변속기를 안정시키는 특정 브래킷에서 시작해 그 브래킷을 거쳐 간 모든 사람을 인터뷰했다. 그리고 이런 질문을 던졌다. 당신은 어떤 양식을 작성합니까? 컴퓨터에 무엇을 입력합니까? 다음번에 결정해야 하는 선택지는 무엇입니까? 브래킷과 서류는 이제 어디로 전달되고, 다음에 당신은 누구와 이야기합니까? 나는 이 모든 정보를 취합해 거대한 스프레드시트를 만들었고, 부품과 서류가 거쳐 갈 수 있는 가능한 모든 경로를 총괄한 훨씬 더 거대한 플로 차트를 그렸다. 이 플로 차트는 엉킨 스파게티처럼 복잡했지만 개선할 곳이 어딘지 확실히 보여주었다. 우리 팀은 이 차트를 좋아했고, 고객들도 마찬가지였다. 매니저가 회의 자리에서 의뢰인에게 플로 차트를 보이자 그는 "제가 이 자료를 가져가도 될까요?"라고 물었다. 내가 만든 플로 차트가 출력된 종이였다. 나는 고객이 그 가치를 인정하는, 이전에 없던 정보를 만들어냈다. 자부심이 솟구치는 순간이었다.

투셰로스에서 나는 동료들의 능력이 떨어져 보일 만큼 일을 빠르게 처리하면 차의 타이어가 찢기게 된다는 사실을 알게 되었다. 그래서 고된 하루를 보낸 뒤에는 팀원들과 함께 치킨을 먹고 술을 마시며 스트레스를 푸는 자리가 꼭 필요하다는 사실을 배웠다. 내가 술이 약해 쉽게 취한다는 사실을 알게 되었고 술을 덜 마시는 법을 배웠다. 그리고 세상을 보는 방식을 바꾸는 교훈을 얻었다.

프로젝트의 매니저들은 우리가 수집한 모든 정보를 통해 보잉사를 위한 해결책을 생각해냈다. 그들은 사람과 문서, 컴퓨터를 어떤 식으로 조직해 특정 정보가 더 잘 추적되게 할지에 관한 아이디어가 있었다. 우리는 이 아이디어를 어떻게 설명하고 의뢰사를 설득할지 고민한 뒤 보잉사 경영진 앞에서 발표했다. 그리고 경영진은 그 아이디어를 마음에 들어했다. 그게 다였다.

MIT에서 나는 4년에 걸쳐 학부와 석사 수준의 과학적 훈련을 집중적으로 받았고 그중 3년은 몇 가지 난이도 높은 실험을 수행하며 보냈다. 나는 데이터를 수집하고 분석했으며 결과를 해석했다. 나는 무언가를 측정한 데이터를 고생스럽게 만들어내고, 그 데이터가 무엇을 말하는지 정확히 이해하고자 몇 주, 심지어 몇 달 동안 일하는 세계에 있었다. 그건 찾아내기 어렵지만 절대적이며 불변하는 진리를 추출하기 위해서였다. 여기 보잉사에서도 나와 우리 팀은 똑같은 방식으로 데이터를 분석했다. 다만 여기서는 머릿속에서 답을 찾아냈다. 문제를 해결할 수 있는 방법을 고안한 것이다.

팀의 습성을 바꾸고 사람들을 조직하는 문제에 절대적이고 보편적인 진리나 물리적 법칙은 없다. 무엇을 찾아내든 그것이 옳다고 주변 사람들을 설득할 수 있다면 변화는 실제로 일어난다. 이것은 과학이 작동하는 방식은 아니다. 그러나 이것은 사람들이 팀을 이루어 일하는 방식이다. 당시에도 마법처럼 느껴졌지만 그 성취감은 지금도 생생하다. 이 깨달음은 내가 연구 팀을 꾸려 함께 일할 때까지 수년 동안 내게 영향을 끼쳤다.

⋆ ⋆ ⋆

필라델피아에서 1년을 보내는 동안 무릎의 병이 다시 도졌다. 나는 고등학교를 졸업한 뒤 무릎이 안 좋아져서 수술을 받은 적이 있다. 걸을 수 없을 만큼 통증이 심했고 첫 수술 전에는 무릎이 몇 번 탈구되기도 했다. 그 오른쪽 무릎이 빠르게 악화된 것이다. 의사는 무릎에 흉터 조직이 가득 차서 관절 활막 전체를 제거해야 한다고 말했다. 그런 시술이 애초에 가능하긴 한 것일까? 담당 의사의 실적과 커리어를 보니 그래도 납득이 되었기에 한번 해보기로 결심했지만 나는 잔뜩 겁에 질렸다. 앞으로를 위해서 무릎은 정말 중요했다. 제대로 걷지 못했던 지난 시간은 상상도 하고 싶지 않았다.

하지만 두려움과 동시에 엄청난 수치심을 느꼈다. 무엇이 부끄러운지 정확히 말할 수는 없었지만, 나는 내가 최악의 방식으로 실패했다고 느꼈고 그것이 다른 이들에게 드러나지 않았으면 했다. 내가 겪는 고통과 장애를 비밀에 부치고 싶었다. 나는 수술을 받고 이서카로 돌아가 부모님, 커티스와 함께 거기에 머물기로 결심했다. 나는 나를 채용했던 선임 파트너와 면담하며 큰 무릎 수술을 받고 회복하는 동안 치료차 이서카로 돌아가야 한다고 설명했다. 상사는 무척 걱정하며 언제 일로 복귀할 수 있냐고 물었다. 회사에서 나는 좋은 성과를 내 환영받는, 회사에 필요한 존재였다. 하지만 복귀를 생각하다 내 안의 무언가가 멈췄다. 나는 필라델피아의 직장으로 돌아가는 대신 결혼을 계획하기 시작했다.

그리고 이서카에서 『인터내셔널 와인 리뷰』라는 잡지의 경영 부문 매니저 자리를 찾았다. 나와 커티스는 사우스힐에 우리의 사랑스러운 집을 마련했다. 나는 우리 집 부엌 식탁에 다리를 받치고 의자에 앉아 잡지에 일자리를 구하는 지원자들을 인터뷰했다. 그때 세라 플로스를 만났다. 세라의 당당한 목소리와 흔들림 없는 눈빛을 보자마자 나는 그가 신뢰할 만한 사람이라는 사실을 알았다. 나는 세라를 고용했고 우리는 친구가 되었다. 그때도 지금처럼 눈이 맑았던 세라는 그 후 몇 년 동안 내가 커티스의 가족에 맞추려 애쓰고, 묻어 두었던 어린 시절 문제를 맞닥뜨리면서 정체성의 위기를 겪는 모든 과정을 지켜봤다.

하지만 그 시절에는 모든 것이 좋았다. 일단 무릎이 나아졌다. 그리고 커티스와 나는 7월에 체서피크만 농장에서 열릴 결혼식을 준비했다. 커티스는 명문가의 일원이었고 사교 시즌에 가장 성대한 결혼식의 주인공이 될 만했다. 커티스의 어머니는 초대장을 보낼 중요 하객 100명의 목록을 우리에게 건넸는데 그건 '가장 중요한' 손님 목록일 뿐이었다. 우리는 그 밖에도 수백 명을 더 초대해야 했다. 커티스와 나는 눈을 크게 뜨고 서로를 바라보았다. 우리는 하객이 기껏해야 100명 정도인 결혼식을 상상했었다. 대화를 나누며 서로 타협해 결국 150명 정도를 초대하기로 결론 내렸다. 결혼식 날, 나는 직접 고른 드레스를 입고, 짧은 머리칼 위로 어머니와 할머니가 썼던 베일을 드리웠다. 오빠들도 왔는데 톰은 기쁨과 자랑스러움이 반쯤 뒤섞인 조금 우스운 표정을 지었다. 커티스의 사촌은 타고 온 멋진 요트를 결혼식장 바로 앞에 정박했는데, 요트 핼야드에 온갖 깃발이 펄럭였다. 다음 날 커티스와 나는 영국령 버진아일랜드의 비터엔드로 신혼여행을 떠났고, 그곳에서 매일 배를 타고 스노클링을 즐겼다.

집으로 돌아와서 나는 결혼 선물과 축복 인사를 건넨 사람들에게 줄 감사 편지 수백 통을 썼다. 그중 상당수는 지역 인사로, 이름 정도는 아는 사람들이었다. 이후 커티스는 학위 논문을 완성했고 명망 있는 의회 펠로십 연구비를 얻었으며, 우리는 워싱턴 D. C.로 이사할 준비를 했다. 우리는 내가 어린 시절 부모님과 함께 살면서 개울에서 알몸으로 헤엄치고 숲에서 하이킹했던 마을에서, 커티스의 부모님과 사촌들이 사는 동네로 이사하려는 중이었다. 커티스의 아버지 버프는 곧 국무부 차관보로 취임할 예정이었고 그의 사촌들은 케네디센터의 재정을 지원했다. 나는 결혼했지만 성을 바꾸지 않겠다고 했다. 커티스와 내가 각자의 목표를 추구하고 있다고 믿었다.

우리는 워싱턴 D. C. 매사추세츠애비뉴 바로 근처에 자리한 벽돌집을 빌렸다. 집은 지하철 라인 바깥쪽에 있었지만 도시를 횡단하는 도로와 가까웠다. 커티스의 할머니가 집을 살피러 왔다. 할머니는 집이 우리가 살기에 충분히 괜찮다고 말했지만 화단의 그 꽃이 어울리는 건 기차역뿐이라며 빨간색 샐비어는 없애라고 했다. 할머니의 허락이 떨어지자 가족들은 안도의 한숨을 내쉬었고 커티스와 나는 계속 이사 절차를 밟을 수 있었다. 나는 결국 『US 뉴스 앤드 월드 리포트』의 경영 부문에 취직했고 매일 시내에서 버스로 통근하기 시작했다. 그리고 커티스는 빌 브래들리 상원 의원의 과학 고문이 되었다. 우리는 휴일이면 과학계 인사를 위한 사교 클럽인 코스모스클럽에서 저녁을 먹고 셰비체이스클럽에서 철마다 수영과 하키를 즐겼다. 제대로 된 복장을 갖추진 못했지만.

세라가 우리 집을 방문하기도 했다. 시어머니 재닛이 커티스와 세라, 나를 셰비체이스클럽으로 데려가 술과 저녁을 사주었다. 세라는 밝고 붙임성이 좋았지만 재닛에게는 통하지 않았다. 그래도 나는 세라가 전해준 기쁨과 진심, 그녀가 상기시킨 이서카에서의 기억에 매료되었고 깨어났다고 느꼈다. 그렇지만 재닛은 그것이 불편한 듯했다. 세라는 나의 보수적인 옷차림과 내가 익힌 엄격한 식사 예절을 보고는 내가 영혼을 팔아먹었다고 비난하려는 듯 몇 차례 침묵을 지켰다. 내 상황을 알려주는 지표 같은 친구였다. 그 방문 이후 우리의 우정은 내가 본래의 나를 되찾을 때까지 몇 년 동안, 얼어붙은 툰드라에 남겨졌다.

동부 해안에서 보내는 주말마다 나는 조금 더 위기를 느꼈다. 나는 경마장에서 온 암말인 재닛의 서러브레드를 훈련시켰는데, 이 말은 아직 속보를 배우지 못한 상태였다. 그냥 걷거나 달리거나 아예 질주할 뿐이었다. 나는 나무 가지치기를 돕기도 했다. 요트 모는 법을 배웠고 카누를 잘 탔으며 크로켓의 귀재였다. 하지만 종종 말실수를 했고 엇나가는 유머 감각을 선보였다. 내 유머는 너무 신랄하거나 너무 문학적이거나 지나치게 요란했다. 고등학교 때 영어 수업에서 들었던 선생님 목소리가 다시 귓가에 울리는 듯했다. 그건 잘못된 시, 잘못된 선택이야. 커티스와 나는 가족을 초대해 행사를 치렀다. 온 가족을 위해 미리 추수감사절 식사 자리를 마련했고, 시아버지 버프와는 커다란 토블론 초콜릿 바를 사이에 두고 조금은 어울리지 않는 농담을 주고받으며 동시에 울고 웃었다.

* * *

그러던 어느 날 밤, 전화가 울렸다. 잠에서 깨 몽롱하게 전화를 받았고, 수화기 반대편에서 어머니는 오빠 톰이 음주 운전 차량에 치여 세상을 떠났다고 말했다. 나는 스물네 살이었고, 그때까지 내가 알던 삶은 끝나버렸다.

세상이 점점 시끄러워졌다가 조용해졌다. 마치 물결을 타고 내 머리를 둘러싸며 부풀었다가 수축하는 느낌이었다. 나는 어머니가 하는 말을 들어보려 애썼다. 어머니는 아이나 동물을 달랠 때 쓰는 목소리로 말하고 있었다. 우리는 이제 뭘 해야 할까? 이 다음에 무슨 일이 벌어질까? 이것들은 도저히 답할 수 없는 질문처럼 느껴졌다. 지금 이 순간이 진짜일 리 없고 다음이 있을 수도 없다. 이 순간은 곧바로 원래 있어야 할 자리인 지옥으로 사라지고 우리는 제대로 된, 정상적인 상황으로 돌아가야 한다. 이런 감정은 몇 년 동안 내 마음속에 남아 있었다.

다음 날 차를 몰고 이서카에 갔다. 커티스가 곁에 있었지만 그 순간만큼은 폭풍이 휘몰아치는 어둠 속에 나와 부모님, 큰오빠 짐뿐이었다. 그때까지 나는 우리 가족이 함께 손을 잡고 원을 그리듯 굳게 연결되어 있다는 환상을 품고 있었다. 하지만 이제 그 원에서 톰이 잘려 나가면서 우리는 손을 놓았고 원은 열렸으며 더는 서로를 마주 볼 수 없었다. 아버지는 너무 괴로운 나머지 몇 년 동안 톰에 관해 이야기하지 않았고 그 이름이 언급될 때마다 상황을 외면했다. 짐은 어땠을까. 짐은 내가 슬퍼하는 방식이 옳지 않다며 비판했다. 그리고 어머니는 그야말로 속이 문드러졌다. 계속 울기만 할 뿐이었다. 어머니는 톰의 장례 예배를 하지 않기로 결정했고 캘리포니아에서 유골이 도착하자 집 뒤편 숲으로 몰래 가져가서 혼자 재를 흩뿌렸다. 나머지 가족은 잘려 나갔다. 어머니 머릿속에 나머지 가족도 존재한다는 생각은 없었다. 어머니는 식음을 전폐했다. 나는 어머니에게 뭘 좀 먹으라고 간청했고 좋아하시는 요리를 만들기도 했다. 짐과 아버지는 그저 "엄마를 방해하고 싶지 않다"라고 말했을 뿐이었다.

톰은 스탠퍼드대학과 버클리대학에서 박사 후 연구원으로 일하고 있었다. 신경 생리학 분야에서 그야말로 떠오르는 별이던 오빠는 1980년대에 그 분야의 여러 과학자가 그랬듯 초파리 유전학을 연구했고, 유전학과 신경학 사이의 복잡한 관계를 이해하려고 애썼다. 오빠는 짧은 검은 곱슬머리에 튼튼했지만 몸집이 작았다. 언제든 선뜻 미소를 지었으며, 스치는 인연에도 다정한 시선을 보낼 줄 알았다. 자라면서 톰은 두 살 위인 짐의 찬란함에 가려 그늘에 있었고, 나는 톰보다 여덟 살 아래인 데다 여자아이여서 두 오빠 모두의 그늘에 가려 있었다. 어렸을 때 나는 오빠들과 무엇이든 함께하고 싶었다. 오빠들은 나에게 어디든 맨발로 걷는 법을 가르쳐주었다. 아주 어렸을 때는 오빠들이 낮에 어디에 가는지 궁금해하면, 학교에 있었으면서도 둘은 화성에서 공룡들과 싸우러 간다고 대답했다. 눈은 사실 온갖 색으로 내리는데 내가 지금까지 흰 눈만 봤을 뿐이라고도 이야기했다.

고등학교 때는 그 나이면 주말에 남자 친구와 데이트를 하고 싶을 법도 하지만 나는 오빠들이 집에 올 때마다 모든 약속을 취소했다. 오빠들과 함께 시간을 보내는 것보다 더 중요한 일은 없었다. 내가 열 살 때부터 둘은 대학이며 대학원을 다니느라 집을 거의 떠나 있었다. 두 사람이 있을 때와 없을 때 집의 분위기는 굉장히 달랐다. 오빠들이 없으면 집 안은 춥고 조용했다. 하지만 방학이나 휴일을 맞아 둘이 집에 돌아오면 모든 것이 가능했다. 전등과 난방이 다 켜졌고 냉장고에 먹을 것이 가득했으며, 어머니가 요리를 했고 대화와 웃음이 있었다.

톰은 나에게 알려주고 싶은 것을 집에 가져왔다. 코넬대학에서 들은 로체스의 앨범을 선물하기도 했다. 오빠와 나는 칼리지

타운의 중고 레코드 가게에서 비틀스 앨범을 하나하나 사 모았고 완전한 컬렉션을 꾸릴 예정이었다. 오빠는 내게 맞는 등산화, 프리스비 게임을 하는 법, 유럽 초콜릿의 좋은 점을 알려주었다. 톰이 대학원생이고 내가 대학생일 무렵에는 위스콘신주 매디슨에 가서 오빠, 오빠가 동거하던 여자 친구 앤디와 한두 주간 함께 지내기도 했다. 그때 나는 애정 넘치는 관계가 무엇인지, 멋진 아파트며 매일 출근하고 싶은 직장이 어떤 것인지 보고 느꼈다. 나는 지금도 친밀하게 지내는 앤디와 차를 몰고 모타운에서 흘러나오는 노래를 따라 부르며 사람들이 차고에 내놓은 중고 물품을 보러 다녔다. 그것은 내 앞에 기다리고 있는, 바람직한 어른의 삶처럼 느껴졌다.

1989년 그날, 톰과 앤디는 앤디의 남동생과 함께 요세미티에 갔다. 그때 반대편 차선의 운전자가 치킨 게임을 하듯 돌진하면서 톰의 차선으로 방향을 홱 틀었고 오빠는 피하려고 반대로 방향을 틀었다. 당시 내가 들은 바로 톰은 도로에 차를 세웠지만 결국 상대 운전자가 들이받은 바람에 즉사하고 앤디는 심각한 부상을 입어 6개월 동안 치료를 받았다. 뒷좌석에 앉았던 앤디의 남동생은 약간의 골절상을 입었다.

상대 차 운전자는 공원에서 하루 종일 술을 마시다가 만취한 채로 운전했다고 한다. 차에 아내와 아이를 태우기까지 했다. 그는 연방 법원에서 재판을 받았다. 나는 법원 관계자에게 문의해 가해자에 관해 개인적으로 진술서를 제출할 수 있을지 물었지만 관계자는 미안해하며 제출 마감이 끝났다고 대답했다. 어머니에게서 진술서를 한 장 받기는 했지만 법원에서는 톰에게 형제자매가 있다는 것을 알지 못했던 듯하다. 결국 상대 운전자는 징역 5년을 선고받았고 나는 그 사람의 이름은 물론이고 그가 그 이후로 어떻게 되었는지도 모른다.

어머니는 혼자만의 지옥에 있었고 나머지 가족들은 그곳에 초대받지 못했다. 어머니에게는 대학생 무렵 제2차 세계대전 동안 해군에서 복무하다가 전사한, 마음 깊이 사랑했던 오빠가 있었다. 그분이 사망한 뒤로 어머니는 마음이 무너졌던 것 같다. 당시에 관해 기억이 많이 남지는 않은 듯했지만. 이후 어머니는 대학 네 곳을 1년씩 다녀 4년제 대학 학위를 취득했다. 그리고 톰이 세상을 떠나면서 어머니는 살아갈 의지를 잃었다.

나는 아직도 전화를 싫어한다. 전화벨 소리가 싫고 어떻게든 전화를 걸거나 받는 일을 피하려 한다. 또 차에 탈 때마다, 혹은 사랑하는 사람이 운전 중이라는 사실을 알게 될 때마다 다음 사실을 상기해야만 한다. '이것은 모든 사람들이 알고 받아들이는 일상적인 위험일 뿐이다.'

톰이 죽었을 때 나는 스물네 살이었고 오빠는 서른둘이었다.

* * *

커티스의 펠로십이 끝나 갈 무렵이었고 그는 다음 일을 찾아야 했다. 그런데 내 예상과 달리 커티스는 전국에서 박사 후 연구원 자리를 찾기 시작했다. 나는 우리가 워싱턴 D. C.에 정착했다고 생각하던 참이었다. 그러던 어느 날 저녁, 버지니아주 스프링밸리의 멋진 식당에서 그의 부모님과 저녁을 먹는 자리에서 커티스는 자기가 다음번으로 가장 염두에 둔 일자리가 남부의 작은 대학 마을에 있다고 대뜸 이야기했다. 나는 작게 충격을 받았다.

"잠깐, 그럼 난 거기서 뭘 해야 하죠?" 내가 물었다. 모두가 조용해져 나를 쳐다보았다.

나중에 재닛이 내 옆에 다가와 말했다. "커티스 곁에 있는 게 네가 할 일이다. 그 애의 직장이 어디일지, 너희가 어디로 이사 갈지에 관해 넌 의견을 낼 수 없어. 네 일은 커티스를 뒷바라지하는 거니까." 나는 재닛의 엄하고 단호한 목소리에서 분노를 감지했고, 내 삶이 이 가문에 속한다는 것의 의미를 받아들이고 그에 감사하지 못하는 나 자신이 실패했다고 느꼈다.

커티스가 체서피크만재단에 취직하며 우리는 아나폴리스로 이사했다. 우리는 웜스크리크 쪽의, 해안에 자리한 해군사관학교 스타디움에서 몇 블록 뒤에 있는 작은 집을 빌렸다. 여기는 더 집 같이 느껴졌다. 집 뒤로는 숲까지 비스듬히 경사 지어 올라가는 긴 뒤뜰과 텃밭이 있었다. 커티스의 부모님과 나는 커티스에게 생일 선물로 일인용 카누를 사주었고 커티스는 가끔 카누를 타고 통근했다. 나는 신생 회사들의 사업 계획서 작성을 도와주는 컨설팅 사업에 뛰어들었고, 또한 아기를 갖기 위해 노력하기 시작했다.

나는 숲과 개울을 거닐고, 텃밭을 가꾸며 아름다웠던 내 어린 시절의 조각들을 되찾아 갔다. 그러면서 나는 동물에게도 관심을 두었다. 무릎이 좋지 않아 말을 탈 수 없었기에 개를 훈련하는 일을 알아보았다. 양을 키우고 양치기 개를 훈련하는 새 친구들을 만났고, 그중 바버라 스타키의 견습생으로 들어가 일주일에 하루 정도 농장 조수로 일했다. 처음 키웠던 보더콜리 클라인을 만난 것도 이때다. 키울 개를 찾다 보니 톰이 생각났다. 오빠와 나는 어떤 강아지를 좋아하는지, 나중에 우리가 살 집에 어떤 개가 어울릴지 의논하곤 했다. 개의 이름을 지어보기도 했다. 내가 클라인을 데려오고 커티스는 시베리안허스키인 너태샤를 집에 데려왔다. 우리는 개들을 훈련 수업에 데려가기 시작했고 어느 정도는 인생이 제대로 돌아간다고 느꼈다. 물론 톰을 잃어 여전히 마음이 아팠고 악몽도 점점 더 심해졌지만.

톰이 죽은 지 6개월 쯤 지난 어느 날, 우는 나를 보고 커티스가 이런 말을 했다. "지금쯤이면 다 잊었을 거라 생각했어. 적어도 이겨냈을 줄 알았지." 그 말을 듣자 머릿속이 휙 반응하며 생각이 꼬리를 물었다. 난 오빠의 죽음을 절대 이겨내지 못할 것 같다. 세상에 어떤 사람이 6개월 만에 끔찍한 상실감을 극복한단 말인가? 이런 이야기를 하는 사람과 어디서부터 대화를 시작해야 할까? 커티스라면 가족의 죽음을 아무런 감정 없이 이겨낼 수 있을까? 그때 나는 깊은 슬픔 때문에 커티스의 질문을 냉정하게 분석하지 못했다. 커티스는 악의가 있어서가 아니라 그저 약간의 놀라움으로 그렇게 물은 것이다. 그러나 나는 그가 나와 감정적으로 이어져 있지 않다는 사실을 깨달았다. 나는 혼자였다. 우리 삶은 그렇게 흘러갔다.

그러던 어느 날 마침내 임신에 성공했다. 임신 테스트기를 의심하며 산부인과 검사를 받았고, 그날 저녁 기쁜 마음으로 커티스에게 의사의 확인서를 건넸다. 우리는 감격했다! 커티스의 부모님도 마찬가지였다. 그리고 이서카의 부모님에게도 놀라운 소식을 전했다. 아기가 생겼어요! 두 분은 나를 약간 멍하게, 지긋이 응시했다. 나는 닻도 없이 텅 빈 공간으로 떠내려가는 듯한 당혹스러운 느낌과 함께 두 분이 이 순간을 기다리지 않았다는 사실을 깨달았다. 손주를 갖는 것은 두 분의 삶에 행복을 전할 만한 소식이 아니었다. 부모님은 기뻐했지만 그뿐이었다.

하지만 커티스와 나는 행복했다. 우리는 아기 이름에 관해 이야기를 나눴다. 여자애라면 내 성을 따르고 남자애라면 커티스의 성을 따르는 게 어떨까 했는데 커티스의 부모님이 허락하지 않았다. 그리고 나의 부모님은 이러나저러나 신경 쓰지 않았다. 다정하게도 커티스의 사촌이 베이비 샤워 파티를 열어주었다. 선물이 쏟아져 들어왔고 그 많은 선물을 다 뜯어보다니 재밌었다. 그리고 몇 블록 떨어진 곳에 사는, 평생의 친구가 될 새로운 지인 일린과 필립은 자기들이 쓰던 아기 요람을 우리에게 주었다.

임신 6개월 때, 커티스의 가족은 세인트루시아에 범선을 준비해 우리 부부를 초대했다. 그때가 되어서야 나는 입덧 없이 스노클링과 보디서핑을 즐길 수 있었다. 아름답고 친절한 커티스의 누나와 여동생들은 임산부인 나를 따뜻하게 대해주었다. 이들은 모든 것을 매끄럽게 진행시키는 법을 정확히 알고 있었다. 하지만 난 아니었다. 재닛은 내가 체중이 불었다고 비난했다. 나는 우유를 많이 마셔야 해서 상온 보관용 우유를 사놓았는데 재닛은 남은 음식과 우유를 자신에게 달라고 했다. 내가 내 건 내가 관리하겠다고 말하자 재닛은 화를 냈다. 나는 그녀가 이기적이고 고집스럽고 틀렸다고 생각했다.

나는 죽은 톰과 닮은 남자아이를 낳는 꿈을 계속 꾸었다. 그러다 출산 전날에 여자아이를 낳는 꿈을 꾸며 나는 아기가 여자애라고 확신했다. 그동안 꿨던 꿈은 톰을 그리워했기 때문이라고 생각했다. 그래서 병원에서 간호사가 "남자아이네요!"라고 말했을 때 너무 놀라서 "뭐라고요?"라고 말할 수밖에 없었다.

이 건강하고 멋지고 커다란 남자아이는 톰의 아기 때 모습과 아주 닮았다. 그래서 커티스와 나는 아이에게 톰의 중간 이름을 딴 터너라는 이름을 주었다. 그리고 내 어머니의 결혼 전 성인 콜베와 커티스의 성인 볼런을 붙였다. 터너 콜베 볼런. 우리는 이 아이를 만난 순간부터 사랑에 빠졌다. 아기는 정말 기적이다.

⋆ ⋆ ⋆

아나폴리스의 멋진 집에서 몇 년이 흐르고, 커티스는 다시 일자리를 옮기고 싶다고 말했다. 나는 커티스에게 물었다. "일이 아닌 다른 부분에서 어려움을 겪는 게 아닐까요? 정말 그 일 때문에 힘든 거예요?" 하지만 그때의 내가 아직 나 자신의 고통을 품어 어떤 모양으로 빚어낼 수 없었던 것처럼, 커티스도 마찬가지였을 것이다. 대화는 이 단락만큼 짧게 끝났다. 커티스는 체서피크만에 있는 생물학 연구소에 새 일자리를 얻었다. 우리는 아나폴리스에서 훨씬 남쪽으로 이사해야 했고 체서피크만의 서쪽 가장자리를 따라 세인트메리카운티 남부까지 내려갔다. 우리는 약 7만 3000제곱미터에 달하는 대지가 딸린 작은 집을 찾았다. 여기서 양을 기르고, 보더콜리들이 양몰이를 하도록 훈련할 수 있었다.

커티스와 나는 오래된 담배 농장을 양 농장으로 개조하기 시작했다. 4만 제곱미터의 목초지에 일곱 가닥짜리 와이어로 전기울타리를 만들었다. 손 연장 정도는 있었지만 트랙터나 큰 트럭도 없었고 우리는 작물을 심거나 건초를 만드는 방법도 몰랐다. 들판을 따라 저 멀리 산울타리 너머로 흙길 하나가 이어졌고 그 끝에 이웃집이 있었다. 며칠 뒤 커티스와 나는 차를 몰고 그 이웃집에 찾아갔다. 이웃집 앞, 정리되지 않은 흙바닥에 차를 세우고 "안녕하세요!" 하고 인사한 다음에 사람이 오기를 기다렸다. 계속 안으로 들어가 현관문을 두드리는 건 남의 영역을 침범하는 것이니 차 옆에서 이렇게 기다려야 한다는 시골 관행을 배운 터였다. 하지만 그 집에서는 아무 소리도 나지 않았다. 현관이 열리지 않은 건 물론이고 커튼도 움직이지 않았다. 우리는 집으로 돌아왔다.

몇 시간 뒤 이웃의 소규모 파견단이 오솔길을 따라 우리 집으로 걸어왔다. 그렇게 우리는 낸시 짐머먼과 그녀의 남편, 열 명의 자녀 중 몇몇을 만났다. 마을에는 아미시와 메노파 두 교회의 여러 하위 교파 사람들이 거주하고 있었다. 낸시네 가족은 메노파였다. 이들은 운송 수단으로 오직 말만 사용했고, 허영이라며 단추조차 피해 긴 드레스를 핀으로 고정했다. 낸시의 장녀는 결혼해서 고향을 떠났지만 귀여운 장난꾸러기 막내아들은 터너와 동갑이었다. 우리는 인사하며 서로를 소개했고 간단한 지역 역사 이야기를 나눴다. 내가 마침 반바지를 안 입은 걸 다행이라 생각했다.

낸시는 우리가 산 땅을 경작했던 메노파 교인의 이름과 주소를 알려주었다. 커티스와 나는 그를 만나러 갔다. 그는 우리 밭에서 건초용 작물을 길러주기로 했고, 우리는 수확량의 절반을 그에게 주기로 합의했다. 이 정도면 겨우내 우리 초지의 양과 함께 벨기에에서 온 말들까지 먹일 수 있을 것이었다. 이 멋진 말들은 철마다 건초 절단기를 끌었고 그 이후에는 건초 뭉치는 기계도 끌곤 했다. 더운 여름날, 커티스와 나는 오솔길을 따라 걸으며 건초 더미를 왜건에 던져 실었다. 그러면 따뜻하고 향긋한 공기 속으로 건초 더미에서 올라온 먼지가 폴폴 흩어졌다. 우리는 헛간 양쪽 문을 활짝 열어 말들이 곧장 달려 들어와 그늘에 멈추게 한 다음 짐을 내렸다.

내가 사업 계획서를 작성하는 아침나절에 아들 터너는 짐머먼네 아이들과 놀았다. 가끔은 오후에 낸시와 그 집 아이 몇 명, 그리고 터너를 차에 태우고 식료품점에 가기도 했다. 낸시는 교리상 차를 소유하거나 운전할 수 없었지만 남의 차를 탈 수는 있었다. 쇼핑하러 갈 때는 특식으로 맥도날드에서 식사를 했다. 다 함께 차를 타고 워싱턴의 동물원에 놀러 간 적도 있다. 어려운 점도 꽤 있었지만 낸시와 나는 정말 친해졌고, 아이 엄마이자 여성이라는 공통 경험을 통해 유대감을 느끼게 되었다. 가끔은 우리에게 어떤 것이 자유롭게 허용되고 어떤 것이 그렇지 않은지에 관해 이야기하기도 했다. 그럴 때면 우리는 같이 분노했다. 낸시는 긴 소매 상의에 긴 치마를 입고 보닛을 썼다. 키우는 소와 말이 고통스러운 출산을 길게 이어가도록 방치할 수밖에 없어서 분노하기도 했다. 낸시의 남편은 수의사를 절대 부르지 않았다.

오후가 되면 터너와 나는 점점 수가 늘어나는 보더레스터체비엇 양을 돌봤다. 나는 작은 트레일러를 사서 옆면과 위쪽을 격자 패널로 막았다. 여기에 방수포를 덮고 나니 양을 농장에서 농장으로 옮기는 데 꽤 괜찮은 장비가 되었다. 나는 암양 여러 마리를 샀고 보더레스터 품종 사육자에게서는 예쁘고 어린 숫양 한 마리를 샀다. 나는 숫양의 이름을 에이브러햄이라고 지었고 첫 암양 새끼를 세라라고 불렀다. 커티스와 나는 양털 깎는 기술을 배우러 다녔고, 우리 양들을 비롯해 근처에 사육되는 양들의 털을 밀었다. 양이 새끼를 낳을 때면 아직 조그만 아이였던 터너는 일주일 동안 암양들이 새끼와 지내는 작은 우리에 들어가 내가 살필 수 있도록 새끼 양을 데려오곤 했다. 암양과 새끼 양들은 터너를 봐도 놀라지 않았다.

매일 저녁 기온이 떨어지면 커티스와 나는 보더콜리들을 훈련시키기 위해 목초지로 데리고 나가곤 했다. 개 훈련 기술을 배우러도 다녔다. 우리가 수업을 받는 동안 터너는 토끼풀 밭에서 놀거나 내가 멨던 배낭에 들어갔다. 우리는 양 떼가 지나가는 동안 초보 개들을 일단 기다리게 했다가, 개들이 양 떼의 뒤로 둥글게 호를 그리며 가 양을 몰도록 했다. 이때 우리는 "이리 와!" 또는 "저리 가!"라고 외치곤 했다. 조금 더 실력이 좋은 개들은 휘파람 소리만 듣고도 양을 어떻게 몰아야 하는지, 어떻게 양 떼를 반으로 갈라놓는지를 배웠다. 메노파와 아미시 교파 사람들은 이 모습을 구경하기 위해 길가에 마차를 끌고 죽 늘어섰다. 거기에 탄 마을 사람들은 대부분 양치기 개를 처음 보았다. 이 잽싸고 열정적이며 누구보다도 영리한 개들은 내가 지금껏 본 것 중 가장 아름다운 존재들이었다. 순수한 의도와 결심을 지닌, 속도를 자랑하는 이 개들은 마치 액체로 된 미사일처럼 오직 한 가지 일을 염두에 두고 쏜살같이 달렸다.

주말이면 커티스와 나는 양치기 개 대회를 구경하거나 참가했다. 우리는 동부 연안 사람들과 경쟁을 벌였는데 때로는 펜실베이니아 북부나 뉴잉글랜드 사람들과도 경쟁했다. 어느 주말, 대규모 양 농장에서 열린 대회를 친구들과 구경하는데 그때 '빅햇Big Hat'에 속한 한 친구가 걸어왔다. 최고의 전문 조련사와 트레이너로 구성된 빅햇은 작업견 혈통의 개를 사육해 연말 북미 결승에 출전하고, 훈련소에서 우리 같은 초보 견주들을 가르치기도 했다. 베벌리라는 이름의 친구는 자기 개 중 가장 훌륭한 하나가 낳은 마지막 새끼를 이 농장 주인이 샀으며 그가 이 대회를 열었다고 이야기했다. 우리는 약간 놀랐다. 농장주는 개들에게 잔인하게 굴기로 악명 높은 사람이었다. "알아요." 베벌리가 말했다. "그렇지만 이 사람이 그 강아지만큼은 사람들과 유대감을 쌓도록 가족과 함께 집에서 잘 키우겠다고 약속했었거든요. 그런데 지금 보니 강아지가 우리에 갇혀 있어요. 코가 철망에 눌려서 잔뜩 부었고 관심을 달라고 낑낑대네요. 막상 다가가면 그동안 얻어맞기라도 했는지 몸을 움찔하고요. 누가 그 강아지를 데려가 키웠으면 싶은데, 어쩌죠?"

내가 키우고 싶었다. 주인은 강아지를 보내는 값으로 500달러를 불렀다. 돈이 모자라 친구들에게 빌려 강아지를 데려왔다. 한 살도 채 되지 않은 강아지는 아직 작았고, 적응력이 있었다. 잘 구부러지는 공작용 철사처럼 가능성이 많은 아이였다. 붉은 여우 같은 밝은 몸 색깔에, 얼굴과 목덜미에는 큼직한 흰 반점이 있었다. 플라이였던 강아지는 테스로 이름이 바뀌었다.

커티스는 우리에게 개가 더 필요하다고 생각하지 않았다. 그때 우리는 개 다섯 마리를 키우고 있었다. 보더콜리들을 구조해서 훈련시킨 다음 양 농장에 배치하는 중이었다. 하지만 커티스 역시 나처럼 테스와 사랑에 빠졌다. 집에 데리고 와 보니 원래 주인이 테스를 학대한 게 분명했다. 한번은 부엌 식탁 아래에 테스가 있는 줄 모르고 발을 밟은 적이 있다. 테스는 비명을 지르거나 움찔하는 대신 축 처져 누워 있을 뿐이었다. 외부와 자기를 분리하는 반응이었다. 보더콜리 새끼들에게는 원자로 같은 에너지가 있고 걸음마 하는 인간 아이들만큼 활발하게, 외부의 자극에 민감하게 반응한다. 사람이 바닥에 누우면 강아지들은 보통 달려들어 얼굴을 핥는 등 상호 작용을 하려 한다. 하지만 내가 바닥에 누웠을 때 테스는 내가 존재하지 않는 것처럼 내 옆을 지나쳐 갔다. 사람 없이 살아가는 법을 배운 듯했다.

그러던 어느 날 작은 사무실에서 일하고 있는데 다리에 뭔가가 느껴졌다. 아래를 내려다보자 테스가 소리 없이 살금살금 다가와 내 허벅지에 턱을 단단히 고이고 앉아 있었다. 나와 마주 보려고 눈을 치켜뜬 채. 이 아이도 이제 좀 달라지려고 결심한 듯했다.

내가 평생 키운 개 중에서도 테스는 정말 특별한 개였다. 테스는 나와 정신적으로 연결되어 있었고, 단순한 개 이상이었다. 우리는 테스를 '더 높은 존재'라고 불렀다. 테스는 독립적이고 책임감 있으며 예의 바른 행동이 무엇인지 확실히 알았다. 완전하게 갖춰진 존재였으며 결단력이 있었다. 한번은 양몰이에 필요한 훈련을 마친 테스에게 보상으로 베이컨 한 조각을 주려고 하자 테스는 눈을 질끈 감고 얼굴을 돌려버렸다. 내가 자신을 아주 모욕했다는 듯한 반응이었다. 테스가 보인 몸짓은 이렇게 말하고 있었다. '우리는 기꺼이 함께 일하는 파트너거나, 그게 아니면 아무 사이도 아니에요.' 테스는 애정 어린 태도로 터너와 모든 양을 지켜보았다. 그리고 내가 가르치려 했던 모든 것을 순식간에 터득했다. 이쪽의 의도를 알기만 하면 테스가 행동에 들어가는 건 금방이었다.

테스가 태어난 지 1년 반쯤 되었을 때 나는 테스에게 덩치 크고 호전적인 암양 한 마리와, 새로 온 새끼 양 두 마리를 한 헛간에서 옆 헛간으로 옮기게 했다. 만약 보더콜리 양치기 개였다면 강렬하게 노려보면서 포식자처럼 웅크렸다가 움직였을 테다. 이 개들은 이런 식으로 다른 동물을 겁주어 움직이게 한다. 하지만 테스는 암양 쪽으로 살금살금 다가갔고 암양은 새끼와 함께 몸을 움직였다. 잠시 뒤 암양은 이 개가 새끼들에게 위협이 될 수 있다고 여기고 돌아서면서 경고이자 싸움의 신호탄으로 테스를 향해 발을 동동 굴렀다. 이렇게 암양이 자기를 향해 몸을 돌리자 테스는 꼼짝도 하지 않은 채 천천히 부드럽게 옆으로 눈을 돌렸다. 포식자의 시선이 주는 압력을 풀어주려는 듯했다. 위협적인 분위기가 갑자기 사라지자 혼란스러워진 암양은 다시 고개를 돌려 가야 할 방향으로 움직이기 시작했다. 이 멋진 개는 이처럼 섬세했고 인지력이 뛰어났다.

터너는 이 모든 경험을 나와 함께했다. 우리는 텃밭 여덟 개를 가꿨고 특별한 과제도 처리했다. 그중 하나는 그네를 만드는 것이었다. 여름철 폭풍우가 몰아치던 날, 집 바로 옆에 있는 커다란 떡갈나무 하나가 귀가 먹먹해질 정도로 큰 소리와 함께 떨어진 벼락에(주방 천장의 전구가 터지고 터너와 함께 놀던 어린 남자아이 넷이 놀라 내게로 뛰어들 정도였다) 맞아 쓰러졌다. 커티스는 손으로 직접 뭔가 만들어 보겠다고 벼락 맞은 나무를 쪼개 널빤지로 만들었다. 그리고 터너와 내가 그중 쓸 만한 것을 골라 매끈하게 다듬고 드릴로 구멍을 뚫어 집 옆 벚나무의 높은 가지에 매달았다.

어린 터너와 함께 양을 돌보고 이웃을 방문하는 낮 시간은 바쁘고 힘들었다. 하지만 커티스와 보내는 저녁은 더 힘들었다. 커티스와 나는 카누 여행을 하거나 양치기 대회에 함께 나가는 횟수가 예전보다 줄었다. 커티스는 이제 집에 와도 그날 내가 하루를 어떻게 보냈는지 묻지 않았다. 우리는 떨어져 있을 때보다 함께 있을 때 더 외로움을 느끼기 시작했다. 외로움이 걷잡을 수 없이 커지면서 나는 이 생활에서 탈출하는 것을 상상하기 시작했다.

터너가 네 살이던 어느 날, 저녁 식사 후 아이가 잠이 들자 커티스는 지금 일을 그만두고 뉴잉글랜드로 가서 대학에 일자리를 찾을 것이라고 말했다. 우리가 이야기를 나눈 작은 거실은 나의 부탁으로 이웃 친구가 만들어준 책을 읽을 수 있는 창가 의자가, 그리고 터너의 책이 가득 꽂힌 책장이 있었다. 겨울에 온기가 돌도록 작은 난로도 설치해 둔 곳이었다.

냉기가 한바탕 몸을 쓸고 뒤이어 공포로 아드레날린이 밀려오는 것을 느꼈다. 창밖에는 내가 이름을 지어준 암양들이 헛간과 목초지에서 만족스럽게 풀을 뜯고 있었다. 내가 어떻게 이 양과 개들, 풀과 흙, 초지의 나무 하나까지 선명하게 알고 있는 이 농장을 떠날 수 있을까? 어떻게 터너가 이 농장에서 경험하고 얻은 모든 것을 잃게 한단 말인가? 의식하지 못하고 내 입에서 맨 처음 나온 말이 가장 뚜렷한 진실이었다. "나는 지금 당장 이사 갈 수는 없어요. 난 여기서 더 오래 지내야 해요. 여기 있어야 해." 커티스는 바로 동의했다. "좋아요, 그럼 내가 먼저 올라가서 가을 학기를 시작할 테니 당신과 터너는 겨울 방학쯤에 와요." 하지만 그걸로 충분하지 않다고 생각했다. 그리고 그 순간 이런 생각이 떠올랐다. '커티스를 떠날 수도 있다.'

몇 주가 지나고, 나는 내 마음이 확실하게 정해졌음을 깨달았다. 커티스와 대화를 나누었고, 우리는 씁쓸한 눈물을 흘렸다. 눈물은 마치 죽음처럼 느껴졌다. 커티스와 나는 결혼 생활을 제대로 잘해 나갔다. 비록 더 외로워졌고 서로에게 더 냉담해졌지만 우리는 성장했다. 커티스를 떠나는 것은 생각만으로도 몸이 반으로 찢어지는 느낌이었다.

그렇게 그 한겨울에 나는 작은 야생 동물처럼 도망쳤다. 10년 동안 함께 산 남편, 깨끗한 하얀 눈으로 덮인 집을 떠났고, 이제 혼자가 되었다. 죄책감에 짓눌리지 않게 될 때쯤 나는 와인같이 달콤한 겨울 공기를 마시며 황홀하게 붕 뜬 기분을 즐겼다. 나는 희망적인 느낌과 새로 얻게 된 에너지, 가능성을 터너와 나누고 싶었다. 슬픔의 한가운데에도 여전히 사랑과 기쁨이 있다는 것을 아이에게 보여주기 위해서였다. 나는 오래된 농가로 이사했다. 아침에 정신없이 집을 빌려 오후에 재빠르게 입주했다. 그때 나는 세 가지 부업을 하고 있었는데 새로 얻은 집의 집세뿐 아니라 예전 집의 담보 대출금 절반을 지불하기 위해서였다. 힘들었지만 그래도 스무 살 이후로 그렇게 일해본 적이 없어서 행복했다. 아름다운 농장과 양떼, 그것들을 얻기 위해 내가 쏟았던 노력을 상쇄하고, 10년간의 헌신적인 사랑을 끝내는 고통을 해소하는 자유의 힘을 상상해보라. 나는 커티스와 나 사이를 오가야 할 아들 터너를 위해 할 수 있는 한 가장 좋은 가구를 침실에 들여놓았다. 터너가 커티스에게 가 있는 밤이면 나는 테스와 단둘이 시간을 보내며 새로운 음악을 듣고 저녁으로 감자를 먹었다.

⋆ ⋆ ⋆

제임스와 나는 메릴랜드에 있는 세인트메리대학의 가을 학기에서 처음 만났다. 나는 그곳에서 수학 강의를 하나 맡았고 제임스는 그 과의 교수였다. 나는 나 자신의 사업 계획서에 들어갈 새로운 마지막 단어를 찾았다고 생각했다. 내가 이 일을 구할 수 있었던 건 MIT에서 석사 학위를 받은 덕분이었고, 수학과 학과장은 제임스에게 내 수업을 참관해 잘하고 있는지 살피라고 부탁했다. 제임스는 느긋하게 움직이는 키 큰 남자로, 학생들 사이에 똑바로 조용하게 앉아 있었다. 검은 머리카락과 대조되는 밝고 푸른 눈동자가 나를 꾸준하게 쫓아왔다. 수업이 끝나자 그가 다가와 칭찬을 해주었다. 지금은 기억나지 않는 그 말들이 우리의 시작이었다.

우리는 우정을 쌓기 시작했다. 제임스는 내가 인생에서 어떤 단계를 지나고 있는지를 판단하지 않은 채 인내심을 가지고 이야기를 들어주었다. 또 내가 전 남편과 완전히 헤어지고 끝맺음을 할 때까지 나에게 깊이 개입하지 않으려 했다. 그래서 내가 이사를 나와 학교 근처에 정착했다고 설명하려 봄에 그에게 연락했을 때도 관계에 대한 기대감은 거의 없었다. 두 번째 데이트에서 나는 제임스에게 저녁을 만들어 대접했고, 그는 우리 집 부엌에서 함께 무도회에 나가기 전에 연습차 몇 가지 컨트리 댄스의 스텝을 가르쳐주었다. 처음 몇 주 동안 나는 마음속에서 전에 없던 새로운 감정을 발견했다. 새벽 5시에 일어나 그를 생각하면 심장이 빠르게 뛰곤 했다. 함께 점심을 먹으러 가도 나는 제대로 먹을 수 없었다. 약속이 없는 저녁에는 제임스가 그리웠고 아침에는 그를 다시 보기 위해 서둘러 출근했다.

가족과 친구들은 내가 맞는 선택을 하고 있는지 확신하지 못했다. 몇몇 친구는 내가 제임스와 함께하는 것에 의문을 던졌다. 수전은 누군가와 지속적인 관계를 형성하기 전에 혼자 살면서 거기에 익숙해지는 법을 배우는 것이 중요하다고 충고했다. 또 샤론은 혼자 사는 것도 좋은 데다 커티스와 헤어지고 나서 첫 번째 연애 상대가 제임스 같은 사람인 게 아쉽다고 말하면서 이런 첫 연애는 오래갈 수 없다고 말했다. 그렇게 나는 새로운 관계를 시작한 속도 문제를 둘러싸고 우정을 약간 잃었다. 어머니는 제임스에게 거리를 두면서도 친절했지만 아버지는 제임스를 쳐다보거나 말을 걸려 하지도 않았다. 그래도 제임스는 평온했다. 내가 어리석었든 그렇지 않든 나는 어쩔 수 없이 사랑에 빠져 있었다.

어느 날 아침, 짐 상자를 뒤지다가 커티스가 작년에 크리스마스 선물로 준 뜯지 않은 그림물감을 발견했다. 내가 그를 떠나기 직전에 샀던 게 분명했다. 나는 크리스마스 무렵 떠났고 우리는 그해 크리스마스를 함께 보내지 않았기 때문이다. 또 다른 상자에는 커티스가 내게 준 첫 번째 책 선물이 들어 있었다. 커티스는 감정을 드러내고 표현하는 사람이 아니었지만 때때로 선물을 사는 등의 행동으로 그가 나에 대해 어떻게 생각하는지 짐작할 수 있었다. 나는 선물에 담긴 다정함과, 선물이 나에게 딱 맞는 것이었다는 사실에 놀랐다. 몇 년 전보다 더 좋았고 잘 고른 훌륭한 선물이었다. 커티스는 헤어지면서 그것들을 버리느니 나에게 주었다.

갑자기 내가 주변의 모든 것을 망치고 독을 뿌리는 것 같은 불쾌한 기분이 들었다. 삶의 궤도가 행복에서 벗어나 절망으로 치닫는 일이 점점 더 잦아지고 있었다. 나는 갑자기 참을 수 없을 정도의 절망감을 느꼈지만 그 이유와 계기가 무엇인지는 전혀 알지 못했다. 나는 그 감정의 깊이와 복잡함에 겁이 났다. 철자가 틀린 단어를 읽을 때처럼 어떤 한 가지 때문에 정상적으로 대화를 지속할 수 없을 만큼 공황과 슬픔에 빠졌다.

무엇이 잘못된 것일까? 전에도 심한 우울증을 앓기는 했지만 시간이 어느 정도 흐르며 괜찮아졌다. 어쩌면 내가 우울증과 다시 맞닥뜨렸는지도 모른다고 생각했다. 언젠가는 치료를 받고 어쩌다가 이렇게 되었는지 알아내야 할 것이라고. 그러다가 제임스와 함께 숲을 걷고 컨트리댄스를 추던 이듬해 여름, 피할 수 없이 불쾌한 우울증이 다시 밀려온 것이다. 새로운 생활에 대한 환희와 함께 잠에서 깨어나는 대신, 혼란스럽고 무서운 꿈에 빠진 채 방향을 잃은 기분으로 잠에서 깼다. 오후가 되면 몇몇 사소한 사건, 예상치 못하게 걸려온 전화, 도로 위 운전자에게 받은 험악한 눈초리가 마음을 쿵 가라앉게 하고 절망감을 주었다. 그 절망은 마치 범람하는 빙해처럼 내 모든 감정을 잡아먹었고, 그러면 나는 완전한 상실감에 빠졌다.

그런 상태에서는 희망도 행복도 무의미했을뿐더러 어디로 나아가야 할지 방향도 알 수 없었다. 나는 내가 무엇을 원하는지 몰랐고, 심지어 무엇이 잘못되었는지도 알 수 없었다. 초연하고 무력한, 죽음 같은 상태에 빠졌다. 이런 상태는 갑자기 찾아왔다. 왜 이러는지 이유를 전혀 알 수 없었다. 나는 상대적인 안정감과 완전히 마비된 감각, 물에 빠진 듯한 우울감 사이를 오갔고 죽을 듯이 괴로웠다. 그 주기는 하루에 한 번 이상일 수도 있었고 한번 오면 며칠 동안 지속되기도 했다. 제임스와 함께하는 멋진 생활이 있었고, 직장에서 새로운 희망을 찾으며 잘 자립했음에도 이런 감정을 겪었다. 그해 여름 나는 멈추지 않는 무력감으로 겁먹어 납작해졌다.

이렇게 우울감에 빠진 와중에도 내 생활은 바쁘고 생산적이었다. 일, 그리고 나를 매료한 것들에 집중하면서 나는 더 큰 두려움을 잊었고, 궁극적으로는 나쁜 기억들을 차단하고 앞으로 계속 나아갈 수 있었다. 나는 온갖 고통과 우울, 불안을 겪으면서도 열심히, 끊임없이 일했다. 한 학기에 수학 수업을 세 개나 맡았고 시를 쓰기도 했다. 만약 읽고 쓰고 가르치는 것을 멈췄다라면 확실히 나는 우울증의 고통을 견딜 수 없었을 것이다.

동시에 나는 내가 모든 걸 포기하고 잠자리에 든 것처럼 물에 빠져 죽어 가고 있다는 사실을 분명히 알았다. 단지 좀 더 천천히 물에 빠져들 뿐이었다. 그렇지만 당시에는 정신 분석 치료가 얼마나 도움이 될지 몰랐고 심지어 그것이 무엇인지도 알지 못했다. 나 자신은 물론이고 가족, 지인 가운데 치료를 받아본 사람이 전혀 없었다. 우리 가족과 어울리지 않긴 했지만 그것은 내게 도움이 될 유일한 방법이었다. 우울할 땐 치료를 받아야 하는 것 아닐까? 그래서 나는 의사가 추천한 치료사의 사무실에 전화를 했고, 운 좋게도 훈련 중인 젊은 융 심리 치료사 메리와 약속을 잡았다.

3장

움츠러들지 않고 나아가는

내 어린 시절은 어땠을까? 이 질문에 어떻게 대답해야 할지 잘 모르겠다. 어린 시절이 행복했다고 이야기할 수는 있다. 나는 뉴욕 이서카의 상위 중산층 가정에서 자랐다. 부모님은 제2차 세계 대전이 끝난 직후 결혼하셨고 60년 넘게 결혼 생활을 이어 갔다. 그러다 각각 2007년과 2008년에 80대 초반의 나이로 돌아가셨다. 나는 삼 남매 중 막내였고 오빠인 톰과 짐은 나를 애지중지 사랑해줬다.

우리 집에는 연못이 있어 개구리들이 여름마다 노랫소리로 나를 재워주었고, 개, 토끼, 고양이, 쥐, 기니피그를 키웠다. 우리 집에는 조금 별난 면도 있었다. 예컨대 거실 천장이 대성당처럼 높아서 거기에 밧줄을 묶고 그네를 탈 수 있었다. 어머니는 『내셔널 지오그래픽』 지도에 광택제를 발라 바닥에 붙여놓았고 우리는 그 위를 기어 다니며 어떤 나라가 어디에 있는지 배웠다. 우리 남매는 자신이 하고 싶은 걸 스스로 결정해야 했다. 열 살이 되면 자기 삶은 본인이 결정해야 한다는 것이 어머니의 지론이었다. 우리는 간섭받지 않고 마음껏 놀고, 나무에 오르고, 요새를 만들 숲을 탐험했다. 아무도 우리를 감독하지 않았다. 그리고 누군가가 나를 반복적으로 강간했다.

그 성폭행이 이루어졌다는 사실은 회색 베일처럼 나를 둘러쌌고, 가족 거의 모두가 그 사실을 비밀로 부쳤다. 누구도 입 밖에 내지 않았다. 그래서 나 역시 그 기억에 관해 말하지 않았다. 압도적인 공포에 빠지거나 마비되지 않은 채로 계속해서 사건 바깥에 머물도록 스스로 떠미는 편이 훨씬 안전하게 느껴졌다. 그런 일이 벌어지지 않았다고 힘들여 가장하여 실제 사건의 어떤 부분에도 속하지 않는 삶을 꾸리는 게 더 안전했다.

우리 집에서 신경 쇠약에 걸리거나 우울해하거나, 그로 인해 상담받는 것은 허락되지 않았다. "우리 집안 사람들은 그러지 않는다"라고 어머니는 말했다. 어머니 당신도 내가 어머니를 본 평생 깊은 우울증에 시달렸지만 말이다. 내가 초등학교에 다닐 때, 한번은 어머니가 갖고 있던 수면제 한 병을 나에게 보여준 적이 있다. 몇 년이 지난 뒤 내가 그 이야기를 꺼냈지만 어머니는 기억하지 못했다. 필라델피아에서 제대로 된 가정 교육을 받으면서 자란 어머니는 향기로운 실크 스카프 여럿을 가지고 있었고, 스카프 뭉치에는 어머니의 설명대로라면 필요할 때 언제든 목숨을 끊을 수 있는 약병이 숨겨져 있었다. 어머니는 내가 일곱 살인가 여덟 살 무렵 아침에 항문이 너무 쓰라려서 의자에 기대 울었던 것도 기억하지 못했다. 그때 어머니는 지금 바쁘니 조금 있다가 도와주겠다고 말했을 뿐이었다. 그리고 어머니는 내가 내 몸에 질이 있다는 사실을 알기도 전에 질 감염에 걸렸던 일도 기억하지 못했다.

열 살에 나는 척추가 휘는 척추 측만증 진단을 받았다. 담당의사는 금속 막대 세 개를 허리와 엉덩이에 둘러 몸을 받치는 밀워키보조기를 착용해야 한다고 했다. 금속 막대 둘은 등에, 하나는 몸 앞쪽에 덧대져, 턱 바로 밑까지 올라오는 금속 칼라와 이어졌다. 막대를 고정하기 위해 허리에 차는 뻣뻣한 가죽 거들이 몸을 꽉 옥죄며 구부러진 척추뼈를 눌렀고, 금속 칼라가 머리를 계속 바르게 고정하게 해 척추를 쫙 펴주었다. 나는 열일곱 살까지 보조기를 착용했다.

나는 일곱 살부터 승마 수업을 받았다. 연필을 잡을 수 있을 때부터 말을 그렸다. 공공 도서관의 어린이 도서실에 있는 낭독용 책부터 학교 도서관의 동물 관련 책까지 손에 넣을 수 있는 말에 관한 모든 책을 읽어 치웠다. 그 책들이 어느 통로, 어느 칸에 꽂혀 있는지 아직도 생생하게 그려진다. 읽지 않은 새로운 책을 찾아낸 일도 기억난다. 내가 꾸는 유일한 좋은 꿈이 있다면 말에 관한 것이었다. 나는 승마 수업을 받고 싶다고 몇 년을 어머니를 조르다가 마침내 여름 캠프에 가도 된다는 허락을 받았다.

그 캠프는 내가 가장 자주 탔던 바니와 번티를 포함해 조랑말이 많아 말 냄새가 풍기고 햇볕이 잘 드는 천국 같은 곳으로 기억에 남아 있다.

내가 열 살에 보조기를 착용하게 되자 부모님은 일종의 보상으로 나에게 조랑말을 선물하기로 했다. 의사 선생님은 말을 타면 척추가 수직으로 압박을 받을 것이라며 타지 말라고 권했지만 부모님은 나에게 강제로 승마를 그만두게 하는 것은 나를 죽이는 것과 같다는 사실을 알고 있었다. 하루에 한 시간만 보호대를 벗을 수 있었기 때문에 이미 체조와 수영을 포기해야 하는 상태였다. 그 나이 즈음 성폭행을 당하는 일도 끝났고, 셰틀랜드 양치기 개인 선샤인과 점점 친해졌으며 마구간에서 할 수 있는 한 많이 시간을 보냈다. 나는 따뜻한 건초의 풀 냄새, 갈기 아래 조랑말 목에 손을 대면 부드럽게 미끄러지는 털의 느낌, 말이 걷고 달리고 펄쩍 뛰거나 질주하는 속도감을 즐겼다.

당시 나는 개리 더피와 함께 웨일스 조랑말 전문가인 몰리 버틀러가 소유한 글랜낸트웨일스 조랑말 농장에서 수업을 받고 있었다. 웨일스 조랑말은 점프를 잘하는 서러브레드 품종만큼이나 잘 개량되어 승마 실력을 뽐낼 수 있다. 조랑말들은 근사하고, 영리했다. 움푹 들어간 이마 위로 주변을 경계하는 귀가 쫑긋하게 달려 있고, 상황을 잘 아는 듯 반짝이는 눈이 있었다. 실내 승마장으로 가려면 왼쪽에 마구실이 있는 복도를 지나야 했는데, 그 양쪽에 마구간이 여섯 곳쯤 있었다. 나는 대팻밥 위에서 조랑말이 발을 움직여 바스락거리는 소리를 들었고 마구간 문짝 너머로 고개를 내밀고 밖을 내다보며 부드럽게 히힝대는 말 소리, 승마장에 울리는 조련사들의 목소리와 말발굽 소리를 들었다. 나는 고향에 있었다.

나는 차분한 늙은 암말 리릭과 두 가지 색깔의 털이 섞인 리릭의 사촌 라임을 타며 승마 수업을 시작했다. 리릭은 컸다. 그래봤자 중간 크기 조랑말이었지만 내가 어린 여자아이였기 때문에 더 그렇게 느껴졌다. 리릭의 표정은 평화로웠고, 두텁고 하얀 겨울 털은 특히 부드러웠다.

리릭과 함께하며 나는 말을 타고 적절히 빠르게 걷게 하는 법과 구보로 달리게 하는 법을 배웠다. 나는 그렇게 용감한 기수는 아니었지만 계속 노력하기로 결심했다. 웨일스 조랑말 중에 제일 멋진 이 친구도 가끔은 토끼처럼 낯을 가리곤 했는데 겁을 먹을 때면 몸을 픽 웅크려 눈 깜짝할 사이에 샛길로 빠져 3미터쯤을 내달렸다. 그래서 이런 말을 타다 보면 실력이 늘었다. 나는 코넬대학교 경기장에서 첫 번째 마장 마술 경기를 치렀는데 귀가 쫑긋 선 조그만 암갈색 말 프림로즈 레인과 함께였다. 나중에 알고 보니 이 대회에서 '올해의 조랑말' 상과 '예비 챔피언 사냥꾼'이라는 큰 상을 받은 말이었다. 친절하게도 프림로즈 레인은 실력이 그저 그런 내가 '짧은 등자'라 불리는 부문에서 몇 개의 리본을 따게 해주었다.

수업이 끝나면 겨울이라 일찍 어두워졌기에 나는 남아서 잡

일을 도왔다. 수업이 이루어지는 헛간의 마구간을 한 곳씩 들러서 물 양동이의 얼음을 깨 다시 채우고, 웅웅거리고 발을 구르며 히힝대는 조랑말들에게 맛 좋은 사료나 팰릿, 건초를 주었다. 얼음이 어는 추운 날씨인데도 건초는 향기로웠고 사료 역시 나도 한 입 먹고 싶을 만큼 냄새가 좋았다. 조랑말의 아름답고 둥그스름한 몸에서 뿜어져 나오는 열기가 헛간을 따뜻하게 했다.

척추 보조기를 받았을 때만 해도 나는 내가 여전히 이 세상에 속해 있다고 느꼈다. 나는 강아지 선샤인과 함께 말 타는 것을 좋아했다. 사람들은 내가 타기 좋은 조랑말을 찾아주었다. 게리는 한번 타보라며 괜찮다 싶은 조랑말을 계속해서 데려왔다. 내가 정말 좋아했던 말은 캐서린이었다. 캐서린은 밝고 빛나는 눈, 다소 반항적인 성격의 사랑스러운 회색 얼룩무늬 조랑말이었다. 꽤 과체중이었는데 훈련시키기 힘든 성격 탓인지도 몰랐다. 나는 낮 동안 학교에서 공상을 하며 손에 닿는 모든 종이에 '캐서린'이라고 끼적였다. 오후의 승마장에서 캐서린은 나를 태우고 매일같이 난리를 부렸다. 캐서린은 나를 피하거나 쫓아냈다. 경마 장애물을 뛰어넘지 않겠다고 거부했고 억지로 시킬 수 없었다. 캐서린과 훈련하는 동안 말의 이빨에 물렸는데 그 쇳조각 같은 느낌이 아직도 생생하다. 나는 어린아이였기에 안장에 앉아서 할 수 있는 일이 전혀 없었고 고삐를 당겨도 효과가 없었다. 결국 실패했다는 느낌과 함께 캐서린을 돌려보내야 했다.

그러고 나서 만난 말이 드림벨이었다. 드러미라는 별명으로 불린 이 말은 내가 처음 만났을 때 이미 완전히 훈련을 받은 중간 크기 암컷이었다. 드러미는 어린 기수들을 태우는 데 전문가였다. 등이 약간 길었고 다른 웨일스 조랑말처럼 얼굴이 멋지게 움푹 들어가지도 않았지만, 현명하고 한결같은 드러미는 나와 가장 친한 친구가 되었다. 드러미는 나에게 긴장 푸는 법과 말을 타고 점프하는 법, 경기를 잘하는 법을 가르쳐주었다. 내 실력이 늘면서 드러미는 때로는 자기 기분을 드러내며 나를 피하거나 날뛰거나 했지만 어쨌든 결국 내가 새로운 어린 말들을 훈련시키며 탈 수 있을 만큼 괜찮은 실력을 갖추게 해줬다. 대학으로 도피하는 여정의 미끄러운 절벽에서 내가 손잡을 곳을 제공해준 것이 드러미였다.

시간이 지나 소년 소녀 기수들이 다들 그렇듯 나 역시 조랑말을 타기에는 몸이 커졌다. 마구간에서는 관례대로 드러미를 더 어린 아이에게 내주었다. 이제 나는 선택의 갈림길에 섰다. 주니어 사냥 대회와 승마 경기에 매진해 올림픽 대표 팀으로 뽑힐 수도 있는 매디슨 스퀘어 가든의 메달매클레이 대회 결승전에 진출하는 것을 목표로 하거나, 경기에 나가는 대신 어린 말을 훈련시키는 것이다. 그동안 나는 경기에서 꽤 좋은 성적을 여러 번 거뒀다. 내 방에는 경기에서 받은 리본들이 다닥다닥 붙어 있었다. 하지만 승마 경기가 좋기도 했지만 부담스럽기도 했다. 처음에는 경기 전에 울음을 터뜨리거나 긴장감 탓에 토하기도 했다. 그리고 기술이 늘면서 말과의 관계보다 단지 이기는 게 더 중요해지는 사례도 지켜봤다.

그래서 결국 나는 집 헛간에서 말을 훈련시키기로 결심했다. 우리는 아주 아름답고 예민한 서러브레드와 웨일스 품종이 섞인 암망아지를 샀고, 나는 존 레넌의 노래 「이매진」에서 이름을 따와 망아지를 '이매진 댓Imagine That'이라고 불렀다. 망아지와 나는 처음에는 고생했지만 서로 이해하게 되면서 믿음이 생겼다. 이 망아지는 특별했다. 아름다운 겉모습에 생생한 활기가 넘쳤고 점프하는 것을 좋아했다. 비록 한 걸음 앞으로 갈 때마다 나와 다퉜지만. 하지만 마침내 나는 이 망아지를 훈련시킨 다음 부모님에게 약속한 대로 다른 주인에게 보냈다. 이 말은 전국 대회에서 큰 상을 타고 연이어 상을 받다가 대회 현장에서 자취를 감췄다. 무슨 일이 일어났는지는 정확히 모르지만 아마도 누군가 잘못된 방식으로 말과 소통해 말을 화나게 했거나 다치게 했을 수 있고 그래서 말의 기운이 꺾였는지도 모른다. 이매진 댓이 장애물 뛰어넘기를 거부했다는 이야기가 들려 왔다. 풀밭에 있는 1.5미터 높이의 장애물을 기꺼이 훌쩍 뛰어넘고 옥수수밭을 질주하다가 다시 펄쩍 뛰어 돌아오며 그 과정에서 그저 즐거워했던 말이 훈련을 거부했다니 마음이 아팠다. 그 후 20년 동안 나는 가끔 옛집 헛간으로 돌아가 한때 그랬던 것처럼 말이 나를 기다리다가 내 발소리를 듣고 반가워 히힝 소리를 내는 꿈을 꾸곤 했다. 이매진 댓을 보낸 뒤로 나는 앞으로 내가 다시 말을 갖게 된다면 죽을 때까지 그 말을 돌보겠다고 다짐했다. 하지만 나는 다시는 헛간에 돌아가지 않았다. 부모님과 함께 집에 살 뿐이었다.

* * *

어머니는 정신 이상 증세를 겪곤 해서 그 함정에 빠지지 않으려고 많은 에너지를 소비했지만 가끔은 실패했다. 어머니는 가족인 우리가 당신을 장애인 시설에 데려가 잠긴 문 뒤에 내버려 둔 채 차를 몰고 떠나는 악몽을 꿨다. 어머니는 종종 자신의 내면을 스스로 측정하는 듯했다. 예컨대 이런 질문을 던지는 것이다. 지금 내가 얼마나 정상과 멀어 보여?

내가 20대 후반이던 어느 날, 어머니와 나는 제임스와 내가 임대해서 살던 메릴랜드주 농가의 현관에 앉아 이야기를 나누었다. 어머니는 우리가 더 가까워졌으면 좋겠다고 말했다.

"우리는 지금껏, 한 번도 유대감이 없었지." 어머니가 말했다.

"네가 태어난 순간부터 그랬어. 너는 나와 유대가 없었어. 나한테서 담배 냄새가 났기 때문인지도 몰라. 하지만 너만 그런 게 아니라 나도 화가 많은 사람이란다. 내가 화내는 건 다 네 아버지 때문이지."

"알아요, 저도 느껴요." 내가 대답했다.

"나는 진정으로 너와 연결된 적이 없어. 단 한 번도." 어머니는 주의를 내면으로 돌리고 있었다. 나는 그 말이 무슨 뜻인지 혼란스러워하다가 내가 평생 의식했던, 어머니가 반복했던 이야기를 떠올렸다. 여자아이를 원하지 않았기 때문에 어머니는 나를 낳았을 때 울음을 터뜨렸다고 한다. 어머니는 딸을 어떻게 키워야 하는지 몰랐다.

"제가 아들이었어야 했다는 말이에요?" 지금 와서야 나는 어머니에게 물었다.

어머니는 질문에 대답하는 대신 이렇게 말했다. "나는 딸인 게 확실하기만 하다면 넷째를 가졌을 거야. 그저 아들 다음으로 딸을 갖는 위험을 감수하고 싶지 않았을 뿐이야. 여자애가 남자애를 지배하려 드는 문제가 있잖니."

"그게 무슨 문제죠?" 내가 물었다.

어머니는 더 내면으로 가라앉았고 대명사를 혼란스럽게 사용하기 시작했다. 어머니는 스스로 두려워하는 주제에 빠져 갑자기 자기 이야기를 하기 시작했다. "여자애가 커 가면서 남자애를 쥐고 흔들거나 돌보는 법을 배우면 곧 남자보다 우월한 위치에 서는 법을 알게 되지. 나도 그래서 결혼 생활이 무척 힘들었어. 여자가 자기보다 우위에 서는 걸 그대로 놔둘 남자가 거의 없지 않겠니? 까다롭고 뛰어난 여자와 결혼한 남자를 꽤 많이 지켜봤는데 남자다움이 전부 사라지더구나."

몇 년이 지나 어머니는 내가 답해줬으면 하는 중요한 이야기가 하나 있다고 말했다. 평생 품고 있던 큰 질문이니 답을 안다면 말해 달라는 것이었다. 어머니는 왜 자기를 떠나고, 자신에게 뭔가 배우기를 거부하고, 어머니를 껴안거나 반기기를 그만두었는지 물었다. 나는 그런 일이 언제 있었냐고 되물었다. 그러자 어머니는 "네다섯 살 무렵"이라 대답했고 나는 오싹해졌다. 그건 내가 성적 학대를 당했을 무렵이었다. 이런 모녀 관계를 만든 것은 나였다. 어머니가 먼저 시작했다고 생각하지는 않았다.

내가 자라면서 어머니는 나에게 예뻐 보여야 하니 머릿결과 피부를 관리하라고 했지만 어머니는 늘 예상하지 못한 방식으로 매력적인 것과 정숙하지 못한 것 사이에 선을 그었다. 어머니가 보기에 어깨와 등이 드러나는 내 빨간색 홀터 드레스는 섹시하고 아름다웠지만 반면에 입에 바셀린을 바르는 것조차 음탕하다고 비난했다. 고등학교를 졸업할 때가 되어서야 겨우 첫 키스를 한 나였는데도 말이다. 어머니는 위아래가 이어진 원피스 수영복을 두고도 창녀 같아 보인다고 말했다. 나는 '창녀'라는 말을 들을 만큼 내게 어떤 문제가 있었는지 생각해보았다. 어머니의 반응은 여성의 신체에만 관련이 있었다.

중학교, 고등학교, MIT를 거쳐, 그 이후로도 내내 나는 우울증과 불안에 시달렸다. 부모님과 함께 살았을 때 나는 날마다 자명종 소리에 깜짝 놀라 일어났고, 잠에서 깨어 정신을 차리는 매 순간 파괴적인 절망을 느꼈다. 어머니는 내가 고집불통이고 내 방식대로 단호하게 밀고 나간다고 말했지만, 나는 내가 결코 다른 사람을 밀어낸다거나 냉담했다고는 생각하지 않았다. 나는 항상 내가 주변 사람들보다 약하고 부족하다고 느꼈고, 그래서 그저 내 갈 길을 계속 나아가기로 결심했을 뿐이었다.

나는 과거의 이런저런 조각들을 맞춰 하나의 완전한 이야기로 만드는 법을 알지 못했을 뿐만 아니라, 과거의 일에는 내가 기억하지 못하는 것들도 있었다. 어쩌면 한동안 기억하다가 내 마음이 그것을 밀어내며 다시 잊어버렸는지도 모른다. 내 인생의 몇 년은 안개처럼 희미하고 막연하다. 그때 내가 어떤 감정이었는지 바로 떠올릴 수도 없고 내가 내 몸으로 살아갔다는 느낌도 없다. 그저 과거라는 시간을 바라볼 뿐이었다. 초등학교 시절은 통째로 기억나지 않았다. 이 사실을 처음 깨달은 것은 중학교 때였다.

20대 무렵에는 과거의 조각들이 가끔씩 생생하게 떠올랐는데 그럴 때면 누워서 잠을 청할 수밖에 없었다. 마치 기억이 나를 때려눕혀 의식을 잃게 한 것처럼. 나쁜 일을 겪었던 숲을 다시 찾았을 때, 나는 무력해진 나머지 저항할 수 없이 어느 나무 아래에서 잠들었다. 어떤 사건이 떠올라 두려움을 느꼈을 때 나는 사막의 거대한 붉은 바위 위나 콩밭 옆에서도 잠을 잔 적이 있다.

때때로 나는 슬픔과 비탄으로 완전히 무력해진 사람들에 관한 글을 읽었다. 사랑하는 사람이 죽으면 산 사람은 울부짖고 무너진다. 그들의 마음이 세상에 드러나고, 곁에 있는 이들은 그들을 위로하고 지탱한다. 하지만 내가 맞는 커다란 비극의 순간에는 그런 일이 일어나지 않는다. 그 대신 절벽이 나에게로 돌진하는 모습을 본다. 나는 하던 일을 얼른 멈추고 '그만'이라고 말한다. 끝없이 펼쳐지는 슬픔이라는 검은 바다에 맞서다 나 자신에 대한 통제력을 잃으면 어쩌나 하는 두려움이 너무 크다. 그 절벽에서 떨어지면 한참 떨어진 나머지 죽을까 봐 무섭다. 그래서 나는 떨어지지 않는다.

하지만 꿈은 또 다른 문제였다. 기억할 수 있는 가장 어린 시절부터 나는 최악의 공포에 시달리는 악몽을 반복해서 꾸었다. 느낄 수 있는 최대치의 공포였기에 내 정신은 한계까지 다다랐다. 이런 꿈속에서, 나는 다리에서부터 위로 올라오며 전율을 일으키는 공포에 압도당한다. 나는 마음 깊은 곳에서 칼날처럼 예리한 비명을 질렀지만 밖으로는 아무 말도 하지 못했다.

악몽의 근원은 다양했다. 덩치가 큰 사람이나 짐승이 만화 속 같은 완만한 언덕을 따라 나를 쫓아왔고 나는 덤불이나 바위 뒤에 숨으려 했지만 항상 실패했다. 때로는 온 벽이 갈라지고 창문과 문에는 빗장이 걸리지 않는 집 안에 들어가 끔찍한 괴물들로부터 몸을 숨겼다. 때로는 깊은 밤 침실 창문에 늑대들의 실루엣이 어른거리는데 살아남기 위해 내가 할 수 있는 유일한 일은 그저 꼼짝하지 않고 가만히 누워 있는 것이었다. 가끔은 작은 족제비처럼 길쭉하고 날쌘 동물이 예상치 못했던 곳에서 튀어나와 내 다리로 뛰어올라 겁을 주기도 했다. 나는 항상 죽음보다 더 무서운 일종의 소멸과 마주하고 있었다.

꿈속에서 겪었던 공포는 지금껏 내가 느낀 것 중 가장 강력한 감정이다.

* * *

상담을 하면서 나는 메리에게 이런 어린 시절의 이야기들을 들려주었다. 무슨 이야기를 할지 미리 생각하지는 않았지만 마음속에 어떤 사연과 추억이 떠오르며 여운을 남겼고, 그러면 그 이야기를 하고 싶어졌다. 내 마음속에 작은 모니터가 있는 것처럼, 이런 이야기들을 조금씩 내보내고 관련 있을 법한 기억을 끄집어냈다. 나는 내 마음의 숨겨진 일부가 치료받을 준비를 갖췄다는 것을 느끼기 시작했다. 어릴 적 언젠가 우리 집 뒤뜰에서 개들끼리 싸움이 붙었는데 어머니가 싸움을 막겠다고 도끼를 들고 집 밖으로 뛰쳐나왔던 기억이 났다. 도끼라니, 대체 그걸로 뭘 하려고 했던 거지? 나는 메리에게 어머니가 언제든 자살하려고 갖고 다니던 약병에 대해서도 말했다.

메리는 온화하게 말했다. "그게 정상이 아닌 건 알죠?"

나는 어깨를 으쓱할 수밖에 없었다. 그런 혼란스러운 순간들이 내 안에 자리한 절망의 우물을 설명할 수 있을까? 동시에 나는 어머니가 운동을 하는 나를 응원해주고 내 모든 관심사를 기꺼이 즐기고, 많은 반려동물을 기르도록 허락하고, 매일 밤 애정이 넘치는 손길로 이불을 덮어주던 모습이 기억났다. 또 아버지가 식물의 라틴어 학명을 가르쳐주고 나와 함께 딸기를 따거나 박물관에 데려갔던 기억도 떠올랐다.

나는 메리에게 내가 겪는 것이 정상적인 형태의 우울증인지 물었다. 광적인 불안과 파멸적인 절망의 얼어붙은 바다를 이처럼 빠르게 오가는 것이 보통인지 말이다. 그러자 메리는 아니라고 답했다. 대부분은 침대에서 일어날 수도 없이 계속해서 슬픈 기분을 느낀다고 한다. 메리는 나의 일부만이 우울을 겪는다고, 그러나 일부일 뿐이지만 정말, 정말로 우울해한다고 덧붙였다.

적극적으로 치료를 받던 중에 제임스와 함께 사흘 동안 부모님 집에 머무른 적이 있다. 그곳에서 밤새 형체 없는 존재에 대한 악몽을 계속 꾸었고 어둠과 숲에 강한 공포를 느꼈다. 한동안 어둠을 두려워하지 않았지만 이제 어두운 방이라든지 어두울 때 집 밖으로 나가는 것이 두려웠다. 매일 밤, 끔찍한 악몽으로 늪에 빠진 듯 혼미한 정신으로 반쯤 잠에서 깼다.

또 다른 심리학자 치료사에게 검사를 받으러 갔다. 일곱 번의 상담과 몇 번의 시험을 거친 뒤에 나온 평가는 내가 어린 시절 많은 시간을 '공포 상태'에서 보냈다는 것이었다. 그리고 나는 외상 후 스트레스 장애PTSD 진단을 받았다. 내가 안고 있던 트라우마는 어렸을 때 반복적으로 겪었던 성적 학대 때문이었다. 20대 후반까지도 내게는 전형적인 PTSD 환자가 보이는 신체 증상이 있었다. 가장 흔하게 나타났던 것은 침대에 누웠을 때 짓눌리고 숨이 막히는 느낌이었다. 내 심장은 두려움으로 두근거렸고 가슴은 압박되는 듯했다. 눈은 축 처지고 마음은 이리저리 표류하지만, 몸은 긴장하고 모든 근육이 뻣뻣해져서 괴로웠고, 등이 침대에 지나치게 꾹 짓눌렸다.

그리고 공포감이 닥쳤다. 어떤 공포 영화보다도, 내가 제정신으로 경험했던 어떤 것보다도 격심한 두려움이었다. 어떤 근원적인 비명은 밝고 환한 나날을 갈기갈기 찢고 그 뒤의 어둠을 드러낼지도 모른다. 내 생각에 그 공포의 비명은 한스 베테가 상호 확증 파괴에 대해 설명했을 때 되살아난 것 같다. 그 공포에서 안전해지려면 태양계가 가진 시간의 깊이와 길이가 필요할 듯했다.

5년 동안 치료를 받으면서 나는 한 걸음씩 발을 내디디고, 나 자신에 대해 하나씩 질문을 던지면서 차차 용기를 얻었다. 나는 늪 같은 우울증이 나를 위협해도 살아남을 수 있다는 것을 배웠다. 평생 반복된 악몽들이 하나씩 사라졌다. 이제 아침은 두려움이 아닌 즐거움으로 시작되었다. 공포가 가라앉았다. 어린 시절과 성년 초기에는 모든 것이 무서웠다. 거래를 하러 은행에 들어가는 것도, 도서관에 가는 것도, 여행 계획을 짜는 것도 두려웠다. 새로운 것이라면 무엇이든, 내가 타인의 눈길을 받는 곳이라면 어디든 공포를 느꼈다. 하지만 상담 치료가 계속되면서 그런 두려움은 조금씩 사라졌다. 고통 없이 지나갔던 두려움은 때로 송곳니를 빼는 아픔과 함께 다시 찾아왔지만 이후에는 결국 조금씩 사라졌다. 그렇게 30대 중반이 되고 나니 더는 거의 아무것도 무섭지 않았다. 공포가 사라지자 인생에서 앞으로 나아갈 수 있었고 그 과정은 대체로 즐거웠다. 그 전환은 너무 완벽해서 아직도 믿을 수 없을 정도다. 나는 25년 넘게 서른 가지도 넘는 악몽을 반복적으로 꾸었지만 이제 단 하나도 꾸지 않는다. 시인 내

털리 디애즈는 "당신은 당신이 가진 상처의 총합이 아니다"라는 말을 남겼다. 하지만 나는 아마도 내가 극복한 상처들의 총합일 것이다.

커티스의 어머니 재닛은 오랜 암 투병의 말미에 보고 싶다며 나를 초대했다. 나는 내가 그녀를 얼마나 사랑하고 나를 위해 해준 모든 일에 감사했는지 말할 수 있었다. 그리고 재닛은 세상을 떠나기 전날에 내가 훌륭한 며느리였다며 관대하게도 나에게 직접 메시지를 남겼다. 이제 휴일이면 제임스와 터너, 터너의 여자친구 리즈, 나, 커티스, 버프는 커티스의 여동생 줄리의 집에 모여 함께 저녁 식사를 하곤 한다. 줄리 가족은 우리 모두를 환대하고, 우리는 오랜 친밀함이 주는 따뜻함을 느낀다. 또 커티스와 나는 아버지의 날이나 어머니의 날에 서로에게 축하를 건네며 아들 터너에 대한 애정을 나눈다. 이들을 모두 사랑할 기회가 있다는 게, 울컥할 만큼 놀랍고 감사하다.

상담 치료를 받은 덕에 나는 그 후 수십 년 동안 침착하고, 담대하게 지내 왔다. 마치 성적 학대 이전 원래 나 자신의 힘을 되찾은 듯한 기분이다. 사실 지금도 나는 견디기 힘든 것들을 거부한다. 반드시 해결책이 있을 것이니 그것을 당장 찾아내고 만다. 내게 비밀 무기나 인간적인 규모의 소소한 초능력이 있다면 이게 그것이다. 이제 우울증과 불안은 사라졌다. 만약 내가 누군가에게 선물을 줄 수 있다면 그것은 견딜 수 없고 받아들일 수 없는 것을 거부하라는 가르침이다.

* * *

치료를 끝낸 지 7년이 지난 여름에 나는 제임스, 터너와 함께 개들을 데리고 여섯 시간 동안 차를 몰아 이서카의 어머니 집에 방문했다. 아버지는 그보다 2년 전에 돌아가셨고 82세의 어머니는 두 분이 1950년대에 함께 지은 집에서 완고하고도 괴팍하게 생활하고 계셨다. 우리가 도착하니 짐과 아내 마거릿은 이미 일주일 넘게 그 집에 머무르고 있었다. 어머니는 수십 년 만에 마침내 구매한 큼직한 캘리포니아 킹 베드에 누워 쉬고 있었다. 초콜릿 땅콩을 먹으며 텔레비전을 보는 중이었다. 머리맡의 커다란 창으로는 거의 60년 전에 어머니가 이 지역의 판석으로 바닥을 깐 테라스 너머에 빈카 꽃으로 뒤덮인 언덕이 보였다. 어머니는 창백하고 야위었고 지쳐 보였다. 평소 겪던 우울증 때문도 아니고 감기도 아니었다. 기침이 무척 심했는데, 어머니에 따르면 갈비뼈를 비롯해 다른 곳의 통증도 기침의 부작용일 뿐이라고 주치의가 말했다고 한다. 어머니가 평생 습관처럼 피우던 담배를 끊은 것은 불과 몇 년 전이었다. 다음 날 아침 나는 어머니를 병원에 모시고 갔고 그날이 저물 무렵 우리는 확실한 진단을 받았다. 폐암 4기였다.

이듬해, 어머니를 돌보기 위해 짐은 시카고에서, 나는 보스턴에서 사나흘씩 한 번에 돌아가며 비행기를 타고 이서카에 왔다. 어머니는 복용하는 수많은 약을 관리하고 필요한 물건을 사며 요리와 청소를 맡아줄 누군가가 필요했고, 곁에 누가 가 있어야 했다. 하지만 어머니는 오빠와 나 둘과 정기적으로 방문하는 담당 호스피스 간호사 외에는 아무도 당신을 보러 오게 허락하지 않았다. 우리는 약 다섯 달 동안 어머니를 이런 식으로 보살폈다.

어머니와 나는 이 기간에 좋기도 하고 힘들기도 한 시간을 함께 보냈다. 아무리 참아내려고 해도, 나는 자신에게 잘못을 저지른 사람들 때문에 억울하다는 어머니의 이야기를 한 귀로 듣고 흘리기가 힘들었다. 내가 하고 싶은 말과 생각을 완전히 억누르기가 어려웠기 때문이었다. 어머니는 평생 반복했던 할머니, 이모, 아버지 이야기를 계속했다. 몇 가지 이야기는 너무 지독해서 차마 여기 옮길 수도 없다. 하지만 상당수는 확실히 우스꽝스러운 이야기였는데, 예컨대 결혼 선물을 풍족하게 받았던 나의 고모가 어머니에게는 아무것도 선물하지 않았다는 분노 섞인 불평이 그랬다. 이 모욕적인 일에 대한 어머니의 격렬한 분노는 60년 전 이 별것 아닌 일이 일어났을 때보다 그해 가을에 더 크게 타올랐다. 하지만 어떤 시누이가 결혼 선물을 준단 말인가? 이치에 맞지 않는 분노였다. 그 이야기가 내면의 어떤 끔찍한 상처에 대한 은유였다면 또 몰라도 말이다.

나는 가끔 어머니에게 그만 좀 하시라고 했다. 그러면 어머니는 불만이 담긴 냉소적인 말투로 노래하듯 말했다. “아 참, 그렇지. 우리 린디는 안 좋은 말은 안 들으려 하지. 린디에게는 행복하고 밝은 이야기만 해야 한다는 걸 잊지 말아야지.” 그러면 내 마음속에 분노와 수치심이 파도치듯 몰아쳐 얼굴이 화끈해졌다. 보통은 할 말을 잃었지만 어느 날에는 논리적으로 따져 들었다. “왜 저한테 이런 얘길 하세요? 수십 년을 똑같은 얘기를 반복하셨잖아요. 얘기한다고 뭐가 나아져요?” 그러자 어머니는 고개를 떨구고 침묵했다. 나는 그때 어머니가 목욕하는 것을 도와주려는 참이었다. 우리는 어머니 침실에서 조금 떨어진 욕실 문 앞에 서 있었다. 어머니는 옅은 푸른색의 낡은 서닐 목욕 가운과 흰색 테리직 슬리퍼를 신고 있었다. 어머니는 약해지고, 동시에 정직할 수 있는 지점에 서 있었다. 어머니는 떨어뜨렸던 고개를 들고는 이렇게 말했다. “다른 사람이 내가 느끼는 고통을 느끼게 하면 내가 덜 외롭잖니.”

* * *

그해 12월에 나는 추계 미국지구물리학회AGU에 참석하러 샌프란시스코에 갔고 여기서 대규모 화산 분화에 대한 워크숍을 진행했다. 장내는 과학자로 가득했다. 하루 종일 사람들은 그들의 최신 발견에 대해 발표했다. 우리를 후원해준 국립과학재단 프로그램의 이사장 레너드 존슨은 팔짱을 낀 채 몸을 뒤로 젖히고 미소를 지으며 설명을 따라가고 있었다. 그때 내 휴대전화가 울렸다. “임종이 가까운 것 같아요, 린디.” 어머니가 끝내 입원한 요양원의 담당 간호사였다. “어머니가 돌아가시기 전에 뵙고 싶다면 지금 당장 오셔야겠어요." 그날 밤 나는 이서카로 날아가 어머니의 곁을 지켰다. 어머니의 손발을 주무르고 주스를 가져다 드렸으며, 어머니 옆 간이침대에서 잠들었다. 어머니의 숨소리가 희미해지고 조용해지더니 숨을 멈췄다.

나는 제임스와 터너, 짐과 마거릿에게 전화했다. 그런 다음 친구인 앤드리아와 에이미의 집에 갔다. 친구들은 멕시코식 옥수수죽인 포솔레 수프를 요리해주었고 나는 태어나서 처음 먹어본 이 음식의 따뜻하고 깊은 맛에 위로를 받았다. 친구들의 안락한 주방에서 마르가리타를 마셨고, 두 친구는 나와 함께 시간을 보내며 내가 술에 취해 늘어놓는 어머니 이야기를 들어줬다. 나는 술이 들어갈수록 말수가 늘었다. 마치 토하듯 온갖 이야기를 쏟아냈다. 최악의 손님이었다. 두 친구가 내가 했던 말을 잊고 나를 용서하기를 바랄 뿐이다.

나는 어머니를 잃은 슬픔과 그리움에 찬 순간이 찾아오기를 계속 기다렸다. 아버지가 돌아가셨을 때는 그런 순간이 많았다. 나는 터너와 함께 조류 관찰을 하며 느낀 즐거움이나 새로 발견한 식물, 경력상의 발전에 관해 아버지와 나눌 수 있었으면 하고 아쉬워했다. 함께했던 여름철 바비큐도, 아버지가 읽고 있는 책을 슬쩍 들여다보던 기억도 그리웠다.

하지만 지칠 대로 지친 어머니와의 마지막 몇 달 동안, 그리고 이후로 몇 년 동안 나는 어머니를 그리워하지 않았다. 내가 가치 있는 사람이라는 믿음을 한꺼번에 저버린 행위, 그리고 내가 겪은 성폭력에 직면해 나를 보호하지 않고 내 말을 믿지 않았던 구체적인 배신 하나하나가 그분에게 애정을 품을 어떤 희망도 불태워 없앴던 것 같다. 어머니는 스스로 상처가 너무 깊은 나머지 내 상처를 돌볼 여력이 전혀 없었다.

하지만 나는 또 다른 기이한 후유증을 경험했다. 갑자기 나 자신이 자유롭고 완전해졌으며 해방되었다고 느꼈다. 자신감이 치솟았고 나 자신에게 집중할 수 있었다. 내 일은 생산적인 성과를 냈고 나는 또렷한 목소리를 냈다. 그리고 난생처음 성적 해방감을 느꼈다. 내 결정은 결국 나 스스로 하는 것이지 어머니가 하는 게 아니었다.

2부

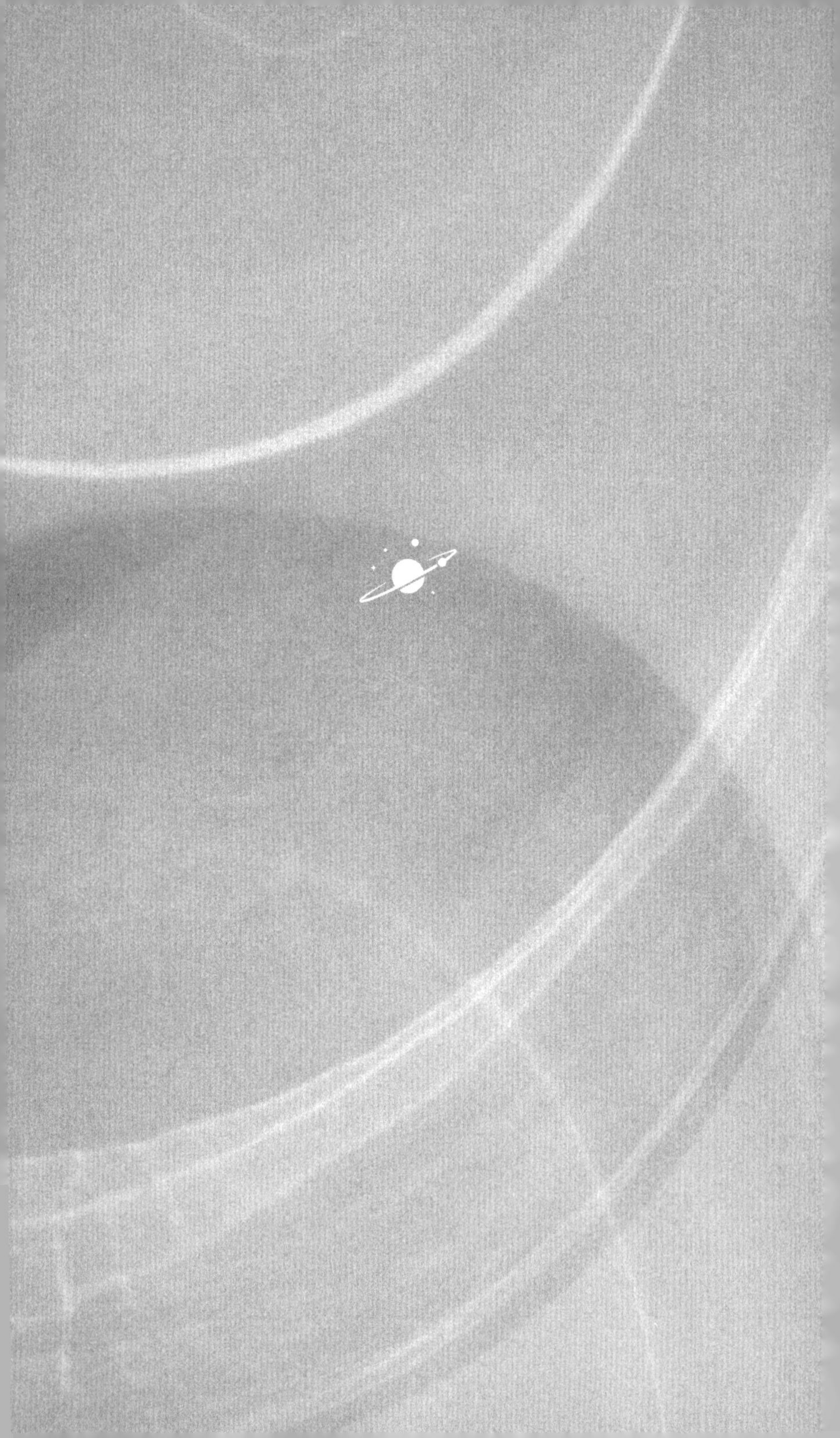

4장

우주가 전하는 위로

"당신이 가장 진짜이기를 바라는 허구의 개념이나 캐릭터가 있다면 무엇인가요?" 나는 1996년의 초기 이메일 시스템을 활용해 세인트메리대학의 동료들에게 이따금 간단한 질문을 보내곤 했다. 이 아름답고 작은 대학은 체서피크만으로 들어서는 길에 펼쳐진 포토맥 강가의 초록색 언덕 위에 홀로 서 있다. 100명 남짓한 교직원은 대부분 캠퍼스의 오래된 건물에서 함께 점심을 먹곤 했다. 지금은 교수회관이 된 건물이다. 우리는 이야기를 나누며 여러 학과의 연결고리를 찾고 소규모 모임을 엮어 갔다. 내가 메일로 보낸 질문에 누군가는 웃으면서 "하늘을 나는 순록!"이라거나 "마블코믹스의 실버 서퍼!"라고 답했다. 영문과에서 일하던 친구 앤드리아 해머는 "의미"라고 대답해 웃음을 자아냈다. 그런데 이 대답은 세월이 흘러도 이따금 머릿속에서 덜컹거리며 떠올랐다. 인생에 의미라는 것이 없다면 어떨까? 의미가 허구의 구성물일 수도 있을까?

세인트메리대학에서 2년을 근무한 뒤 MIT로 돌아가 박사 과정에 지원했다. 대학교에서 가르치는 일이 아주 만족스러웠기 때문에 학계에 계속 머물려면 최고 학위를 따야겠다고 생각했다. 대학원 입학시험인 GRE 고사장에는 내 수학 수업을 수강했던 몇몇 고학년 학부생이 바로 옆에 앉았다. 나는 그 학생들보다 열 살은 더 많았다. 그들 중 한 명은 나를 곁눈질하며 "불공평한 경쟁이잖아"라고 말하기도 했다. 하지만 나에게도 이 상황은 공평하지 않게 느껴졌다. 나는 10년 뒤처져 있었다. 그랬던 만큼 석사 과정을 지도했던 팀 그로브 교수에게서 내 박사 과정 지원을 수락한다는 이메일을 받았을 때 감사한 마음이 들었다. 나는 커티스가 막 이사한 메인주 루이스턴과 가까운 매사추세츠주 케임브리지로 이사했다. 아들 터너는 커티스와 나를 오갔다. 귀여운 꼬마였던 커티스는 1년 동안 어린이집을 다녔고, 그 뒤에는 아버지와 함께 메인주의 유치원을 다녔다. 커티스는 혼자서 아이를 돌보는 동시에 저연차 교수로 일을 해내는 엄청난 도전 과제를 어떻게든 해결해야 했다. 터너는 주말과 휴일을 나와 함께 보냈고, 나는 고생스러운 상담 치료를 받으며 제대로 된 사람으로 되돌아오는 중이었다.

나는 MIT에서 걸어갈 수 있는 거리인 서머빌에 아파트를 구했다. 나와 터너가 함께 지낼 집을 찾는 게 급선무였다. 이혼 과정에서 커티스와 원활하게 소통했고 터너를 보살피는 일을 우선시했지만, 그럼에도 터너에게 부모의 이혼은 힘든 일일 것이었다. 이 2년 동안 아들의 주 양육자가 되지 못한 것은 아직도 내 마음을 괴롭게 한다. 나는 색색의 나무 글자 블록을 사서 아들의 새로운 침실 문에 이름을 붙였다. 터너의 침대는 안락한 둥지처럼 꾸몄다. 깃털 넣은 토퍼를 아래에 깔고 이불에는 연한 푸른색 커버를 씌웠다. 장난감과 책도 두었다. 다섯 살이 된 금발의 꼬마 터너가 처음 이 아파트에 왔을 때 아이는 방문에 붙은 자기 이름을 보고 푹신한 침대로 뛰어들었고, 우리는 함께 저녁 식사를 만들었다. 나는 아이가 이런 방식의 생활을 기꺼이 받아들였다고 느꼈다. 우리는 강아지 테스를 데리고 동네를 산책했다. 내 마음이 조금씩 풀리기 시작했다.

나는 이 집에 어린 시절에 가장 좋았던 요소를 모두 들여오려고 애썼고 여기에는 확실히 동물이 포함되었다. 특히, 충직한 테스가 항상 그 자리에 있어주었다. 메릴랜드에서 양몰이를 하고 나와 함께 양몰이 대회에 참가했으며, 이제는 보스턴 생활에 기분 좋게 적응한 우리의 붉은색 보더콜리였다. 테스는 MIT에서 나와 함께 학교를 다녔을 뿐 아니라 갈 수 있는 온갖 장소에 함께 갔다. 심지어 1979년식 볼보를 수리하고 가지러 가는 길에도 동행해 수리점의 주인이자 유명 라디오 방송 '카 토크'의 레이 매글리오치를 만나기도 했다. 레이는 테스를 슥 보고 계산대에서 나오더니 테스와 이야기를 나누려고 바닥에 길게 누웠고 테스는 그의 얼굴 여기저기를 핥았다.

그다음으로는 나와 터너를 물어뜯곤 했던 햄스터가 한 마리 있었지만, 수명이 짧았다. 그리고 오랜 숙고 끝에 터너는 결국 검은색과 흰색 털이 빳빳한 새끼 기니피그 한 마리를 데려와 도미노라는 이름을 붙였다. 도미노는 6년 동안 우리와 함께 살면서 보더콜리들을 지배해 개들이 자기 앞에서 눈을 깔고 슬그머니 뒷걸음치게 했다. 기니피그를 만나겠다며 우리 집에 방문하는 새로운 손님들도 생겼다. 심지어 제임스는 이들을 위해 주제가를 작곡하기도 했다.

당시 터너를 위해 집을 꽤 아늑하고 멋지게 꾸민 탓에 식비나 아들과의 나들이에 쓸 돈이 충분하지 않은 경우가 종종 있었다. 내 식량으로는 며칠에 한 번씩 감자나 오트밀만 살 수 있었다. 우리는 보스턴어린이박물관에서 아이스크림을 샀고 저녁거리로는 신선한 채소를 샀다. 그리고 오래된 볼보를 몰고 메인주에 있는 커티스의 집에 다녀오곤 했다. 비록 즐겁게 잘 썼지만 내가 가진 돈으로는 그 정도 생활만 할 수 있었다. 결국 나는 생계를 위해 보석을 전당포에 맡겼다. 대학원을 다니는 동안에는 부업을 할 수 없었기 때문이었다. 나는 터너를 실망시키고 있다는 느낌, 불확실한 미래로 향하는 위태로운 길을 걷고 있다는 느낌, 그리고 제임스를 사랑하면서도 그에게 좋은 반려자가 될 감정적 준비가 되어 있지 않다는 느낌 때문에 끊임없이 고통에 시달렸다. 불확실한 것과 걱정거리가 너무 많았다.

어느 날 터너와 내가 대학원 학생 공동 사무실에 있는데 그로브 교수가 찾아왔다. 교수님이 안녕, 하고 인사를 건넸지만 터너는 대답이 없었다. 나는 일종의 메타 분석을 하는 아이의 머릿속을 들여다볼 수 있었다. '사람들은 내가 뭔가 행동을 할 거라 기대할 거고 그 행동에는 판단이 따르겠지. 부모가 있는데 아이에게 말을 거는 어른이라면 보통 잘못을 저지르는 사람일 거야.' 터너의 불편함과 분노, 머뭇거림이 내 눈에 들어왔다. 나는 자기만의 모임에서 친구인 애니, 루시와 함께 세상을 창조하듯 흉내 놀이를 하고, 동물 봉제 인형을 갖고 노는 행복한 터너의 모습을 교수님에게 보여주고 싶었다. 그리고 아들에게서 행복을 찾을 수 없다면 그건 물론 나의 실패라는 사실을 알고 있었다. 나는 사람의 상호 작용과 의도에 대해 강렬하게 자각하는 측면이 터너에게 축복인 동시에 저주였음을 깨달았다. 쾌활하고 태평스러운 아이라면 도전 과제를 흘려보내거나 의문과 우려가 있어도 개의치 않겠지만, 터너는 눈앞에 펼쳐진 모든 것을 검토하고, 경험하고, 조화시켜야 했다. 어떤 의미에서 터너와 나는 같은 과정을 겪고 있었다. 그리고 나는 대학원생 가운데 유일한 '싱글 맘'이었다.

제임스가 보스턴으로 이사하기 전 어느 겨울날 나는 터너에게 이렇게 물었다. "제임스 아저씨랑 엄마랑 주로 같이 살면서 매사추세츠에서 학교를 다니고 싶니?" 터너는 잠시 말이 없었다. 그러고는 대답했다. "그렇게 할 수 있어요?" 이미 아이 아버지와 의논을 한 뒤였다.

그때 제임스와 나는 액턴에 있는 작은 아파트에서 1년째 살고 있었다. 우리는 불가사리와 나선 모양의 스펀지 스텐실 장식을 아래층 욕실에 붙이고 터너의 침실 천장에 긴 줄을 둘러 장식용 전구들을 쭉 다는 등 집 안을 꾸몄다. 그리고 1999년 봄에 우리 집 거실에서 결혼했다. 터너를 비롯한 다른 아이들은 중간에 자리를 떠나 테스가 낳은 강아지들과 놀기 위해 아래층으로 내려갔다. 우리가 퀘이커교식으로 빙 둘러앉아 식을 진행하는 동안 강아지들이 기분 좋게 낑낑대는 소리와 도미노의 단호한 찍찍 소리, 아이들이 웃고 떠드는 소리가 들렸다. 인생의 새로운 출발이었다.

* * *

박사 과정을 졸업하고 얼마 뒤부터 나는 나의 학문적인 전망에 대해 확신을 잃기 시작했다. 브라운대학에서 박사 후 연구원으로 일할 때(보통 박사 학위를 받은 뒤 2, 3년 정도만 이어지는 연구직이다) 나는 시카고대학에서 나를 교수 후보로 염두에 두고 있다는 전화를 받았다. 심지어 지원도 하지 않았다! 그들은 비행기를 타고 오라고 했고 나는 전형적인 심사 절차로 교수진과 꼬박 이틀간 인터뷰를 했다. 그런 다음 내 연구에 관해 두 번 발표를 했고 교수 몇 명과 저녁 식사를 했다. 하지만 그 뒤로 다시는 소식을 듣지 못했고 메일도 없었다. 이렇게 무한한 공간과 깊은 시간으로 이루어진 세계에서 어찌된 일인지 나를 위한 자리는 충분하지 않은 듯했다. 나는 슬슬 궁금해지기 시작했다. 내가 몸담을 만한 괜찮은 일자리는 어떤 것일까?

나는 본격적으로 교수직에 지원하기 시작했다. 터너는 아직 어렸고 커티스와 나는 아들이 우리 둘 모두와 가까이 지내기를 바랐기 때문에 지역을 고르는 데 약간 제약이 있기는 했다. 그렇지만 커티스는 내 노력을 지지해주었다. 심지어 내가 적당한 일자리를 구한다면 자기가 그곳으로 이사하는 것도 고려해 보겠노라고 했다. 몇 번 교수직의 최종 후보 명단에 올라 면접을 보았지만 채용하겠다는 제안을 받은 것은 한 번뿐이었다. 훌륭한 대학이었지만 거기서 일하려면 가족이 전부 이사 가야 했기 때문에 거절해야 했다. 이후 3년 동안 그곳이 내가 마지막으로 제안받은 일자리가 될 줄은 결코 몰랐다.

사람들은 좋은 학교에서 박사 학위를 마치면 자기만의 좁은 주제에 대해 전 세계에서 손꼽히는 전문가가 된다고 여기는데, 나도 그건 맞는 말이라고 생각한다. 그렇다면 자신의 연구 주제에 대해 가장 잘 알고, 명확하게 사고할 수 있게 된 내가 왜 학계에서 일자리를 얻지 못했을까? 나를 고용할 곳이 적어졌던 걸까? 우리가 사는 행성이 어떻게 형성되었는지에 관해서는 그렇게나 잘 알면서, 그 행성에서 자기 자리를 찾을 수 없다는 건 무슨 의미일까? 하지만 잠깐, 나는 애초에 왜 교수가 되고 싶었을까? 나의 부모님이 교수직은 자유와 여행, 진지함이 따르는 매우 존경받고 즐거운 직업이라는 생각을 오빠들과 나에게 심어주셨기 때문인 듯하다. 그러나 나는 이제 그것이 소설에서나 실현될 이야기가 아닐지 걱정하기 시작했다. 의미란 어디서 찾을 수 있단 말인가?

* * *

브라운대학교에서 동료들과 일하는 것은 즐거웠고, 나는 계속 남고 싶었다. 나의 주요 협력자이자 조언자였던 지구물리학 교수 마르크 파르망티에와 지질학 교수인 폴 헤스는 흥미로운 연구 과제와 질문을 끊임없이 던져 풍요롭고 따뜻한 분위기를 만들었다. 마침내 그 학과에서 교수를 뽑게 되었고 마침 내 전문 분야에서 누군가를 찾고 있었다. 그 일자리가 거의 나를 위해 만들어진 것처럼 느껴졌다. 나는 매우 흥분해서 지원서를 준비했다. 학계에 지원서를 내려면 노력이 약간 필요하다. 나는 최근의 학회 발표문과 동료 평가를 거친 연구 논문을 포함해 이력서를 업데이트했다. 그리고 학과의 요구에 맞는 수업을 제공하고, 학생들을 끌어 모을 수 있도록 강의 계획서를 다시 썼다. 그뿐만 아니라 최근에 받은 지원금과 앞으로 몇 년 동안 큰 과학적 질문들을 탐구하겠다는 야심 찬 계획을 담아 나의 연구 분야에 대한 설명서를 재빠르게 작성했다. 그리고 이 모든 문서를 묶어 제출했다.

현재 일하고 있는 학과에 지원하다 보면 불편함과 어색함이 느껴지는 순간이 여러 번 찾아온다. 종신 교수와 교직원들이 구인 광고를 작성하고 조사 위원회를 꾸려 지원자를 평가한 뒤 최종 면접 대상자를 선정했는데 위원회 사람들은 매일 내 옆자리에 앉아 함께 일하던 사람들이기도 했다. 일을 하다가도 채용에 관련된 주제가 나오면 불편한 침묵이 흘렀고, 갑자기 내가 새로운 방식으로 평가되고 있는 듯한 묘한 기분이 들었다. 그러던 어느 날 좋은 소식이 도착했다. 내가 최종 후보자 명단에 들었다는 소식이었다. 그건 내가 학과의 모든 사람과 인터뷰를 하고, 한두 번 대규모 강의를 하고 학생들을 만나며, 일반적으로 하루 이틀에 걸쳐 온종일 할 수 있는 모든 방식으로 평가받는다는 것을 의미했다.

나는 희망에 가득 찬 채, 심지어 기대도 약간 하며 결과를 기다렸다. 적어도 내가 알기로 이 브라운대학교 교수 중 일부는 내가 괜찮은 연구를 하고 있으며 이 자리에 잘 어울린다고 생각했다. 나는 남보다 유리한 위치에 있는 기분이었다. 하지만 어느 날 아침, 이상한 이메일을 한 통 받았다. 브라운대학교의 한 동료가 보낸 이메일로 구직과 관련한 제목이 붙어 있었다. 나는 놀라움과 점점 더 심해지는 어지럼증 속에서 나와 내 작업을 철저하게 비판하고 거부하는 내용을 읽어 내려갔다. 조사 위원회의 한 구성원이 전체 교수진과 연구 교수진을 수신자 목록에 넣어 발송한 이메일이었는데 그 목록에 실수로 나도 포함시킨 것이었다.

그 이메일은 왜 특정 인물들이 높은 점수를 받아야 하는지, 왜 나를 비롯한 몇몇은 조사 과정에서 배제되어야 하는지를 아주 상세하게 설명했다. 그렇게 나는 내가 그 일자리를 얻지 못하게 되었다는 사실을 알았다. 나는 원래 하던 코딩 작업으로 돌아갔지만 브라운대학교의 이 사무실에서 일하는 것이 더 이상 아무렇지 않을 리 없었기 때문에 참지 못하고 짐을 싸서 집에 갔다.

그 어두웠던 순간이 지나고, 나는 학계에 자리를 찾는 데 더는 큰 관심이 없었지만 MIT의 동료들로부터 다음 학기에 지질학 입문 수업을 맡아 달라는 초청을 받았다. 나를 배려하는 마음에서 비롯한 행동이었을 것이다. 고마운 마음으로 제안을 받아들였고 어느 정도 품위를 지키며 브라운대학교가 있는 프로비던스 지역을 떠났다. 새로 도착한 곳에서는 학부생 20명을 즐겁게 가르쳤다. 나도 20년 전에 여기서 저명한 교수 존 사우서드가 가르친 같은 강의를 수강했다. 그때 나는 강의에 매혹되어 꼼꼼하게 필기하고, 굽이굽이 흐르는 강과 모래 언덕, 화산의 단면에 대한 사우서드의 아름다운 그림을 노트에 따라 그리려고 노력했다. 그런데 이제 내가 칠판에 그림을 그리고 있었다.

그러다가 믿기 힘들 만큼 놀랍게도 MIT의 우리 학과에서 나에게 교수직을 제안했다. 공고가 떠서 아무런 기대 없이 지원했다가 최종 후보 명단에 올랐다. 앞서 브라운대학교에서 겪었던 일이 재현될까 봐 헛된 희망을 품지 않았다. MIT는 신입생 때부터 나의 서투른 발자취와 불완전한 성과들을 기록하고 있었음에도 그것을 신경 쓰지 않았다. 마침내 나는 조교수가 되었다. 바로 MIT에서. 꿈의 직장이었다.

* * *

브라운대학교에 머무는 동안 마르크 파르망티에 교수는 내가 '마그마 바다'라는 개념을 집중적으로 연구하도록 격려했다. 태양계가 만들어진 지 얼마 되지 않은 초창기에 달과 지구를 비롯한 다른 모든 암석 행성은 거대한 암석과 금속 천체가 충돌하면서 생겨난 에너지에 의해 녹았다. 이렇게 어떤 행성이 암석이 녹아 백열성의 구체 상태일 때 이것을 마그마 바다 단계에 있다고 한다. 마그마 바다는 행성 겉면이 녹아내린 결과물로 지구에서는 아마도 암석으로 된 맨틀 층이 전부 녹아 그 아래에 녹은 금속으로 이루어진 핵이 자리했을 것이다. 태양계의 암석 행성은 전부 초기 태양계에서 더 이상 대규모 충돌이 일어나지 않을 만큼 잘 조직되기 전에, 적어도 한 번은 마그마 바다가 생겼다가 굳어지며 완전히 다시 만들어졌다. 지구와 금성의 경우는 다시 만들어지는 과정이 몇 번은 거듭되었을 것이다.

지구에서 마지막으로 거대한 충돌이 일어나며 물질들이 날아가 녹은 상태로 달로 재형성되었고, 이때 지구 역시 중심부까지 녹았을 가능성이 있다. 달을 형성한 이 충돌은 당시 지구와 달이 마그마 바다와 공존하도록 만들었다. 이렇듯 지구에 마그마 바다가 존재했던 것은 아주 먼 과거의 일이다. 만약 태양계의 나이를 하루 24시간으로 환산한다면, 이 마지막 거대한 충격체가 달을 만든 뒤 충돌에 따른 열기는 하루가 시작된 지 30분 만에 지구를 마그마 대양 속으로 집어삼켰다.

인류가 이 마그마 바다를 직접 목격한 적은 없지만, 달의 바위에서 나온 증거는 그 존재를 논란의 여지 없이 드러낸다. 과거의 어느 순간, 달과 지구는 둘 다 얼어붙은 우주 공간을 가로질러 마주 보고 있던 용융 암석으로, 백열성의 구체였다. 당시 지구는 지금보다 달에 열 배는 더 가까이 있었다. 녹은 달의 열기는 지구를 가로질러 퍼졌고 지구 또한 똑같이 달을 뜨겁게 달궜다. 이렇게 미적인 아름다움, 이론, 관찰이 함께하는 주제라니 내가 여러 해 동안 연구할 수밖에 없었다. 이후 지구의 마그마 바다는 굳어져서 고체 광물이 형성되었고, 남아 있는 액체 상태의 마그마는 점점 적어졌으며 물과 이산화탄소가 용액을 통해 부글부글 빠져나와 밀도 높은 뜨거운 대기를 이루었다. 반면에 달의 마그마 바다는 기체가 부족했고 달은 중력이 작아 대기를 유지할 수 없었기 때문에, 달의 미약했던 기체 외피는 수백만 년에 걸쳐 사라졌으며 그러는 동안 달은 지구로부터 천천히 후퇴하기 시작해 오늘날에는 지구 반지름의 63배 되는 거리만큼 떨어져 있다. 이 거리는 지금도 벌어지는 중이다.

나는 마그마 바다에 대한 이론을 약 5년 동안 집중적으로 연구하다가 2007년 MIT 조교수가 되었고 새로 가구가 비치된 교수실의 열린 문 앞에 처음 섰다. 내가 교수가 되어 이곳에 있다는 사실에 놀라고 감동했다. 그 순간 나는 이 공간에서 일한다는 것 자체에 깊이 감사했다. 이곳은 여러 날, 여러 시간 동안 나의 새로운 집이 될 것이다. 가구를 구매할 예산도 약간 주어져서 손님용으로 편안한 라임그린색 의자를 샀고, 학생들과 함께 연구하기에 편하도록 가지고 있던 책상을 큰 것으로 교체했다. 연한 갈색의 나무 선반에는 이미 책이 가득 꽂혀 있었는데 그 광경을 보자마자 집에 있는 느낌이 들었다. 나는 사무실의 큼직한 창문 너머로 강을 바라보았다. 23년 전에 그로브 교수의 사무실에서 본 풍경과 같았다.

MIT에서도 높은 건물인 '그린빌딩'에서 바라본 찰스강의 마법 같은 풍경은 일종의 각인이 되어 나의 뇌리에서 지워지지 않았다. 내가 이 광경을 처음 본 것은 1984년, 대학교 2학년 때였고 12층 팀 그로브 교수의 방에서 연구 프로젝트를 시작했을 때였다. 공공시설에서 사용하는 회색 리놀륨 바닥과 건축가 I. M. 페이가 브루탈리즘 양식에 따라 도입한 노출 콘크리트 벽은 학생들에게 주어진 철제 책상과 여전히 잘 어울렸다. 강을 마주하는 한쪽 벽 전체는 창문들이 지배한다. 창문 너머로는 점점이 돛단배가 지나며 반짝이는 찰스강과 보스턴의 스카이라인이 내려다보인다. MIT의 구성원 모두는 고민에 빠질 때면 시선을 창밖으로 던진다.

매일 아침 MIT의 새 사무실에 출근하는 것은 나에게 불꽃같이 강렬한 기쁨을 안겼다. 나는 책상에 앉아 마그마 바다에 관한 컴퓨터 모델을 연구하기 시작했다. 브라운대학교에 머무는 동안 나는 마그마 바다가 어떤 식으로 굳어지는지 예측하는 코드를 작성하고 있었다. 공학용 소프트웨어인 매트랩MATLAB 플랫폼에 작성된 이 코드는 각 단계에서 굳어지는 광물의 종류를, 그 변화하는 구체적인 구성 성분과 함께 계산해 예측하는 약 50가지 루틴으로 구성되었다. 그뿐만 아니라 이 광물들의 밀도와 남아 있는 액체 마그마 바다의 조성과 밀도, 마그마 바다의 액체로부터 지구의 점차 증가하는 대기로 방출되는 기체, 대기권과 마그마 바다, 고체 광물 지대 모든 곳의 온도, 각각의 응고 단계에 걸리는 시간도 계산했다. 그동안 마그마가 어떻게 응고되는지에 관한 연구가 많이 이루어졌기에 나는 거의 행성 깊은 곳에 자리한 마그마에 관해서도 의미 있게 추측할 수 있었다.

물론 나의 목표는 검증 가능한 예측을 하는 것이었다. 이 코드를 통해 나는 지구, 화성, 수성, 달에서 최초로 생긴 암석 맨틀의 구성과 구조를 예측할 수 있었다. 나는 MIT로 돌아가기 몇 년 전부터 시작해 약 10년 동안 이 연구를 계속하면서, 동료들과 함께 암석 행성들의 초기 구성과 구조를 예측하고 그것을 망원경이나 운석, 우주 탐사 임무에서 실제 관측한 결과와 일치시키는 데 큰 진전을 이뤘다. 이런 코드와 예측을 정교하게 만들면서 우리는 행성 지구 초기에 일어난 충돌 과정이 어땠는지를 둘러싼 여러 가정을 의미 있는 방식으로 좁혀 나갔다. 우리는 최초의 원리로부터 화성 표면 마그마의 동위 원소 구성을 비롯해, 30억 년 전 달에서 화산의 화천이 부서져 이루어진 토양에 섞여 발견된 작고 둥근 유리 파편의 티타늄 함량을 예측했다. 우리는 멋지도록 방대한 온도와 거리, 시간에 관한 자료들을 가로질러 과거를 여행하고 있었다.

하지만 이런 종류의 컴퓨터 모델링에는 한계가 있었다. 우리는 가정을 단순화해야 했고, 가장 가능성이 높은 시작 조건과 가장 근거가 그럴듯한 물리적, 화학적 과정을 넘어서지 않아야 했다. 예컨대 그동안 여러 세대 실험가들이 마그마의 특정 성분이 어떻게 굳어지는지를 밝혀내 광물의 종류와 성분과 관련해 우리의 연구 모델을 뒷받침해주었다. 하지만 마그마가 90퍼센트 정도 굳어진 뒤에 남아 있는 10퍼센트는 매우 별나고 특이한 조성이기 때문에 기존의 실험 데이터를 바탕으로 해도 어떻게 응고될지 예측할 수 없었다. 그렇기에 이런 경우에는 우리의 결론도 개괄적일 수밖에 없었다. 미세한 규모에서는 구성이나 구조를 정확히 예측할 수 없었다. 그렇게 10년이 지나자 마그마 바다에 관한 내 연구는 진행 속도가 느려졌다. 가장 유용한 특정 질문에 대해서는 답이 이미 나왔거나, 우리가 예측할 수 있는 능력 밖이었기 때문이다. MIT로 돌아간 나는 연구에 한계가 오고 있다는 사실을 깨달았다. 마그마 바다에 대한 연구는 나무 아래쪽에 달려 쉽게 딸 수 있는 과일처럼 상대적으로 쉽게 목표를 달성할 수 있는, 한계가 있는 분야였고, 나는 유용하고 어느 정도 확실한 결론을 내릴 수 있는 것들을 지나치지 않도록 조심해야 했다.

이렇듯 긴 시간에 걸쳐 행성 전체를 아우르는 마그마 바다에 대한 연구는 그 자체로 내가 석사와 박사 학위를 받았던 작업의 연장선상에 있었다. 그때 내가 했던 작업 가운데 몇몇은 뭐랄까, 너무 규모가 작게 느껴졌다. 박사 과정 중에 했던 연구에서 나는 캘리포니아 중심부에 자리한 시에라네바다산맥의 고지대에서 채취한 특이한 용암 성분으로 실험을 하는 데 1년 정도를 보냈다. 몇 개월에 걸쳐 표본을 준비하고 여러 번 실험을 거친 결과 용암이 되어 녹은 원래 암석의 구성, 온도, 압력에 대한 새로운 지식을 얻었다. 결과는 놀라웠다. 연구실에서 열심히 작업한 결과 우리는 지구 깊숙한 곳이 부분적으로 녹아 시에라네바다산맥의 꼭대기에서 용암으로 분출되었다는 사실을 알 수 있었다. 그때는 과학적 발견의 기쁨이 너무 큰 나머지 성과가 노력에 비해 너무 작다는 사실은 큰 문제가 되지 않았다.

시에라네바다산맥에 관해 얻은 결과를 의미 있는 것으로 만들기 위해 나는 그 주제에 관한 다른 모든 연구와 내가 도출한 결과를 연결해야 했다. 그런 다음 이렇게 쌓인 결과를 땅속 깊은 곳에서 암석을 녹이고 폭발을 일으키는 과정과 연결 지어야 했다. 나는 내 연구와 유사한 마그마에 관한 다른 모든 실험 결과를 의미 있는 방식으로 비교하고 연결 고리를 찾아야 했고, 그것을 비평한 다음 결과를 통합하거나 기각하고, 어떻게 이런 광물 조합들이 형성될 수 있었는지 이해해야 했다. 그런 다음에는 이에 대한 해석을 완전히 다른 분야인 판구조론, 맨틀 대류, 용융, 분화에 대한 물리학과 이어 붙여야 했다. 과학자들은 자신이 얻은 연구 결과를 그 주제에 관한 기존의 모든 연구와 연결하고, 비교하고 검토하며, 거기서 종합적인 결론을 도출하리라는 기대를 받는다. 하지만 학제 간 경계를 넘어 완전히 다른 분야의 것을 종합하려는 시도는 지금이면 몰라도 10년 전에는 훨씬 드물었고, 잘못 해석하거나 오해받을 가능성이 높았다.

시에라네바다산맥에 관한 연구에서 한 가지 분명한 질문은 어째서 그 용융의 원천에, 일반적으로 녹아 마그마가 되는 맨틀 속 광물인 사방휘석이나 석류석, 첨정석, 사장석은 들어 있지 않은 대신 금운모라는 광물이 있느냐는 것이었다. 이 광물은 얇은 조각으로 잘 갈라지는 운모의 일종이라 맨틀에 포함되었다는 것은 놀라운 일이었다. 운모는 결정 구조에 물이 포함되어 있지만 맨틀을 이루는 다른 광물들은 그렇지 않다. 그러면 그 물은 어디에서 왔을까? 그리고 금운모는 별나게도 칼륨과 플루오린 함량이 높은데 이 원소들은 어디에서 비롯했을까? 이 성분들 중 어느 것도 보통의 맨틀에서 흔하지 않았다. 그 광물들도, 물, 칼륨, 불소도 흔치 않았다.

한편으로는 내가 결과를 지나치게 조금씩 쌓아 가고 있는 것 아닌가 하는 걱정도 들었다. 물론 다른 연구자들도 전 세계의 다른 지역에서 비슷한 암석들을 연구했고, 그중 어떤 연구에서는 금운모가 포함되는 분석 결과를 얻었다. 그런 만큼 내 연구는 어느 정도 기존 작업을 재현하는 셈이었지만, 다른 관점에서 보면 기존 연구에 무언가를 덧붙이는 것이기도 했다. 왜냐하면 내 연구는 광물의 조성을 새롭게 꾸렸고 더 광범위한 온도와 압력 데이터를 살폈기에 다른 연구보다 더 완전한 결과를 내놓았기 때문이다. 하지만 그것으로 충분했을까? 실험에 들어간 엄청난 시간, 암석의 기원에 관해 결론에 도달하기까지 필요한 수십 건의 성공적인 실험을 생각하면, 그것으로 충분했을까?

우리는 항상 할 수 있는 한 가장 큰 걸음을 내디디기 위해 노력하며, 그에 따라 여전히 자신 있게 결과를 얻을 것이다. 그렇지만 미지의 영역에 너무 크게 발자국을 내면 너무 많은 것을 가정하고 중간 질문을 건너뛰거나, 답을 바꿀 수도 있는 질문을 놓칠 위험이 있다. 이렇게 되면 실제로 부정확한 것은 아니라 해도 인류 지식의 흐름에 의심스럽고, 고유하지도 않은 정보를 더하는 셈이다. 반대로 발걸음을 작게 내디디면 보다 잘 이해하기 위한 한 걸음이 슬프게 쌓인다. 나는 내 실험이 일종의 점진주의적인 상태로 이어지는 것은 아닌지 걱정이 되었다. 그래서 지구 내부와 지각의 움직임에 관한 분야인 지구물리학을 우리가 수행했던 지구 화학적 실험 결과에 추가했다. 그리고 실험실에서 실험만 하는 대신 맨틀 대류와 암석권 침강을 수치화하는 컴퓨터 모델을 만드는 법을 더 배웠다. 그렇게 해서 나는 어디서 용융이 일어나게 될지에 대한 모델화된 예측을 얻었고 그것과 내 실험 결과를 비교할 수 있었다.

그리고 결국 판구조론에 관한 물리학이 해답을 제공했다. 그 동안 다른 연구자들은 지진파를 이용해 지구 내부의 단면도를 작성해 시에라네바다산맥 아래로 지각판 바닥이 더 깊은 맨틀 쪽으로 가라앉았다는 사실을 밝혔다. 몇 년 후 브라운대학교에서 연구할 때 나는 가라앉는 암석권에 관한 간단한 컴퓨터 모델을 만들었고 이를 통해 침강 규모와 속도를 계산할 수 있었다. 내 연구를 지켜보던 마르크 파르망티에 교수는 어느 날 이렇게 물었다. "그 암석권이 가라앉으면 화학적으로 어떤 일이 벌어지는 거죠?" 그의 질문은 무척 명료해서 머릿속에 알람을 울리는 것처럼 느껴졌고, 나는 가라앉는 암석층에서 나타날 온도와 압력 변화를 계산하기 위해 컴퓨터로 서둘러 달려갔다. 관련된 광물이 얼마나 안정적인지 알게 되면서 우리는 가라앉는 암석 조각이 압력을 증가시켜 물, 칼륨, 플루오린을 쥐어짰다는 가설을 세울 수 있었다. 이렇게 발생한 물기 많은 액체는 맨틀의 암석과 반응해 사방휘석과 첨정석을 재료로 금운모를 만들었을 것이다. MIT에서는 연구 샘플과 실험을 통해 실제로 이 반응을 직접 보았다. 이렇게 새로 만들어진 물기 있는 암석 재료가 녹으면서 그 용암이 시에라네바다산맥 꼭대기로 분출했고, 하얀 화강암에 초콜릿처럼 갈색을 띠는 용암층을 입혔다.

이 연구들은 나에게 전환점이 되었다. 우리 행성, 더 나아가 마침내 태양계에 이르는 거대한 움직임과 과정에 관해 알아내는 것은 점진적으로 진행되지 않았다. 이전 연구자들은 지각의 바닥이 맨틀로 가라앉을 때 화산 활동이 일어날 것이라고 주장했지만 그들이 제안한 구체적인 과정은 잘못된 것으로 밝혀졌다(이들의 주장은 지각의 일부가 가라앉으면서 암석권 바닥에 돔 모양을 남기고 그 안으로 맨틀이 흐르거나 압력에 의해 녹는다는 것인데, 아무리 암석권이라 해도 유체의 흐름은 그런 식으로 작동하지 않으며 암석권의 바닥 부분은 일부가 가라앉은 뒤에도 거의 편평하게 남아 있곤 한다). 그 대신 나는 지각 일부가 물방울처럼 가라앉아 용융되는 과정을 물리학적으로 설명하려 했다. 나중에 이를 통해 화산 폭발 위치와 폭발물의 조성을 예측할 수 있었고, 이 결과는 다른 연구자들에 의해 검증되었다. 우리는 함께 화산 폭발로 이어지는 지구의 지각 변동이 새로 일어나는 과정을 확인하고 설명했다.

나는 이렇게 일부가 '물방울처럼 녹는' 원리를 좋아했다. 이 현상은 지구상의 여러 장소에서 발견되었다. 하지만 곧 이것으로 충분한지 의문이 들기 시작했다. 문제를 해결하고 지구가 어떻게 작동하는지 더 많이 알게 되면서 나는 충분한 만족감을 느꼈다. 하지만 그 질문은 내 시간과 노력을 들일 가치가 있을 만큼 큰 질문일까? 인류 지식의 총합에 이 정도로 기여하는 것만으로 충분할까?

인류가 세상에 관해 수집한 지식의 깊이를 보면 대단한 아름다움이 느껴진다. 나는 모든 사람이 적어도 하나의 학문 분야에서 인간이 이해할 수 있는 끝에 이르기까지 머나먼 길을 탐색하며 지금껏 발견된 모든 것을 알게 되기를 진심으로 바란다. 교양을 쌓고, 어떤 주제를 전체적으로 알며, 지식의 지형을 한계점까지 학습하게 되면 전문가가 되어 그 진가를 알아보는 게 무엇인지에 관해 관점이 생긴다. 지식의 세계는 우리가 살아가는 실제 우주만큼 복잡하고 방대하며 다차원적이지만, 우리가 열심히 탐색하기 전까지는 눈에 잘 띄지 않고 사실상 거의 보이지 않는다.

우리들 각자가 더 많은 지식을 생산한다면 그 노력을 어디에 바쳐야 할까? 시에라네바다산맥의 용암이 어떻게 형성되는지에 관한 지식은 어떤 가치가 있을까? 만약 그렇지 않다면 그곳의 용암이 안데스산맥의 알티플라노고원이나 티베트, 동아프리카에 있는 다른 화산의 용암과 얼마나 비슷한지에 관해서는 알 가치가 있을까? 그것도 아니라면 지각판이 지구의 더 깊은 곳으로 가라앉으면서 그 모든 용암이 형성되고 분출되는 방식에 관해서는 알 가치가 있을까? 만약 그것도 아니라면, 남은 것 중에 우리가 알 만한 가치가 있는 지식은 무엇일까?

어느 시대든 세대가 바뀌면서 흥미롭지 않은 연구 분야는 위축되어 사라지거나, 후원과 보조금 지급의 우선순위에서 밀린다. 그 대신 새롭고 더 큰 결과를 낸 다른 분야들이 번성한다. 내게는 물리적, 시간적으로 좀 더 규모가 큰 연구로 옮겨 가는 게 절실했다. 더 크고 근본적인 질문을 던지면 어떤 느낌인지 알고 싶었다. 그런 질문들이 모두 여전히 이 행성의 화학적 기초 위에 세워져 있다 해도.

* * *

남편 제임스는 호주 애들레이드에서 외로운 유년 시절을 보냈다. 그는 외동아들이었지만 여러 면에서 부모가 자신을 관계의 중심에 두지 않는다고 느꼈다. 더 나쁜 건 제임스가 독립할 나이가 되자 부모는 아들이 하루빨리 떠나기만을 기다렸다는 점이다.

제임스는 밤이면 침대에 누워서 우주와 외계인, 서로 다른 존재들 사이의 의사소통에 관해 공상했다. 나는 멀리 떨어져 있어 도달할 수도 없고, 이해할 수도 없는 외계인들과 소통하기를 갈망하던 어린 제임스에게 공감한다. 아무리 외계인이라 해도 그의 부모보다는 더 가깝고, 더 쉽게 다가갈 수 있다고 느꼈을 것이다. 제임스는 의사소통을 하려면 양측에게 자신과 타자를 인식하는 능력과 그럴 의도가 있어야 한다고 여겼다. 자신과 타자. 이건 1과 0의 이진법 같아, 그는 생각했다. 제임스가 보기에 지성을 갖춘 외계인이라면 이진법을 이해할 것 같았다. 그렇다면 어떻게 해야 우리 역시 지성을 갖춘 생명체라고 그들에게 확신을 줄 수 있을까? 소수다. 이진법으로 표현한 소수를 그들에게 전송하면 될 것이다. 제임스가 이렇게 생각한 것은 1985년에 천문학자 칼 세이건이 소수를 활용해 외계인과 소통하는 이야기를 담은 소설 『콘택트』를 출간하기 10년쯤 전이었다. 제임스에게 이 아이디어는 지성을 갖춘 외계인에게 다가가 그들에게 인정을 받기 위한 기본이었다. 눈앞에 마주하는 세계는 끔찍했지만, 그래도 그는 무한한 우주가 앞에 기다리고 있는 것처럼 생각했다. 그 우주에는 각자의 언어로 말하는 생명체가 있었다.

제임스는 지금 전 세계 교사들이 수학을 가르치는 과정에, 기쁨과 사람 냄새 나는 이야기를 더하도록 도우며 시간을 보낸다. 사람들은 이따금 제임스에게 자신이 수학자라는 것을 잊지 않았는지 묻는다. 물론 제임스는 수학자지만 한동안 그 사실을 잊고 지내기도 한다.

제임스는 열 살 무렵까지 애들레이드의 오래된 집에서 살았다. 천장에는 19세기 후반에서 20세기 초 양식대로 양철을 눌러 만든 문양이 달려 있었다. 제임스의 침실 천장에는 가로와 세로에 격자 문양이 다섯 칸씩 있었다. 제임스는 밤마다 침대에 누워 천장을 쳐다보곤 했다. 일고여덟 살쯤 되었을 때 격자 한 칸으로 이루어진 정사각형을 세어보다가 그다음에는 가로세로 두 칸씩인 정사각형이 몇 개인지 세고, 이어 가로세로 세 칸씩인 정사각형을 세었다. 그다음에는 직사각형이었다. 그러고는 격자 사이로 경로를 만들어 따라갔다.

처음에 왼쪽 맨 위에서 시작했다면 거기서 세로로 내려간 다음 옆 칸으로 옮겨 위로 올라갔다가 다시 내려오는 식으로 계속 나아가 격자 위의 모든 정사각형을 거치는 경로를 만들 수 있었다. 모든 모서리와 한가운데의 정사각형에서 시작해도 가능했다. 하지만 몇몇 다른 정사각형에서 시작하면 불가능한 듯했다. 어떤 정사각형은 출발지로 삼으면 아무리 해도 모든 정사각형을 통과

할 수 없었다. 경로를 거치지 못하고 남겨지는 정사각형이 꼭 생겼다. 왜 그럴까? 제임스는 50가지쯤 되는 여러 경로를 만들어 보았지만 항상 실패했다. 그건 경로가 없다는 사실을 증명한 것일까, 아니면 경로를 아직 찾지 못했다는 뜻일까?

제임스는 이후로 고등학교에 다닐 때까지 여러 해 동안 학교에서 수학으로 머리를 싸매면서도 이 문제를 골똘하게 생각했다. 학교에서 배우는 수학은 모두 빠른 계산이 필요했다. 이런 학교 수학은 그가 계속 풀고 싶었던 경로 문제와는 관련이 없었다. 제임스는 시간이 날 때마다 자신이 고민하는 문제 역시 수학의 일부라는 것을 알 만한 경험이 없었다. 학교에서 배우는 수학은 '무엇what'에 관한 것이었다. 정답이 무엇인지 묻는 식이었다. 하지만 제임스가 풀고 싶은 문제는 '왜'에 관한 것이었다. 제임스는 이 문제에 관해 대화를 나눌 사람이 없었다. 그의 부모는 아들의 학교생활은 물론이고 인생의 어떤 부분에도 관심이 없는 듯했다. 제임스는 교사들에게 추상적인 질문을 하면 안 된다는 것도 일찍이 알게 되었다.

그러던 어느 날 등교하던 고등학생 제임스의 머릿속에 이 문제에 대한 시각적인 증거가 떠올랐다. 그는 모든 정사각형을 거치는 '완전한 경로'의 시작점이 체커판의 하얀 정사각형들과 일치하며, '불완전한 경로'를 갖는 시작점들은 검은 정사각형과 일치한다는 사실을 깨달았다. 동시에 제임스는 어째서 검은 정사각형에서 시작하는 경로가 완전해지지 못하는지를 머릿속에서 명료하고 아름답게 볼 수 있었다. 이렇게 홀짝성에 대한 기본적인 문제 하나를 혼자서 풀어내기는 했지만 제임스가 수학이 실제로 어떤 것인지에 관해 알기까지는 이후로 5년이 더 걸렸다. 수학은 단순한 계산이 아닌 '왜'라는 아름다운 질문들이 펼쳐진 들판이자 탐험이 시작되는 끝없는 풍경이었고, 일단 발견하고 나면 영구적이고 보편적이며 선명하고 명료한 의사소통이 일어나는 이론적인 배경이기도 했다.

제임스는 직계 가족 중 처음으로 고등학교를 졸업했다. 그는 학업이 지금 살고 있는 세상을 탈출해 더 나은 삶으로 나아가는 티켓이라는 사실을 알고 있었다. 대다수 오스트레일리아 사람들이 그렇듯 제임스 역시 출신 지역 대학인 애들레이드대학교에 진학했고 부모님과 함께 살았다. 화요일에는 평소보다 일찍 일어나서 복습을 한 다음 전날 수업에서 필기한 내용을 전부 암기했다. 수요일에도 조금 더 일찍 일어나서 똑같이 했다. 금요일에는 그 주에 배웠던 모든 내용을 암기했다. 탈출 티켓을 얻기 위한 그의 결심은 강철만큼 단단하고 차가웠다.

이론 물리학 학위 과정을 밟는 내내 제임스는 아주 어렸을 때부터 자신의 두뇌가 해 왔던 것이 바로 추상 수학abstract mathematics이라는 사실을 발견했다. 자신과 연결될 어딘가의 누군가와 의사소통하는 방식을 찾으려는, 외로운 침실에서 벗어나려는, 새로운 삶을 향해 탈출하려는 제임스의 언어는 바로 수학의 언어였고, 바로 그것이 그를 지구 반대편으로 데려갔다.

* * *

그레그와 나는 샌프란시스코 3번가에 있는 W호텔 트레이스 레스토랑의 환한 창가에 앉아 주문한 점심 식사가 나오기를 기다리고 있었다. 우리는 매년 미국지구물리학회가 열릴 때마다 이곳에서 만났다. 대화는 가족, 직장에 관해 서로의 근황을 묻는 것에서 시작해 우주 탐사 업계의 뉴스와 향후 전망으로 이어졌다. 나는 그레그의 평온하면서도 기민한 얼굴을 예전과 달리 걱정 섞인 시선으로 지켜봤다. 그가 끔찍한 사건을 겪고 오랜 기간에 걸쳐 회복하는 중이었기 때문이다. 하지만 표정을 보면 그가 정신적으로 압박을 받는 것 같지 않았다. 금발의 머리칼은 여전했고 피부는 햇볕에 그을려 건강해 보였으며, 흔들리지 않는 푸른 눈동자에 다정한 눈빛이었다. 그에게서 정신적 피로나 주저하는 기색은 전혀 보이지 않았다.

그레그 베인과 나는 미 항공우주국NASA 산하, 패서디나에 있는 제트추진연구소Jet Propulsion Laboratory, JPL에서 만났다. 그레그는 태양계 탐사 분야의 수석 전략가였다. 나는 JPL과 협력해 프시케 프로젝트의 제안서를 작성하고 있었는데, 아직 초기 단계여서 JPL이 협력자인 나에게 일을 맡기고 우리의 탐사 제안에 공감하도록 애쓸 뿐이었다. 패서디나와 워싱턴 D. C.에서 그레그와 나는 우주 탐사의 철학적 내용과 여러 사실에 관해 긴 대화를 나눴다. 또한 의회가 나사NASA에 더 많은 자금을 지원하도록 어떻게 영향력을 행사할 수 있는지, 탐사 프로젝트에서 어떻게 최대한으로 성공을 거둘 수 있을지, 나와 그가 속한 조직의 리더들이 핵심적이고 중요한 행동을 할 수 있도록 어떻게 설득할지, 우주 탐사에서 몇 년에서 수십 년을 어떻게 미리 계획할지 등 여러 골치 아픈 문제도 함께 고민했다.

여러 해를 지켜보면서 나는 그레그의 침착한 성품에 놀랐다. 그는 아무리 답답하고 복잡한 문제에 직면하더라도 긴장하지 않는 얼굴에 맑게 빛나는 눈을 하고 그 모든 세부 사항을 조용히 처리했다. 그는 짧게 웃었고 언성을 높이지 않았고 그 어떤 감정 기복이 없었다. 그는 단호하고 명료하게 앞으로 나아갔고, 그렇게 접근한 모든 문제에 영향력을 행사했다. 그런 그가 난관에 직면해 있다는 사실을 올해가 되어서야 알게 되었고 그것에 관해 말해줄 수 있을지 조심스럽게 물었다.

"그레그, 한 가지 개인적인 질문이 있는데 물어봐도 괜찮을까요? 당신은 끔찍한 자동차 사고를 겪고, 그걸 극복하기 위해 계속 애써 왔잖아요. 몇 달 동안 재활 치료를 받기도 했고요. 힘든 일을 겪었는데도 당신은 여전히 차분하고, 행복하고, 스스로에게 잘 집중하는 듯해요. 저는 왜 어떤 사람들은 회복력이 강하고 또 어떤 사람들은 그렇지 않은지 고민했어요. 보기에 당신은 마음의 평화를 잃지 않는 것 같아요. 어떻게 그럴 수 있었나요? 저는 삶을 지속하기 힘들 때도 사람들을 버티게 하는 힘이 뭔지 궁금해요. 너무 개인적인 질문인가요?"

그레그는 미소를 지으며 대답했다. "저도 무엇이 우릴 버티게 하는지에 대해 자주 생각해요. 제 얘기를 하려면 먼저 제 가족에 대해, 그리고 제가 어떻게 천문학에 관심을 가지게 되었는지부터 말씀드려야겠네요."

그레그는 역시 침착하고 흔들림 없는 태도로 자신의 어린 시절 이야기를 풀어놓았다. 그가 어렸을 때 부모님은 그레그와 동생들을 데리고 살던 마을을 떠나 멋진 통나무집으로 이사했다. 그 지역에 자라는 나무로 오래전에 지어진 집이었는데, 그레그의 부모님은 울퉁불퉁하고 여기저기 뒤틀린 소나무 목재를 하나하나 사포로 문지르고 광을 내 집을 수리했다. 부모님과 함께 깨끗하고 밝은 집을 다시 지었던 일은 그레그의 어린 시절에서 마지막 긍정적인 순간으로 남아 빛났다.

"그러다 어느 날 저녁, 시내에서 차를 타고 집에 돌아가는 길에 언덕 너머에서 주황색 불빛이 보였어요. 우리 집이 불타고 있던 거예요. 누군가 집에 기름을 뿌리고 불을 질렀다고 하더라고요." 그레그가 침착한 목소리로 말했다. 그 순간부터 그와 부모님의 관계는 흐트러지기 시작했다.

그레그의 아버지는 집을 나갔다. 어머니는 알코올 중독에 빠져 정신이 산산조각 난 채 이제 와 추정하기로는 조현병 증세였을지 모를, 지킬과 하이드에 비견할 깊은 정신 장애 속에서 자녀들에게 정서적 학대를 하기 시작했다. 그 일이 있기 몇 년 전 여섯 살이었을 때, 그레그는 밤에 아버지가 운전하는 차를 타고 가던 중 폭발하는 불덩이 유성(불덩이를 일으키며 떨어지는 유성으로, 충격에 따른 압력이 구성 성분에 비해 너무 커서 폭발을 일으킨다)을 보았다. 그레그는 곧바로 매료되었고 아버지의 도움으로 도서관에서 천문학 책을 읽기 시작했다. 지구 너머에 자리한 광활한 시간과 공간에 애정을 품게 되면서 그레그는 위로를 받았다. 매일 학교에서 돌아오는 길에 오늘은 집에서 무슨 일이 있을지 두려워하는 와중에도 그레그는 우주에 관해, 그 속에서 인간이 얼마나 작은지에 관해 생각했다. 인간이 작고 보잘것없다는 사실이 그를 위로했다.

어째서 우주 안에서 인간이 그토록 작고 무의미하다는 사실이 그에게 적막함이 아닌 위로를 안겼을까? 그레그는 이렇게 대답했다. "저는 언제나 낙관적인 편이었거든요."

그레그는 결국 천문학을 공부하기 위해 대학에 진학했다. 동생 세 명을 남겨 두고 집을 떠났는데 당시 막냇동생은 열 살도 채 되지 않았다. 대학에서 그레그는 자신과는 다르게 살아가는 사람들을 보았고, 문득 어머니가 있는 집이 얼마나 위험한지 인지했다. "냄비에 들어간 개구리 비유를 아세요? 물이 천천히 데워지니 개구리가 위험을 느끼고 뛰쳐나올 만한 순간이 없죠. 모든 순간 계속해서 조금씩 악화될 뿐이에요. 그게 우리 가족이었어요. 바깥에 나와서 보니 집이 얼마나 심각한 상황이었는지 그제야 깨닫게 됐어요."

그레그는 가족을 떠난 후 거의 연락이 없었던 아버지에게 전화를 걸어 동생들의 목숨이 위험하다고 설명했다. 어머니는 항상 음주 운전을 했고 난로를 안전하게 사용하는지도 확신할 수 없었다. 게다가 어머니는 여러 번 스스로 목숨을 끊으려 했다. 사고가 발생하거나 또 다시 집에 화재가 날지도 모른다. 그레그는 아버지에게 동생들을 그 집에서 꺼내 달라고 부탁했다. 아버지는 도와주겠다며, 그러려면 그레그의 도움이 필요하다고 했다. 그레그는 법정에서, 가족과 판사 앞에서 어머니에게 불리한 증언을 했다. 그 결과 아버지는 아이들의 법적 보호자가 되었고 동생들은 곧 닥칠지 모를 위험에서 구조되었다. 몇 년이 지나서야 그레그는 어머니와 다시 만났다. 죽어 가는 어머니의 손을 잡았을 때였다.

나는 그레그에게 물었다. "어떻게 힘든 시절을 극복해 사랑하는 가족을 꾸리고, 전문 분야에서 뛰어나게 일하고, 또 현재에 집중해서 쾌활하고 꾸준하게 능력을 발휘할 수 있었나요? 비슷한 경험을 해도 어떤 사람은 과거에 짓눌리고, 어떤 사람은 살아남아 다른 사람을 사랑하고 세상에서 제 몫을 하잖아요." 그레그는 천문학 덕분이라고 대답했다. 지구를 넘어 시공간적으로 매우 크고 광활한 무언가를 보다 보면, 거대한 우주에 비추어 우리가 작고 보잘것없음을 깨닫게 된다. 그리고 지금 이 순간에도 우리가 단순한 감정보다 더 많은 것을 지니고 있다는 사실을 알게 된다. "그 사실을 깨닫는 순간 저는 제가 무척 강하고 낙관적인 사람처럼 느껴졌고 그 탐험의 일부가 되고 싶다는 생각을 했어요. 저 너머에는 우리뿐만 아니라 훨씬 더 많은 것이 있어요."

제임스의 환경이 그랬듯 그레그의 어린 시절은 평생 그의 발목을 잡을 수도 있었다. 두 사람 다 부모로부터 정서적 지지가 부족한 고통스러운 유년 시절을 보냈고, 이들이 얼마나 심각한 마음의 장애를 얻든 그 원인을 어린 시절로 간단히 돌릴 수 있었을 것이다. 하지만 이들은 힘든 유년 시절을 뛰어넘어 제 할 일을 다 하고 의욕적인 어른이 되었다. 제임스와 그레그, 나에게는 우리가 거대한 우주의 아주 작은 부분일 뿐이라는 깨달음이 있었다.

과학자로 살아가면서 나는 거부할 수 없는 긴장감과 함께 어떤 아이디어나 프로젝트를 밀고 나가야 한다는 강렬한 필요를 느꼈다. 그 프로젝트는 현재를 미래로 확장하는 새롭고 거대한 아이디어를 담고 있었다. 어째서 나는 저 멀리 떨어진 얼어붙은 소행성에 탐사 로봇을 보내는 프로젝트에 마음을 빼앗겼을까? 본래는 그 소행성이 행성으로 성장하는 과정에서 한때는 뜨겁고 젊었던 미행성, 즉 아주 작은 초기 천체였다는 사실을 이미 알고 있는데도 말이다. 답은 이렇다. 지질학과 방대한 지질학적 시간, 행성의 성장 과정은 인간이라는 존재의 취약성과 실패를 덜 위험한 것처럼, 그리고 결국 덜 중요한 것처럼 보이게 만든다. 제임스에게 수학은 일상의 진실과 대면하는 관점과 안도감을 주었다. 그레그에게 은하들 사이의 엄청난 거리는 일상에서 겪는 순간의 작은 고통을 가라앉혔다. 광대한 시간은 내 마음을 크게 위로한다. 수십억 년의 시간을 놓고 보면 우리가 저지르는 실수 따위는 그 무엇도 무의미하다. 우리 각자에게 이러한 경험은 가능한 한 최대치의 진정성이 있었다. 이 경험은 본능적이었고 본질적인 의미를 규정했으며, 우리의 미래에, 그리고 우리와 타인 사이에 다리를 놓았다.

공부는 내가 삶에서 앞으로 나아갈 수 있게 했고, 여기에서 위안을 찾는 것은 '나는 왜 위안을 찾고 있는가?'라고 묻기 위한 첫 단계였다. 공부를 하고 왜라고 질문을 던지는 것은 이후에 내가 더 큰 행동을 하고, 더 큰 의미를 찾고 변화를 추구하는 데 필요했다. 나는 스스로 안락함에 몸을 담그고 두려움을 달래기 위해 자연 과학의 세계에 들어갔을지 모르지만, 자연 세계의 매력은 현실로 이어졌다. 나는 인류 종말에 관한 한스 베테의 강연을 들은 것을 계기로 대학에서 지질학을 공부하기 시작했다. 세상을 이해하고 마음의 위안을 얻고자 한 걸음씩 나아갈 때마다, 나는 새로운 지식과 일자리, 인간관계, 그리고 마침내 화성 너머로 나아갈 나사의 우주 탐사 프로젝트로 가는 기반을 쌓고 있었다.

하지만 가치와 의미에 관한 질문은 어쩔 수 없이 과학을 넘어 나와 가족에게도 영향을 끼쳤다. 만약 내가 다른 것보다 더 의미 깊은 과학 분야가 있다고 가정한다면, 분명 의미를 찾는 데 몰두하고 노력할 만한 다른 주제들도 있을 것이다. 제임스와 10대인 터너는 이 질문을 놓고 나와 함께 고민했다. 우리는 소셜 미디어 속 사람들이나 친구, 이웃과 대화를 나누며 '당신이 인생에서 할 수 있는 가장 의미 있는 일은 무엇인가?'라고 묻곤 했다. 우리는 각자가 시간을 보내는 방식에서 의미를 찾아보면서 고결하고 덕망 있는 직업, 우리를 구하는 일이 무엇일지 탐색했다. 처음에 우리는 고정 관념에 젖은 뻔한 답을 몇 가지 이야기했다. 사람들의 고통을 덜어주기 위해 사심 없이 일한 플로렌스 나이팅게일이 이상적인 인물이라는 식이었다. 어쩌면 직업에 관한 개념을 좁혀 보는 것이 더 의미 있을지도 모른다. 직업은 음식이나 옷, 의료비를 위해 돈을 모으는 수단일 수 있다. 혹은, 진정한 인간의 고통이 여기 아닌 다른 곳에 있다는 관점은 겸손한 척하는, 서구 중심적인 생각일지도 모른다. 우리 자신의 몸을 고치는 의사, 우리 아이들에게 신길 신발을 만드는 구두장이가 되는 건 어떨까? 하지만 나에게 이것들은 정답으로 보이지 않았다. 당시에는 이런 생각이 일종의 반창고처럼, 일시적인 해결책처럼 느껴졌다.

한 번의 대화가 더 깊이, 길게 계속되면서 우리는 더 크게 확장할 수 있는 해결책이 무엇인지를 살폈다. 여느 때처럼 우리는 아파트 거실에 모였다. 나는 노트북과 함께 오렌지색 소파에 앉아 있었고, 맞은편 소파에는 터너가 있었다. 그리고 제임스는 터너가 독개구리 한 쌍의 집으로 꾸민 테라리움 옆 식탁에 앉아 일하는 중이었다.

"자선가 모델에서 잘못된 게 뭘까요?" 내가 질문을 던졌다.

터너가 바로 답했다. "문제를 해결해야 한다면, 당사자들이 문제를 이끌어가야 하니까요."

"그리고 해결책은 일회용 반창고처럼 일시적인 게 아니라 체계적이고 지속적이어야 해요." 제임스가 덧붙였다.

우리 모두는 어떤 해결책이 하나의 문제 사례를 넘어 전 세계의 여러 사례로 확장되어야 한다는 데 동의했다. 다시 말해 해결책은 확장 가능해야 했다. 우리는 과학에서 나를 괴롭혔던 문제를 현실 세계에 적용하고 있었다. 더 많은 문제를 한번에 해결할 수 있는 방안을 찾는 것이었다.

그날 우리는 교육이 그 해답을 제공한다고 결론을 내렸다. 우리는 사람들이 가족, 공동체, 사회에서 마주하는 문제들을 직접 해결할 수 있다는 믿음을 얻도록, 우리 나이에 맞는 교육 내용을 구성해야 한다.

그리고 우리는 스스로 꽤 만족했다! 답을 얻었기 때문이었다. 그때는 2009년경으로 터너는 고등학교 3학년이었고 제임스는 즐거움과 사람 사는 이야기가 담긴 수학 교육을 만들어 간다는 자기만의 길을 닦고 있었다. '삶의 의미'를 찾는다는 주제에 대한 가장 유력한 해답, 즉 교육은 3, 4년 더 남아 있었다.

5장

모든 노력은 인간적이다

지구상에 발생하는 화산 활동은 대부분 지각판 사이의 경계를 따라 일어난다. 남아메리카 서부 해안이나 필리핀, 일본처럼 하나의 판이 이웃 판 아래로 미끄러져 내려가 섭입대를 이루거나, 바닷속 해령에서처럼 판이 떨어져 나오며 새로운 지각판을 형성한다. 하지만 지구 역사상 주기적으로 수십 번은 강력한 대규모 분출이 일어났다. 여기서 범람현무암이 만들어졌다. 범람현무암 지대를 보면 내가 시에라네바다산맥에서 연구했던 작은 분출물들은 안약이 한 방울 똑 떨어지는 것처럼 여겨질 정도다.

범람현무암이 만들어지는 동안에는 지각에 균열이 생기며 용암이 쏟아져 나온다. 그에 따라 약 100만 년에 걸쳐 매년 한 국가나 대륙 크기의 지역이 검은 현무암으로 덮인다. 규소 함량이 낮은 용암이 식으면 이 암석이 만들어진다. 가장 최근에 형성된 컬럼비아강 범람현무암은 약 1600만 년 전에 분출물을 대부분 내보내 워싱턴과 오리건의 상당 지역과 아이다호 일부를 뒤덮었다. 하지만 여기서 분출된 17만 5000세제곱킬로미터의 용암은 시베리아 범람현무암에 비하면 부피가 약 20분의 1에 불과하다. 나는 시베리아 범람현무암을 연구하는 데 수십 년을 보냈다.

MIT에서 박사 과정을 밟던 첫해에 나는 범람현무암 연구 프로젝트를 맡아 지구물리학자 브래드 해거와 함께 연구를 했다(그는 결국 나중에 내 박사 논문의 공동 지도 교수가 되어주었다). 더 구체적으로 이야기하자면 오늘날 시베리아 지역에서 2억 5200만 년 전에 분출한 범람현무암을 연구했다. 이 범람현무암은 아마도 지금까지 대륙으로 분출된 것 가운데 가장 부피가 크고 대규모였을 것이다(비록 대양저 내부나 그 위에서는 더 규모가 큰 분출도 있었지만). 이 분출은 100만 세제곱킬로미터도 넘는 용암을 만들어냈는데, 어쩌면 그 부피가 400만 세제곱킬로미터는 될지도 모른다. 만약 캔자스에서 똑같은 규모로 분출이 일어났다면 약 460미터 깊이의 용암층이 알래스카주를 제외한 미국의 48개 주 전체를 덮었을 것이다.

연구 당시 최고의 과학적 연대 측정 기법에 따르면 시베리아 범람현무암은 지구가 지질학적 역사상 최악의 멸종을 겪던 시기와 맞물려서 분출했다. 바로 페름기 말의 대멸종이었다. 페름기 말에는 육지에 서식하던 종의 70퍼센트 이상과 해양 종의 90퍼센트 이상이 멸종되었다. 하지만 시베리아 범람현무암이 이 멸종과 관련이 있는지에 대해서는 알려진 게 없었다. 이 화산 분출은 아마도 지구 역사상 육지에서 일어난 가장 큰 사건이었을 테고, 이 멸종 역시 분명히 지구 역사상 가장 큰 사건이었다. 둘은 인과 관계가 있을까, 아니면 단순한 우연일까? 이 질문 앞에서 나는 혼란스러웠다. 어떻게 아직 그걸 모를 수가 있지? 하지만 곧 나는 우리가 범람현무암이 왜 발생하는지도 제대로 알지 못한다는 사실을 알았다. 온통 질문뿐이고 답이 없었다.

범람현무암이 멸종을 일으키리라는 것은 한편 자명해 보인다. '화산 폭발'이라고 하면 우리 머릿속에는 인도네시아나 필리핀의 화산, 워싱턴주의 세인트헬렌스 화산이 떠오른다. 분출물이 폭발해 만들어진 화산재 구름이 대기권 높이 솟아오르고, 화산 기슭을 따라 과열된 가스 구름이 빠르게 흘러내린다. 치솟는 뜨거운 가스 기둥이 성층권으로 기체를 운반해 기후를 변화시킨다. 하지만 범람현무암은 조금 다르다. 폭발을 거의 일으키지 않으며, 폭발성 가스 구름이 없다면 고온의 기체가 전 세계로 전달되는 일은 드물다.

최근 몇 년 동안 하와이의 킬라우에아 화산에서는 범람현무암의 용암이 많이 배어나고 있다. 분화 속도가 느리기 때문에 운이 나빠 발이 걸려 넘어지거나 연기를 지나치게 들이마시지 않는 한 여러분은 화산에 올라가서 그 광경을 보고 살아서 집으로 돌아갈 수 있다. 많은 과학자는 그러한 분화가 전 세계적인 규모의 멸종을 이끌 수는 없다고 생각했다. 화산 분화가 지구 반대편이나 대양에 서식하는 동물과 식물까지 죽게 만드는 뚜렷한 메커니즘은 밝혀지지 않았다. 지구 전체에 멸종을 일으킬 가장 효과적인 방법이자 아마도 유일한 방법은 대기의 화학적 성질을 바꾸는 것이다.

범람현무암은 폭발성이 거의 없다고 여겨졌던 만큼 과학자들은 그것이 전 지구적인 변화를 일으킬 개연성이 없다고 생각했다. 브래드와 나는 먼저 범람현무암 자체가 어떻게 형성되는지에 관해 주로 고민했다. 시베리아와 같은 두텁고 차가운 대륙판 아래에서 어떻게 그렇게 엄청난 양의 용융 암석, 즉 마그마가 나타났을까?

마그마(마그마가 분출되고 나면 용암이라고 한다)는 지구의 지각과 금속 핵 사이의 거대한 암석층인 맨틀의 일부가 녹으면서 생겨난다. 우리가 사는 세상의 지표면에서 내가 당신에게 무언가를 녹여 달라고 부탁한다면 당신은 그것을 가열할 것이다. 지표면에서 우리는 어느 정도 일정한 대기압 아래서 살아가기 때문에 무언가를 녹이는 것이 온도를 변화시키는 방법이다. 하지만 지구 내부에서는 온도 변화가 아주 적게, 점진적으로 일어나기 때문에 무언가가 녹는 일이 매우 드물다. 지구 내부에서는 약간의 온도 변화라도 고체인 암석을 대류 현상에 따라 움직이게 할 수 있다. 오트밀이 끓는 것처럼 느리게 움직이는 것이다.

암석층의 가장 뜨거운 부분은 금속 핵 바로 위다. 열은 물질을 약간 팽창시키는데, 온도가 1도 상승할 때 부피가 10만 분의

3 정도만 팽창해도 그 암석층은 상대적으로 더 차가운 이웃 암석층보다 밀도가 낮아진다. 그러면 밀도가 낮아진 뜨거워진 암석층은 위로 올라가고(주로 질소로 이루어진 공기 중에 헬륨 풍선이 떠오르는 것처럼), 밀도가 높고 차가운 암석층은 아래로 가라앉는다. 비록 맨틀에 있는 모든 암석이 고체이기는 하지만, 지질학적 시간이 지나는 동안 액체처럼 흐르게 된다. 뜨겁고, 압력이 가해진 광물 결정은 달팽이보다도 천천히, 손톱이 자라는 속도와 맞먹을 만큼 서서히 변형되어 서로를 스쳐 지난다. 이 뜨거운 암석은 위로 이동해 지표 가까이 올라와 대기로 열기를 전달하고 우주로 방출하며, 그러면서 식어 천천히 아래로 가라앉는다.

그렇기 때문에 지구 내부에서 온도 변화가 암석 용융의 요인인 경우는 거의 없다. 그보다 맨틀은 위로 움직여 압력이 낮아지면서 녹는다. 지구 내부에서 각각의 구획에 놓인 암석은 그 자체와 지구 표면 사이에 놓인 모든 암석의 무게를 압력으로 받는다. 만약 특정 구역에서 맨틀이 위쪽으로 흐른다면, 맨틀과 지표 사이에 자리한 암석이 줄어들 테고 더 적게 압력을 받을 것이다. 뜨거운 암석에서 압력이 줄어들면 그 덩어리는 고체에서 액체로 변화한다. 다시 말해 녹는 것이다.

맨틀은 오직 위쪽으로만 흐를 수 있으며 그에 따라 지각의 바닥에 닿을 때까지 압력이 줄어든다. 반면에, 지각의 바닥 부분을 조금 더 전문적인 용어로 표현한 암석권은 차갑고 단단해서 맨틀처럼 흐르지 않는다. 시베리아 대륙의 암석권은 지금으로부터

2억 5200만 년 전에도 무척 두터워서 깊이가 약 100킬로미터에서 200킬로미터나 되었으며 선박의 용골처럼 맨틀 깊숙이 뻗어 있었다. 이 두터운 암석권 아래의 맨틀은 아무리 위쪽으로 솟아도 얇은 해양 지각 아래까지 올라올 수 없었다. 그렇다면 이 지역에서 어떻게 맨틀이 그렇게 많이 녹을 만큼 압력이 줄어 많은 용암을 분출할 수 있었을까?

당시는 마그마가 한 방울씩 떨어진다는 아이디어를 떠올리기 몇 년 전이었고, 이 질문은 내가 세운 흥미로운 첫 번째 과학적 가설로 이어졌다. 시베리아의 맨틀이 두터운 시베리아의 암석권 때문에 위쪽으로 이동하지 못하게 되기 이전에 아주 조금 녹았고, 그 뒤에 암석권으로 스며들어 그곳에서 얼어붙었다는 가설이다. 얼어붙은 마그마가 암석권에 어떤 영향을 끼칠까? 결빙되면 암석권으로 열기가 방출되며, 차가운 물질보다는 따뜻한 물질이 더 쉽게 흐른다. 또한 얼어붙은 마그마는 암석권에 비해 밀도가 높기 때문에, 이것이 추가되면 암석권 전체가 보다 더 조밀해진다. 그렇게 살짝 변화가 일어난 암석권은 대륙의 바닥으로 물방울 떨어지듯 내려가 맨틀로 가라앉을 것이다. 이렇게 암석 방울이 충분히 떨어지면 암석권은 예전보다 얇아질 것이고, 그 아래로 계속 솟아오르는 맨틀은 점점 압력이 낮아지다 녹아 범람현무암을 생성할 수 있다.

모든 과학적 아이디어가 그렇듯 이 가설도 '집합 의식collective consciousness'에서 나왔다. 사람들도 전에 암석권이 방울 지어 떨어질 것이라는 생각을 했었다. 여기에 내가 덧붙인 것은 얼어붙은 마그마의 물리학적, 화학적 성질이었다. 얼어붙은 마그마가 생기면 암석권은 온도와 밀도가 높아져서 가라앉고, 그에 따라 맨틀이 더 많이 녹으며 범람현무암이 만들어지는 결과로 이어진다.

이 내용을 담은 연구 논문은 내 박사 논문의 일부가 되었고, 나는 브라운대학에서 박사 후 연구원을 마친 뒤에도 시베리아 범람 현무암과 페름기 말의 대멸종에 관한 연구를 계속했다. 그러던 어느 날 절친한 친구이자 멘토인 MIT의 샘 보링 교수가 내게 이렇게 말했다. "린디, 요즘 시베리아 범람현무암과 페름기 말 멸종에 관해 고민하는 것 같네요. 연구 팀을 꾸려서 더 제대로 알아보는 건 어때요?"

행동하라는 말을 들었을 때처럼, 샘의 말은 몇 달 동안 머릿속에서 크게 울렸다. 마침내 나는 샘의 격려에 힘입어 국립과학재단의 지원 프로그램 담당자인 레너드 존슨에게 전화를 걸었다. 레너드에게 이 연구 주제를 논의하기 위해 워크숍을 열려 한다고 이야기하며, 워크숍에 자금을 지원해줄 수 있는지 물었다. 레너드는 가능하다고 말했다! 자금 지원을 받기 위해, 한낱 박사 후 연구원이었던 나는 이 분야의 저명한 학자들을 한 사람씩 초대하기 시작했다.

스스로 체급이 안 맞고 깜냥이 되지 않는 일을 하는 기분이었다. 갑자기 국립과학재단에 전화를 걸고, 선배 연구자들을 불러 하던 일을 멈추고 내 워크숍에 와 달라고 청하다니. 워크숍을 열고 운영하는 것마저 내 능력 밖인 것만 같았다. 그러나 결국 프랑스, 영국, 노르웨이, 특히 러시아를 포함한 여러 나라에서 온 참석자 약 25명과 함께 워크숍을 했다. 그동안 영미유럽권 과학자들은 러시아 과학자들과 교류가 많지 않았는데 이 워크숍에서 직접 만나 협력 관계를 쌓았다.

브라운대학교에서 열린 워크숍 첫날 아침, 경력이 짧은 임시직 박사 후 연구원이었던 나는 종신 교수들 앞에서 시베리아 범람현무암이 어떻게 형성되었는지, 무엇이 페름기 말의 멸종을 야기했는지, 그리고 그것들이 어떻게 연관되어 있는지를 더 깊이 있게 이해하려면 학제 간 팀이 되어 힘을 모아야 한다고 주장했다. 어느 하나의 학문 분야로는 해결할 수 없는 질문이기에 경계를 넘어 데이터를 공유하고 논의해야 했다. 페름기 말의 단세포 유기체를 연구하는 연구자들은 그간 화산 폭발 모형을 만드는 물리학자들, 시베리아 암석을 연구하는 화학자들과 데이터를 크게 교차 검증하지 않았다.

또한 우리는 암석 자체의 표본이 필요했다. 암석 속 기포와 광물을 분석해야 용암이 기후를 변화시킬 기체를 실어 날랐는지를 알아낼 수 있다. 또한 광물 속 원소들을 분석해 폭발이 발생한 시점을 정확하게 집어낼 수 있다. 그래야만 그 시점이 정말로 멸종과 완벽하게 일치하는지, 아니면 멸종은 폭발 전에 시작되었기에 폭발이 아닌 다른 무언가가 멸종의 원인인지를 알 수 있다.

하지만 우리는 이런 협업의 필요성을 참석한 모든 사람에게는 납득시키지 못했다. 참석자의 일부는 결국 우리 프로젝트에 참여하지 않았다. 그중 한 사람은 워크숍 초반에만 참석해 우리의 아이디어를 듣고 떠나서, 우리가 제안했던 프로젝트 중 두 가지를 제 이름으로 먼저 해버렸다. 중요한 건, 아무리 그래봤자 상관없다는 점이었다. 나머지 참석자 80퍼센트가 훌륭한 팀을 만들어 더 많은 것을 해냈기 때문이다.

워크숍이 끝나고 우리는 팀이 되어 헌신적으로 일했고, 국립과학재단에 이 프로젝트에 지원을 요청하는 장문의 제안서를 제출했다. 제안서 분량은 보통의 제안서의 두 배가 넘었다. 24명의 협력자, 예산과 재정에 대한 긴 설명이 담긴 36쪽짜리 문서를 보며 나는 어느 정도 책임감을 느꼈다. 물론 나중에 나사의 프시케 프로젝트에 관한 첫 번째 제안서는 아무렇지 않게 200쪽을 넘겼다.

국립과학재단이 제안서 검토를 마치기까지는 몇 달이 걸렸다. 우리는 결국 자금을 따내지 못했다. 재단은 내년에 제안서를 다시 제출하라고 말했다. 그래도 우리 팀은 대체로 낙관적이었다. 한 해에 자금 조달 비율은 보통 10퍼센트에서 30퍼센트 사이였던 데다 원래 이 재단은 한 번에 제안서를 받아들이는 경우가 거의 없었다. 그래도 우리 팀이 재단이 신뢰할 만한 제안서를 제출했다는 것을 알고 기분이 좋았다. 우리는 함께 어깨를 한 번 으쓱하고 일단 다른 일로 눈을 돌렸다.

그동안 나는 MIT의 조교수로 채용되었고, 그래서 프로젝트 제안서를 작성하는 다음 작업은 새 직장에서 시작되었다. 나는 1년 동안 이 학교의 여러 연구 팀과, 그들이 어떻게 일하는지를 지켜봤다. 그리고 거의 20년 전 대학을 갓 졸업한 신입 사원으로 보잉사와 일했던 프로젝트 경험을 끌어내보았다. 어떻게 해야 자존심을 세우지 않고 평판에 대한 욕심을 내려놓고 충분히 오랫동안 제대로 협력할 수 있을까? 보조금을 지원받는 다른 사례들을 보니 팀의 선임 연구원들이 지원금을 자기 연구실로 가져가 자신의 분야에서 부딪친 문제를 해결하는 데 사용하고 있었다. 나는 이런 경우는 여러분의 파이 몫을 자기 집으로 가져가 어쨌든 해야 할 일을 한 거라고 생각한다.

과학자들에게는 각자 자기만의 전문 분야가 있다. 각자는 자기 분야에서 과학계의 어느 누구보다 가장 전문가이지만, 과학이라는 방대한 지식의 세계에서 이들의 전문 분야는 어떤 주제의 작은 조각이다. 과학 분야의 커리어는 다른 과학자들이 따라붙는 좋은 아이디어를 갖추는 데서 시작해 거기에서부터 쌓아 올려지기 때문에, 의지력은 경력을 쌓는 데 중요한 역할을 한다. 나는 내가 괜찮은 아이디어를 갖고 있고, 훌륭한 논문을 쓰며, 동료들에게 검토를 받아 그것을 과학 학술지에 발표할 수 있다는 사실을 알았다. 하지만 만약 과학계 동료들과 대화를 나누고 예리하게 논쟁하고 내 아이디어를 그들의 아이디어와 비교해 살피지 않는다면 내 분야에서 지적 리더십을 쌓을 수 없을 것이다. 나는 다른 과학자들을 성나게 하지 않는다면 그 분야에 들어갈 자리를 만들지 못할 것이라는 조언을 듣기도 했다. 나는 몇몇 좁은 하위 분야에서는 연구자들이 마차를 타고 빙글빙글 돌며 안쪽으로 총을 쏘는 듯하다는 농담을 하곤 했다. 그들은 가장 가까운 협력자들과도, 때로는 심지어 자기가 담당하는 대학원생들과도 경쟁하지 않으려 했다.

그리고 같은 분야에서 수십 년 동안 서로 알고 지낸 연구자들이 서로의 성공을 질투하고, 상대가 실패하기를 묵묵히 기원하는 상황에서 의견의 불일치는 더욱 개인적인 차원으로 비화한다.

우리 팀에는 서로 밀접하게 연관된 세부 연구 분야에 속한 두 사람이 있었다. 제안서를 작성하는 과정에서, 그중 한 명은 제안서를 검토하며 경쟁자의 이름이 발견되는 족족 그 이름을 지우고 자기 이름을 썼다. 문서가 수정된 과정을 추적하던 나는 결국 모든 참여자의 이름이 지워진 제안서를 받고 내 눈을 의심했다. 여기가 유치원도 아니고 말이다! 이런 일은 더 있었다. 지원한 예산이 커지자 동시에 업무에 대해 사람들이 품은 책임감도 줄어들었다. 그렇다면 자금을 다 지원받은 뒤에는 얼마나 의사소통이 안 이루어질지는 불 보듯 뻔했다. 프로젝트에 착수하기 전에 이런 일이 일어나서 그 무책임한 사람을 일찍 팀에서 자를 수 있다면 좋았을 텐데 말이다.

문제는 그가 유명한 선배 과학자였고 나는 아직 종신 재직권을 얻지 못했다는 것이다. 내가 그를 적으로 만든다면 그는 정말로 내 커리어를 망칠 수 있었다. 나는 국립과학재단의 프로그램 담당자 레너드 존슨에게 전화했다. 그리고 내가 어떤 행동을 하려는지, 그렇게 하려는 이유가 무엇인지 말했다. 서로 잘 알지는 못했지만 그는 나의 이야기를 침착하게 들어줬다. 나는 내가 옳은 일을 했기를 바랐다. 불필요하게 소동을 일으키고 싶지도 않았고 프로그램 담당자가 나를 약하고 보호가 필요한 사람이라고 여기는 것도 원치 않았다. 나는 전략적으로 행동하려 했다.

그 선배가 팀에서 빠졌다고 알리려고 팀원들에게 전화를 돌릴 때, 손이 떨리고 땀이 났다. 귓전에서 울리는 전화벨 소리가 부자연스러울 만큼 크고 느리게 들렸다. 통화는 짧았다. 나중에 듣기로는 그 사람도 레너드 존슨에게 전화를 걸어 내가 프로젝트를 이끌기에 적합한 인물이 아니라고 불평했다고 하는데, 다행히 레너드는 내가 해낸 일을 존중해주었다. 그래도 그 선배와 나는 몇 년 동안 데면데면하게 지내고 나서는 회의에서 만나 즐겁게 대화를 나누는 관계로 남았다. 모든 팀이 이렇게 문제를 잘 해결한다면 좋을 것이다.

결국 연구 분야의 모든 노력은 사람이 하는 것이다. 여기에는 사람들의 상호 작용, 경쟁, 협력 그리고 사람들이 반응하고 자기만의 결론을 형성하는 것까지가 포함된다. 남성 과학자 한 사람이 연구실에 틀어박혀 눈부신 발전을 이룬다는 고정 관념은 사실이 아니다. 모든 과학자는 공동체 안에서 함께 일하면서 서로 싸우고 설득해야 한다. 이제는 여성 과학자도 많아졌다. 타인과 연결되고 서로를 설득하는 것은 지식을 발전시키는 과정에서 큰 역할을 하며, 이 과정에는 불필요한 자존심, 불신, 비밀주의라는 부수적인 위험도 따른다.

나는 질문으로 사람들을 연결하고 협력해 모두가 함께 더욱 큰 결과를 이룰 수 있도록 노력하고 있었다. 우리가 얻은 결과가 어떻게 합쳐져서 더 큰 결론으로 이어지는지 전체적인 그림을 제안서에 담으려 했다. 그리고 둘 이상의 실험 그룹에 교차 배치될 대학원생과 박사 후 연구원들을 위한 예산을 수립했다. 물론 이것은 시작일 뿐이었다.

제안서의 두 번째 버전을 작성하기 시작했을 때, 시베리아로 현장 연구를 떠날 예정인 사람 하나를 소개받았다. 국립과학재단이 워크숍에 자금을 지원했을 때 쓰고 남은 돈이 약간 있었고 레너드 존슨은 내가 시베리아로 떠나는 데 그 비용을 써도 좋다고 허가해주었다.

황홀했다. 먼저 러시아어 수업을 받았다. 수업은 동사 미래 시제의 한 형태를 배우려는 시점에 끝났는데, 선생님의 설명에 따르면 이 시제는 우리가 실제로 일어나리라고 생각하지 않았던 것을 말할 때 쓴다. 나는 새 배낭을 사고 운동을 해 체력을 비축했으며, 정해진 시간이 되어 혼자 모스크바로 날아갔다.

* * *

우리는 러시아의 광업 및 제련 회사인 노릴스크니켈의 법인 차량을 타고 모스크바의 5차선 너비 순환 도로를 따라 달렸다. 차에는 시베리아 범람현무암에 관해 세계적으로 손꼽히는 전문가인 발레리 페도렌코와 운전기사, 내가 타고 있었다. 앞자리에 타 안전벨트를 매려고 손을 뻗는데 나를 멈추는 손길이 부드럽게 닿았다. 발레리는 조용한 목소리로 러시아에서 안전벨트를 하는 건 운전자에 대한 모욕이라고 속삭이면서 벨트를 한다 해도 몸만 압박될 뿐 더 안전해지지는 않는다고 덧붙였다. 결국 모스크바에 머무는 동안 나는 차를 탈 때 안전벨트를 매지 않았다. 발레리는 주로 탐정 소설을 읽으면서 영어를 배웠다고 말했다. 그리고 운전기사는 한 잡목림을 자랑스럽게 가리키면서 러시아 시골에 자라는, 아름다운 하얀 껍질을 지닌 영혼인 러시아 자작나무라고 알려주었다. 나중에 발레리와 운전기사는 담배를 피우려고 차를 멈춰 세웠고 흡연은 건강에 아주 좋다고 설명했다. 무언가를 '안다'는 건 어떤 걸까? 나는 자문했다.

그들은 나를 중앙에 잔디밭이 있는, 평판이 나빠 보이는 아파트 건물의 경비실에 내려주었다. 경비실은 아파트 건물을 둘러싼 높고 뾰족한 울타리를 중간에 가로막고 서 있었는데 뒤에 알고 보니 건물은 공무원들을 위한 호텔과 회의장이었다. 과두 정치와 오일 머니가 부상하면서 모스크바에 새로 세워지기 시작한 멋진 호텔 같은 곳은 아니었다. 당시는 2006년이었던 데다 이곳은 도시 중심부도 아니었다.

여기서 나는 유일한 외국인이었다. 경비실에 들어가보니 안은 사람이 겨우 지나다닐 정도의 넓이로, 탁상용 금속 탐지기, 책상이 있었고, 반자동 권총을 갖춘 경비원 두 사람으로 꽉 찼다. 그들은 웃지 않았다. 나는 가져온 배낭을 전부 금속 탐지기에 넣고는 안으로 비집고 들어갔다. 경비원들은 내 여권을 명단과 대조했고 배낭을 뒤져 망치와 다목적 공구, 금속을 쪼는 정을 살펴본 뒤 인간미 없는 표정으로 고층 건물 중 하나를 가리켰다.

내 초보적인 러시아어 실력은 이미 도움이 되고 있었다. 러시아에서 다섯 번의 현장 답사를 하는 동안 나는 영어를 할 줄 아는 현장 관계자나 과학자 동료들 말고도 러시아인 몇 명을 마주치곤 했다. 경비원들은 "나 프라보на право"라고 내게 말했는데 이 단어를 발음하는 느낌이 마음에 들었다. '당신 오른쪽으로'라는 뜻이었다. 쏟아지는 러시아어를 대부분 이해하지 못했기 때문에 이렇게 별것 아닌 것을 이해하고도 신이 났다. 다음 날 아침 공항에서 발레리는 내 손에 작별의 입맞춤을 하고 웃으며 내가 그를 위해 가져온 몇 가지 선물을 받아 들었다.

다음으로 북극권에서 두 번째로 큰 도시인 노릴스크로 날아갈 참이었다. 비행기가 이륙할 때 잠이 든 나는 몇 시간 뒤 모스크바 시간으로 새벽 1시 30분에 눈을 떴고, 비행기는 시베리아 상공을 날고 있었다. 승무원들은 영어를 할 줄 아는 동료를 찾았고 그 승무원은 나에게 닭고기, 소고기, 생선 중 어떤 것을 원하는지, 저녁 식사를 언제 하고 싶은지 물었다. 내 좌석 테이블에는 풀 먹인 리넨 천이 깔렸고 승무원들은 사과 주스가 담긴 우아하고 날렵한 잔을 가져다주었다. 저녁 식사는 훌륭했다. 뜨거운 치킨커틀릿, 훈제 흰 살 생선과 연어 한 접시, 콜드미트, 어떤 것과도 비할 수 없을 만큼 아삭하고 풍미가 좋은 러시아 오이가 들어간 샐러드, 신선한 자몽, 키위, 오렌지, 롤, 러시아 호밀 빵 한 조각, 작은 레몬 타르트, 정교하게 포장된 초콜릿, 아주 맛있는 커피가 나왔고, 나중에는 바구니에 담긴 신선한 배도 맛볼 수 있었다. 이런 저녁을 대접받으려니 눈물이 났고, 이 정도의 친절에도 울어버리다니 지금 난 꽤 외롭구나 하는 생각이 들었다.

비행기는 노릴스크에 접근하고 있었다. 승무원 하나가 다가와 정중하지만 단호한 말투로 "시데티сидеть(앉아요)!" 하고 말했다. 나는 그게 누군가가 나를 다시 찾아올 때까지 이동하지 말라는 뜻임을 정확히 이해했다. 비행기가 착륙하자 탑승객들은 모두 줄지어 내렸다. 나는 그대로 앉아 있었다. 이윽고 비행기가 텅 비자 남자 승무원이 다시 와서 나에게 따라오라고 손짓했다. 우리는 계단을 통해 비행기에서 내려 지붕이 없는 러시아 지프에 올랐다. 그는 간단한 영어로 나와 이야기를 나누며 지프를 몰아 터미널을 지나 작은 나무 오두막까지 갔다. 그가 내 여권을 가져가고, 나는 아무것도 없는 책상, 의자 두 개, 러시아 군 포스터가 붙어 있는 방에 혼자 남겨졌다. 나는 기다렸다. 언제부터 긴장해야 하는지 궁금했다.

남자는 이내 돌아와 책상 앞에 앉아 조용히 서류를 작성했다. 그때 누군가 벽 바깥을 두드리며 나를 부르기 시작했다. "미국인,

미국인 계신가요?" 금세 친구가 된 알렉산드르 폴로조프였다. 그는 오두막 밖에서 몸을 숙여 창문에 얼굴을 가까이 가져다 댔다. "린다, 린다인가요?" 폴로조프가 물었고 나는 얼른 대답했다. "네!"

그러다 마침내 공항 터미널에서 오슬로대학교 교수이자 퇴적암과 범람현무암 간의 상호 작용에 대한 전문가인 스베레 플란케를 만났다. 나를 이 여행에 초대한 사람이었다. 그가 낯선 사람을 자기 그룹에 기꺼이 초대했다니 신기한 일이었다. 그의 제안은 나에게 큰 행운이었다. 나중에 스베르에게 어떻게 날 여기에 초대할 수 있었는지 묻자 이런 답변이 돌아왔다. "누구도 노릴스크를 혼자 여행하게 두고 싶지 않았어요. 그리고 만약 당신이 힘들어하는 것 같으면 어차피 우리가 그냥 집으로 보냈을 겁니다." 발레리와 스베레, 그리고 오슬로에서 온 헨리크 스벤센의 친절은 내 인생을 바꿨다. 피구를 할 때처럼 과학에서도 팀을 잘 만나는 게 가장 중요하다.

다음 날 아침, 우리는 택시를 타고 시내를 가로질러 노릴스크 니켈 본사에 도착했다. 웅장한 고층 건물이 늘어선 시내 중심가는 깨끗하고 인상적이었다. 비록 한 블록만 더 가도 낡은 건물이 나오고 그 주변 도로를 따라 러시아 전역에서 볼 수 있는 투박한 콘크리트 아파트들이 이어지지만. 건물들 중에는 지어지던 중 영구 동토대에서 기초가 무너지면서 기울어진 채 방치된 것들도 있었다. 건물 한 측면은 어두운 금속 띠 모양 장식이 뒤덮고 있었는데 노릴스크의 외딴 굴라크에서 사망한 수감자들을 추모하는 내용이었다. 수감자들은 마을을 건설했다. 우리가 듣기로 이 굴라크 운영자들은 지질학 전문 지식이 있는 사람들을 고된 노동보다는 탐사 작업에 배치해 이들의 생명을 구하려 했다고 한다. 누더기를 걸친 수감자들은 순록과 함께 지역을 탐사하며 시베리아의 광대한 광물 자원의 일부를 발견해 분류했다. 그리고 암석층 아래에 무엇이 있는지 탐색하기 위해 곡괭이로 이끼를 파고 영구 동토대를 부수는 작업이 이어졌다.

상상하기 힘들 만큼 부피가 큰 마그마가 시베리아 지각에 관입해 기존 암석과 반응하기 시작했을 때, 마그마 일부는 상당량의 유황과 섞여서 귀금속이 풍부하게 섞인 독특한 광물을 만들어냈다. 열과 거대한 부피의 마그마, 지각을 이루는 암석이 연금술처럼 함께 작용해 지구 역사상 유례가 없는 환경 재앙을 자아냈을 뿐 아니라 그 재앙만큼이나 유례없는 양의 환경 자원이 있는 광산을 만들었다. 노릴스크니켈의 드릴 코어* 보관 담당자의 사무실에서 우리는 코냑과 초콜릿을 먹었다. 그는 우리에게 시베리아에서 작업하는 지질학자들의 모토가 '징얼거리지 않기'라고 했다. 우리는 광석을 채굴해 석탄으로 제련하는 거대한 건물들을 멀찍이서 볼 수 있었다.

그날 밤 노릴스크니켈에서 일하는 시베리아 출신 지질학자

* 퇴적물이나 암석을 특수 드릴로 뚫은 다음 그 안에 남은 원통형의 샘플.

빅토르 라드코가 우리를 집에 초대했다. 콘크리트로 지어진 빅토르의 아파트에 가는 길, 우리는 북극 백야의 태양 아래서 수평 방향으로 빛을 내는 탐조등을 지나 마을을 거닐었다. 우리는 낡아서 더 친근한 느낌을 자아내는, 아무 장식 없이 실용적인 계단을 걸어 올랐고, 이중으로 된 강철 현관문을 통과한 다음 소켓에 꽂힌 금속 지렛대로 문을 걸어 잠갔다. 알렉산드르는 이 지역에서는 보통 이렇게 한다고 말했다. 나는 이런 장소에서 끝없이 이어지는 북극의 겨울밤을 보내는 건 어떤 기분일지 궁금했다.

키가 크고 마르고 힘이 센, 전형적인 현장 지질학자였던 빅토르는 따뜻한 환영의 미소로 나를 맞았다. 나는 그에게 짧지만 진심 어린 러시아어 인사를 건넸고 그는 비슷하게 짧은 영어로 친절하게 답했다. 우리는 감자, 닭고기, 오이, 양배추 샐러드, 훈제 생선, 빵, 와인이 차려진 멋진 저녁을 먹으면서 지질학에 관해 이야기했다. 빅토르는 매년 여름 몇 달 동안 시베리아 전역을 돌며 혼자 현장 조사를 한다고 말했다.

나는 현장에서 가장 위험한 것이 무엇인지 물었다. 빅토르는 말코손바닥사슴이 덩치 큰 불곰보다 훨씬 위험하다고 답했다. 또 무엇을 준비해 가는지 묻자 빅토르는 텐트, 총, 낚싯대(조사를 하는 몇 달 동안 현장으로 식량을 받지 못해 직접 구해야 하기 때문이다), 고양이라고 대답했다. "고양이라고요?" 잘못 들었다고 생각했다. "그래요, 러시아 지질학자들은 가끔 현장에 고양이를 데리고 가요. 미국 학자들이 이따금 개를 데리고 가는 것처럼요." 빅토르가 말했다. 그는 광활한 툰드라를 배경으로 커다란 회색 고양이를 품에 안은 자기 사진을 보여주었다.

빅토르는 나에게 선물을 하나 주었다. 시베리아 용암을 다듬어 만든 작은 보석 상자였는데, 이 용암은 지하로 흐르는 뜨거운 물에 오랜 세월에 걸쳐 변형되어 짙은 녹색 무늬 암석인 사문석이 되었다. 나는 이어지는 거친 온갖 모험 속에서도 그 상자를 소중하게 챙겨 집까지 가져갔다.

빅토르는 우리에게 특별한 아르메니아산 코냑과 검은 러시아 빵을 내주었다. 나는 러시아어로 '당신의 건강을 위해'라고 건배하려 했지만, 그 대신 빅토르는 우리에게 제대로 된 건배사를 가르쳐주었다. 알렉산드르의 통역에 따르면 그 건배사는 이런 뜻이었다. '한 손에는 코냑 잔을 들고 다른 손에는 묵직하고 향기로운 검은 빵을 들어요. 몸에서 숨이 다 빠질 때까지 내쉰 다음 코냑을 맛봐요! 곧바로 빵을 코와 입에 가까이 대고, 숨을 들이쉬며 코냑을 마시고 빵 냄새를 맡으며 어머니 러시아를 생각하세요.'

노릴스크에서 수십 마일 반경 안에 있는 타이가 침엽수림은 석탄 제련소에서 나오는 연기 때문에 죽고 말았다. 구불구불한 산비탈에는 오래된 전나무들이 회색 해골처럼 흩어져 서 있었다. 그날 나는 처음으로 긴 시간 동안 시베리아 풍경을 마주했다. 물론 그로부터 일주일 뒤에 미-8 헬리콥터의 둥근 창 너머로 그 풍경을 다시 보았지만. 군인을 수송하는 이 큰 헬리콥터에서 나는 안전벨트를 푼 채 창밖으로 몸을 내밀었다. 멀찍이 희미하게 푸르스름한 시베리아 타이가 침엽수림이 드넓게 펼쳐졌고 숲 사이로 늪과 강이 보였다. 러시아 북부의 작고 단단한 나무들이 선 지대는 너무 광활해서 약간 무서울 정도였다.

이 황무지는 지나치리만큼 넓어서 내가 알던 지구 같지 않았다. 끝없는 늪지대와 구불구불한 강, 여기저기 흩어진 낙엽송은 먼 과거의 용암을 완전히 뒤덮었다. 늪과 바위를 깎아내리며 흐르는 강만이 암석으로 덮인 과거의 풍경을 드러냈다. 우리는 몇 주에 걸쳐 헬리콥터를 타고 약 965킬로미터를 여행했는데 바위가 강물에 덮이지 않고 노출된 곳은 하나뿐이었다. 암석을 관찰하고 샘플을 채집하려면 이 강에 직접 가야 했다.

나는 만약 연구 자금이 지원된다면 용암에 덮이기 이전, 재와 가스의 분출로 생겨난 암석을 찾고 싶었다. 이런 초기 폭발은 기후를 변화시키는 기체를 대기 중으로 높이 내뿜어 지구 전체에 영향을 끼칠 수 있었다. 하지만 그 바위들은 거의 신화 속 존재와 같아서 지금껏 그것을 직접 봤다는 사람을 만난 적이 없었다. 비록 그 지형이 대축척 지질도상 남쪽으로 멀리 떨어진 곳에 표기되기는 했지만 말이다. 이제 곧 그 근처로 갈 예정이라 기대가 컸다.

우리는 브라츠크 남부에 도착해 식량을 사러 갔고, 헬리콥터가 우리를 다음 장소에 데려가주기를 기다렸다. 그동안 나는 현장 수첩에 새로 배운 러시아어 낱말을 적었다. '기다리다, 캠프로, 비, 비가 온다, 좋아요, 동의해요, 가방, 상자, 더 큰, 더 강한,

테이프, 들고 다니다, 미안하다' 같은 단어였다.

헬리콥터를 타고 공중으로 가볍게 떠오를 때 나는 강렬한 기쁨과 스릴을 느꼈다. 롤러코스터처럼 빠른 속도와, 우주로 뭔가를 실어 나르는 로켓 같은 굉음이 주는 감정이다. 헬리콥터는 정말 마법 같았다. 그렇게 한 시간이 흐르고 구불구불한 강과 숲, 늪지대의 풍경을 지나 우리는 낮은 회색 하늘 아래 야생화 초원에 내려앉았다. 관리가 안 된 목조 건물 몇 채가 서 있었다. 헬리콥터가 우리를 두고 떠나자 사방이 쥐 죽은 듯 고요해졌다.

그곳은 풀과 야생화가 무성해서 텐트를 치기가 어려웠다. 그래도 헨리크가 꾀를 내어 도구를 만들었다. 그는 편평한 판자 위에 서서 양 끝에 밧줄을 묶어 두 손에 하나씩 쥐었다. 그런 다음 판자와 함께 발을 앞으로 차면서 밧줄을 잡아당겼고, 한쪽 발씩 번갈아 가며 뒤뚱뒤뚱 나아가 판자로 풀을 납작하게 눌렀다. 그렇게 우리는 드넓은 야생화 초원에서 텐트를 칠 작은 공터를 만들었다.

근방 창고에 보관되었던 암석 코어 상자를 옮길 자리를 만들기 위해 우리는 가랑비가 내려 찬 기운에 뻣뻣하게 굳은 손으로 어린 가지들을 베었다. 자원이 묻혔을 것이라 예상되는 암반층 위에서 단단한 암석을 원통형으로 뚫으면 그 시추물은 나무 상자에 보관된다. 부엌 서랍과 비슷한 모양의 상자들은 시추한 코어 절편을 글자가 늘어선 책의 본문처럼 깔끔하게 줄지어 보관한다. 한 코어의 상단 끝은 옆에 놓인 이전의 다른 코어 바닥과 연결되는 것이다. 이런 식으로 수백 미터에 달하는 암석 코어가 추출되고, 이 상자들은 지구에 대한 도서관 그 자체가 되어 거대한 창고 속 튼튼한 선반에 보관되었다. 오랜 노력의 결과인 이 수천 개의 상자에는 시베리아 중부의 이끼와 가문비나무 아래에 자리한 암석층에 대한, 그 어떤 것과도 대체할 수 없는 귀한 정보가 담겨 있다. 스베레와 헨리크는 자료를 읽고 코어를 채굴한 암석층이 어느 것이었는지, 그들의 작업에 어떤 표본이 필요한지 정확히 알아냈다.

몇 년 전에는 자기력계라는 기기로 이곳 타이가 숲에 강한 자기적 특징이 있다는 사실을 알아내기도 했다. 아마도 두툼한 나무와 이끼, 늪지 아래에 자리한 커다란 철광상 때문이었을 것이다. 이후 한 연구 팀이 이곳에 와서 나무를 자르고 그 목재로 숙소와 실험실, 수많은 코어 상자를 보관할 창고를 만들었다. 이들은 코어를 채굴해 분석했고, 코어 상자를 창고에 쌓아 두었다. 몇 년이 지난 지금 우리가 이곳에 왔다. 시베리아 근처에는 이렇게 연구 뒤에 버려진 지대가 여럿이었다. 2006년에만 해도 건물에 남아 있던 엄청난 양의 코어를 살펴볼 수 있었다. 하지만 이곳은 2010년부터 지뢰로 폭파될 예정이었기 때문에 내가 여기서 묘사하는 모든 것은 아마 지금은 사라졌을 것이다.

우리는 납작하게 눌린 초원의 풀과 꽃 위에 상자들을 내려놓았다. 풀이 꺾이면서 나온 즙에서 싱그러운 냄새가 풍겼다. 우리는 흥미로워 보이는 암석층을 골라 현장 수첩에 기록한 다음, 그것을 비닐로 포장해 라벨을 붙였다.

그때 머리에 밝은 색 반다나를 두른 러시아 남자 하나가 불쑥 숲에서 나와 우리 일행에게 다가왔다. 그는 나를 흘긋 쳐다보더니 의도적으로 못 본 척했다. 내가 작업 현장에서 흔히 보아 온 태도였다. 여성은 남성에 속한 존재라는 관념 때문에 현장의 다른 남성들에게 긴장을 일으키지 않기 위해 나를 보지 않는 것이다. 이런 순간이면 나는 작은 존재로 전락하는 듯했고 하나의 인간이라기보다는 섹스 심벌이 된 기분이었다. 이 남자는 자기는 산딸기를 따는 중이었다며 우리가 무엇을 하는 건지 궁금해했다. 일행과 짧게 대화를 나눈 뒤 남자는 금니가 번쩍이도록 웃으며 다시 숲속으로 사라졌다.

이윽고 기온이 떨어지며 저녁을 먹을 시간이었다. 알렉산드르와 헨리크는 불을 피웠고, 우리는 텐트를 친 다음 불 주변에 둘러앉았다. 알렉산드르는 까치밥나무 잎으로 차를 끓였다. 우리는 요리를 했고, 식사를 마친 뒤에 나는 설거지를 하자고 제안했다. 알렉산드르는 나 혼자서는 1인분을 할 수 없다는 깊이 뿌리박힌 기사도적 믿음으로 나를 강가로 데려갔다. 그리고 마치 초보 야영자를 돕는 것처럼, 고운 모래로 그릇 닦는 법을 친절하게 가르쳐주었다. 알렉산드르를 비롯해 함께 현장에 나갔던 러시아 남자들은 흠잡을 데 없이 예의 바르고 친절했지만 내가 음식 말고는 다른 것을 만들거나 운반하게 놔두지 않았다. 미국이나 유럽 친구들과 함께 있을 때는 이런 문제가 없었다. 스베레는 내가 내 짐을 들고, 코어 상자를 나르고, 텐트를 직접 치게 두었다. 하지만 러시아인들에게 나는 다른 종류의 사람이었다.

곧 눈이 내리기 시작했다. 우리는 난롯가에 둘러앉아 누군가가 가져온 보드카를 홀짝이며 웃고 떠들었다. 그때야 내가 나 자신으로 돌아온 느낌이었다. 하지만 동시에 러시아에서 내가 나 자신인 동시에 여성일 수는 없다고 느꼈다. 나는 미니스커트와 하이힐 차림의 모스크바 여성들과도 많이 달랐고, 스카프를 두른 시베리아 마을의 상점 주인들과도 달랐기 때문에 종종 스스로 제3의 성이라고 느꼈다.

그렇지만 적어도 오늘 밤 우리는 한 팀이었다. 앞으로 몇 달 안에 우리는 제안서를 다시 작성하고, 이번에는 지원금을 따낼 것이다. 이제 우리에게는 표본이 있다. 나는 마음이 편해졌다. 표본은 다음 날 헬리콥터에 실어 보낼 예정이었다.

* * *

우리는 2008년에 공식적으로 연구 자금을 지원받아 다시 러시아로 향했다. 암석이 형성된 연대를 알아낼 지질연대학자 샘, 지구의 유체 역학을 비롯해 범람현무암이 맨틀에서 어떻게 생성되는지를 연구하는 지구물리학자 브래드, 그리고 화성암을 연구해 마그마의 조성과 형성 과정을 알아내는 암석학자인 나와 벤이 함께했다.

벤 블랙은 그해 초여름에 우리의 시베리아 프로젝트에 참여해 박사 학위를 받고자 MIT에 왔다. 공식적으로는 9월부터 투입될 예정이었지만 벤은 2008년 7월에 시작된 우리의 첫 현장 탐사에도 함께하고 싶어 했다. 나는 잘 모르는 사람과 외딴 곳에 동행하는 게 걱정됐다. 북위 70도 위쪽 시베리아 중앙, 코투이강 너머인 이곳은 사람이 사는 지역에서 수백 킬로미터는 떨어져 있었다. 나는 벤에게 절대 징얼거리며 불평하지 말라고 못 박았고 벤은 절대 그러지 않겠다고 약속했다.

이번 연구에서는 세 가지 조사를 해야 했다. 먼저 연속된 화산 전체에 대해 매우 정밀한 분화 시간표를 작성할 것이다. 이를 통해 분화가 언제 시작되고 언제 끝났는지를 정확하게 보여줄 것이다. 그런 다음 용암에 의해 가열되거나 용암과 함께 반응한 지각의 암석층이라든지 마그마 자체에서 나온 휘발성 기체의 양을 알아낼 것이다. 이 연구로 대기로 방출된 기체의 양과 종류에 관한 질문에 답을 얻을 수 있을 것이다. 마지막으로 이 연대표와 암석의 조성을 분석해 이러한 휘발성 기체가 방출되어 기후에 어떤 결과를 일으켰는지 모델링할 것이다. 여기에는 6개국에서 온 과학자 28명이 참여했다. 이들은 실험, 현장 연구, 시뮬레이션, 암석 연대 측정, 대기 화학, 기후 변화, 퇴적 지질학, 분화 역학 분야의 전문가였다.

마침내 떠날 시간이 되었다. 보스턴에서 오래 비행하고 모스크바의 관료 호텔에서 짧은 밤을 보낸 뒤, 우리는 브누코보국제

공항으로 가 비행기를 타고 시베리아 중북부의 작은 마을인 하탄가로 향했다(비행 중에 좌석이 바닥에 고정되지 않은 것을 알고 놀랐다). 우리는 새로운 두 동료에 대해 알아 가고 있었다. 모스크바에 있는 매우 권위 있는 러시아과학아카데미 슈미트지구물리학연구소의 블라디미르 파블로프(볼로디아)와, 모스크바국립대학교수가 될 예정이었던 로만 베셀로프스키(로마)다. 이들은 적어도 앞으로 5년은 동료이자 협력자로 함께할 것이었다. 그때까지 내가 그들에 대해 알고 있는 사실은 그들이 진지하고 근엄하다는 것뿐이었는데 그것은 러시아에서는 중요한 찬사였다.

그날 우리는 자갈과 석탄 먼지가 깔린 도로를 따라 공놀이 정도 할 수 있을 작은 공터를 지나, '지올로지스트(지질학자)호텔'이라는 길고 낮은 목조 건물로 차를 몰았다. 과학자들은 현장으로 향하거나 돌아오는 교통편을 기다리는 동안 이곳에 머물렀다. 이 건물에는 혹독한 겨울 추위를 견딜 수 있게 현관이 작게 나 있었고, 하나의 긴 복도를 사이에 두고 여러 침실이 자리했으며 기본적인 물품이 갖춰진 욕실 두어 곳, 요리할 수 있는 부엌이 있었다. 하지만 직원도 없고 물이 얼 만큼 추워서 실내에서도 코트를 걸치고 있어야 했다. 운이 나쁘게도 우리가 도착하기 바로 전에 다른 팀이 먼저 와서 헬리콥터를 타고 갔기 때문에 우리는 한동안 여기 머물렀다. 현장에 가려면 하루나 이틀은 더 걸릴 듯했다.

다음 날 로마와 볼로디아는 연구 팀의 체류 허가를 받기 위해 비밀 심부름을 갔다. 우리는 상황을 이해할 수는 없었지만 최대한 인내심을 발휘하여 몸을 낮추고 기다렸다. 이런 상황은 가끔 발생했다. 러시아에서 여러 해 동안 현장 작업을 하며 결코 피할 수 없는 일이었다. 우리 미국인들이 어쩔 수 없는 일(등록, 허가, 협상)도 있었고 우리가 멀리해야 하는 일(정보 요원이나 뇌물 관련한)도 있었다.

시간을 보내기 위해 나머지 사람들은 아마도 여전히 사용 중일 테지만 일부가 허물어진 건물들을 지나 강가 절벽에 서서, 폭 402킬로미터의 늪으로 이루어진 타이미르반도와 그 너머 카라해까지, 그리고 거기서 마지막으로 발견된 북극의 섬인 세베르나야제믈랴제도를 바라보았다. 1913년이 되어서야 서구인은 이 섬들을 찾아냈다. 찬바람이 불어 머리카락이 날리는 바람에 나는 니트 모자를 썼다. 우리는 황량하디황량한 곳에 있었다. 지금으로부터 2억 5200만 년 전, 육지가 조금 더 따뜻한 것 말고는 지금과 크게 다르지 않았을 무렵, 갈라진 틈새가 이 광활한 땅을 가로지르고 있었다. 그 틈새는 우리가 서 있던 곳보다 약간 더 북쪽에서 시작해 남쪽으로는 여기서 거의 1600킬로미터나 떨어져 있던 바이칼호에 이르렀다.

처음에는 이 틈새에서 과열된 기체와 유체에 의해 움직이는 재와 타오르는 마그마의 둥근 덩어리가 분수처럼 폭발했지만, 시간이 지나면서 폭발은 점차 잔잔해져 케이크 반죽처럼 잔물결이 일며 흐르게 되었다. 이러한 폭발은 100만 년 이상 멈췄다 이어졌다 했다. 시베리아에는 동쪽의 레나강에서 서쪽의 우랄산맥에

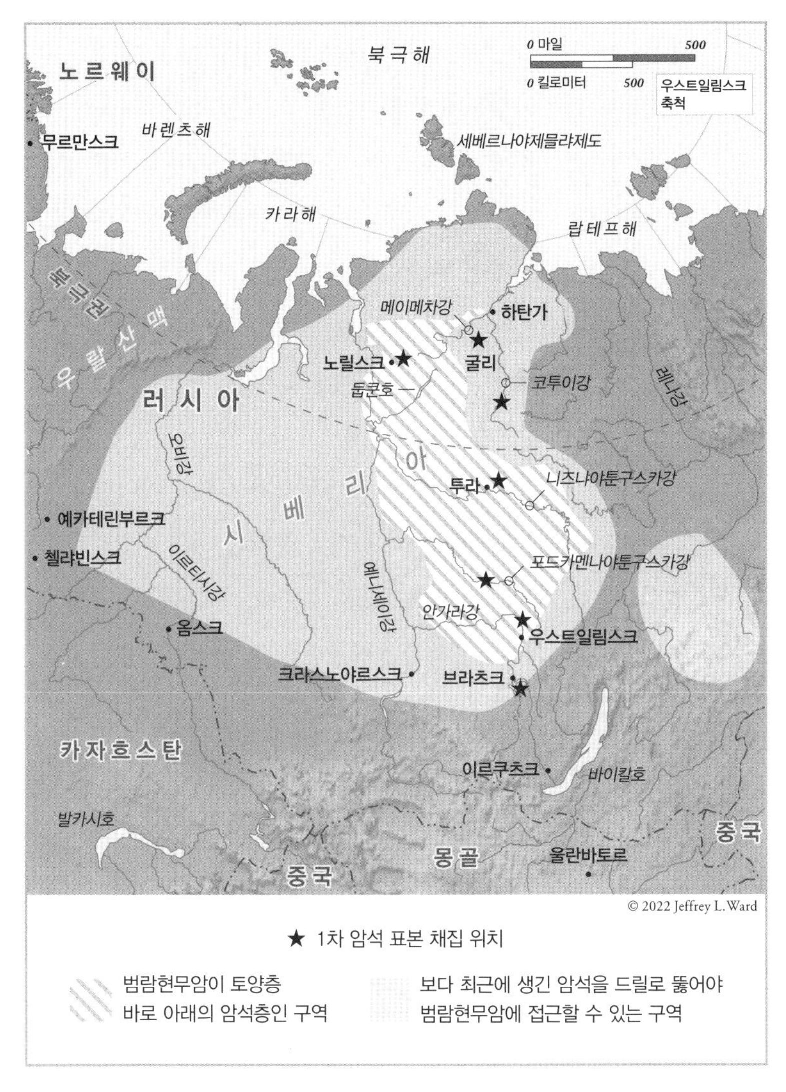

2006년부터 2012년까지 현장 탐사가 이루어진 시베리아 인근 지도

이르기까지, 그리고 우리가 서 있는 타이미르반도의 가장자리에서 남쪽으로는 거의 바이칼호에 이르기까지, 두터운 곳은 깊이가 7킬로미터나 되는 용암층이 쌓였다.

폭발이 일어났을 때, 시베리아는 수천만 년 동안 썩고 빽빽하게 층층이 쌓인 식물 층에서 엄청난 양의 석탄을 막 축적한 참이었다. 석탄 아래에는 훨씬 더 오래된 내해가 마르면서 형성된, 길이가 20킬로미터나 되는 바위가 있었는데 여기서 석회암, 암염, 석고, 그리고 말라붙은 바다에 마지막으로 남은 지각층, 플루오린과 브롬을 가득 함유한 간수가 만들어진다.

이런 자연적인 암석의 변화는 결국 엄청난 결과로 이어진다. 마그마와 함께 가열되면서, 암석은 더워서 땀을 내듯 이산화탄소, 일산화탄소, 메탄, 이산화황, 할로겐화탄소 기체를 대기 중에 방출한다. 할로겐화탄소는 오늘날 에어컨을 계속 가동할 때 나오는, 오존층을 파괴하는 성분인 클로로플루오로카본을 포함하는 화학 물질의 한 종류이다. 오존층이 파괴되어 사라지면 모든 생명체가 자외선을 쬐게 되며, 이산화탄소가 일으키는 온실 효과로 지표면의 열을 붙잡아 지구의 기온이 치솟았을 것이다.

이런 분석의 일부 내용은 아직 확실하지 않아서 암석을 살펴보지 않고는 증명할 수 없었다. 벤과 나는 감람석을 함유한 용암을 찾고 있었다. 감람석은 마그마가 식기 시작하면서 결정이 되는 첫 번째 광물이다. 결정화하는 과정에서 감람석은 내부에 마그마의 작은 방울을 가둔다. 용해 함유물melt inclusion이라고 불리는 이 방울은 남은 용암과 함께 감람석 결정이 분출하는 동안 얼어붙은 채로 남는다. 벤과 나는 그 녹은 포획물의 성분을 측정해서 마그마가 폭발하기 전의 원래 조성을 알아볼 계획이었다. 마그마가 폭발하면서 페름기의 대기 중에는 기후를 변화시키는 온갖 기체가 방출되었을 것이다. 이때 어떤 기체가 방출되었는지 알 수 있는 유일한 방법은 과거의 타임캡슐인 마그마 분출 전의 조그만 용해 함유물을 찾는 것이었다.

하지만 어디를 살펴야 할까? 온통 늪과 숲으로 덮인 이곳에서 어떤 암석층이 이야기를 들려줄지 어떻게 알 수 있을까? 우리에게는 상세한 지질학적 기반암 지도가 있었다. 이 지도는 마치 마법사의 수정 구슬처럼 늪과 강 아래에 어떤 암석이 있는지 알려줬다. 20세기 중반에는 100만 명에 달하는 소련인이 시베리아의 지질학적 자산을 지도로 제작하는 여름철 탐사에 동원되었다. 지질학자들의 날인 4월 1일이면 선발대는 눈이 녹으면 뒤따라올 현장 지질학자들을 위해 식량과 장비 저장고를 준비하려 봄눈을 밟으며 동쪽으로 행진했다. 처음에는 순록이 끄는 마차를 이용했지만 나중에는 무한궤도식 바퀴가 달린 기계식 열차가 눈 속을 달렸다. 오늘날에는 그들이 채굴한 무수한 드릴 코어와 꼼꼼하게 제작한 현장 지도에서 얻는 정보를 이용해 끝없이 가설을 세울 수 있게 되었다. 끝에 도달할 수 없을 만큼 광활한 땅, 늪지대, 곤충 같은 시베리아의 환경 때문에 결의 넘치는 러시아인이 아닌 다른 사람들은 이곳에서 추가 조사를 수행할 수 없었다.

우리는 마을 주변을 다니며 주민들에게 눈인사를 보냈지만 그들은 시선을 피했다. 야생 시베리안허스키 한 무리가 잡초가 무성한 공터를 쏜살같이 지나갔는데 그중 한 마리는 다리가 부러져 꼴이 말이 아니었다. 많은 집이 앞쪽 방에 상점을 꾸렸는데 계산대 뒤에 물건 선반이 있고 근엄하지만 친절한 가게 주인이 서 있었다. 우리는 초보적인 러시아어로 초콜릿과, 가락지 모양의 바삭바삭한 빵인 수시카를 샀다. 특별한 목적으로 지어진 듯 보이는 건물의 한 상점에는 습하고 어두운 로비가 있었는데 살이 썩는 냄새가 강하게 퍼져 구역질이 날 정도여서, 그 공간에 불이 환하게 켜져 있지 않은 게 고마울 뿐이었다. 마을은 조용했고 구름이 낮게 깔려 가끔 차가운 소나기가 내렸다. 아직 헬리콥터는 도착하지 않았다. 볼로디아는 우리에게 갓 구운 피로시키를 가져다주고는 맛있었으면 좋겠다며 하나를 맛보았다. 하지만 이내 고개를 저으며 "먹을 수는 있지만 맛있게 먹지는 못할 것 같네요"라고 말했다.

그래도 얼마 있으면 강으로 떠나리라는 생각에 전기가 흐르는 것처럼 짜릿한 기쁨과 기대를 품었다.

마침내 헬리콥터가 준비되었다. 내 얼굴에는 숨길 수 없는 미소가 떠올랐고 참으려 해도 입가가 계속 올라갔다. 평소에 잘 웃지 않는 러시아인들은 분명 나를 바보라고 생각했을 것이다. 이제 시베리아의 황야에 떨어지게 될 순간이었다. 나는 벤도 나처럼 바보같이 웃고 있는 모습을 보며 약간 친밀감을 느꼈다.

연구 팀은 폭이 넓고 차가운 코투이강을 따라 하류로 날아갔다. 앞으로 곧 노를 저어 나아갈 강이었다. 우리는 헬리콥터의 벽면을 따라 등받이나 벨트도 없이 이어진 의자에 앉았고 헬리콥터와 우리 사이의 공간에 짐을 쌓아 두었다. 동료들의 표정을 보니 지난 탐사 경험을 되새기는 듯했다. 현장 경험이 풍부하고 러시아에도 여러 번 왔던 샘은 그동안 러시아 교통편에서 사망에 이를 뻔한 사고를 겪었던 만큼 심각하게 굳은 표정이었다. 캐나다 북극에서 오랜 기간 카누를 타 왔다는 브래드는 걱정을 내비치기는 했지만 흥분을 감추지 못했다. 반면에 작업을 기록할 카메라맨인 스코티는, 원체 느긋한 사람이기도 했지만 우리 중에서 모험이나 탐험을 가장 많이 경험했던 터라 행복하고 안정된 모습이었다.

하늘에서 내려다보니 강 양쪽 기슭에 거대한 파인 흔적이 뚜렷했다. 강의 물줄기로부터 10미터에서 20미터에 이르기까지 얼음이 모든 초목과 바위를 싹 긁어내 매년 봄마다 바다로 흘려보내는 곳이었다. 순록 한 무리가 콧대를 높이 세우고 산등성이를 가로질러 쏜살같이 달려갔다. 헬리콥터는 코투이강과 합쳐지는 보다 작은 강인 쿤룬강의 합류점을 향해 하강하기 시작했다. 우리는 캄브리아기에 형성된 흰색 석회암 위로 우르르 내려 서둘러 짐을 내렸고, 헬리콥터는 우리를 남기고 떠났다.

드디어 도착했다. 나는 여기서 멸종에 관해 알려줄 핵심적인 암석을 발견하게 될 거라고 확신했다. 그러나 이곳은 문명과 멀리 떨어져서, 혹시 잘못되어도 구조되리라고는 확신할 수 없는 장소였다. 설사 위성 전화를 사용한다고 해도 하탄가에 있는 헬리콥터가 정상적으로 운행되지 못해 지금 우리가 있는 고원에 도착하기 힘들 수도 있었다. 혹독한 날씨로 비행이 불가능할 수도 있기 때문이었다. 여기서 사고를 당하거나 아프거나 곰의 공격을 받으면 치명적이었다. 그런 상황이 벌어진다면 인생 처음으로, 편하게 911로 전화하거나, 의사를 부르거나, 소리쳐 도움을 요청할 수 없었다. 그건 정말 기이한 일이었다.

물살이 세고 차가운 코투이강을 따라 북쪽으로 배를 타고 나아가면서, 우리는 지질학적 연대를 거슬러 위로 올라가게 될 것이다. 이 지역 암석층의 기울기 때문이다. 이곳에서는 암석층이 선반에 꽂힌 책처럼 강가에서 비스듬히 무너져 내렸다. 한 층씩 올라갈수록 지질학적 연대를 거슬러 오르는 셈이었다. 이렇게 강을 거슬러 전체 퉁구스카강의 전체 배열을 따라 올라가게 되고, 마침내 범람현무암과 마주하게 될 것이다.

다음 날은 날씨가 아주 맑았다. 극제비갈매기들은 뫼비우스 띠를 그리며 공중을 비행하거나 강 위에서 호를 그리며 날았다. 벤과 나는 마그마가 퇴적암 안으로 밀려 들어가면서 용암이 폭발해 만들어진 이 지역 특유의 암석층을 살펴보고 싶었다. 용해 함유물과 함께 광물을 운반하는 용암도 우리의 관심사였다. 특히 우리는 잔잔하게 흐른 용암류lava flow 흔적(상대적으로 흔했다)보다 화산처럼 폭발하며 생성된 화산쇄설물을 찾고 있었다. 샘은 지르콘이라는 광물이 든 암석을 찾고 있었다. 이곳에서 폭발이 일어난 시점을 알아낼 실마리가 되는 암석이었다. 로마와 대학원생인 아냐 페티소바는 절벽 속 암석층의 원래 방향이 정밀하게 기록된 작은 용암 조각을 수집하고자 이곳에 왔다. 이곳에 얼음이 얼 때부터 지구 자기장의 방향과 강도가 어떻게 바뀌었는지 알아내기 위해서였다. 카메라맨인 스코티와 존은 이 모든 연구 과정을 촬영했다.

벤과 나는 샘플에 어떻게 기호를 붙일지 빠르게 정했다. 일단 기호는 모두 K08로 시작했는데, 우리가 2008년에 코투이Kotuy 강에서 발견한 샘플이라는 걸 뜻했다. 암석이 외부로 직접 노출된 부분인 노두 각각에는 1부터 시작해 순서대로 번호를 붙였고, 각 샘플에는 소수점을 찍고 번호를 매겼다. 그해 첫 번째 표본은 K08-1이었는데 우리가 첫 번째로 설치한 캠프에서 얻은 캄브리아기의 석회암 조각이었다. 우리는 조각에 테이프를 감은 뒤 테이프 위에 펜으로 샘플 번호를 적은 다음, 비닐 재질의 샘플 주머니에 넣고 테이프로 봉했으며 그 테이프 위에도 샘플 번호를 적었다. 그런 다음 방수 노트에 샘플 번호를 비롯해 각각의 샘플과 노두에 대한 설명, 간단한 노두 스케치를 추가하고 그 장소의 정확한 위도와 경도를 적어 넣었다. 샘플 정리 작업은 시간이 걸렸고 탐사가 길게 이어지면서 우리의 짐은 점점 무거워졌다. 탐사가 끝날 즈음 벤과 나는 샘플 155개를 수집했는데 전체 무게는 180킬로그램에 달했다.

가파른 강기슭에서는 산사태 흔적이 더 많이 관찰되었다. 그날 밤, 낮부터 녹던 영구 동토대가 마침내 무너져, 다 자란 나무와 거대한 바위가 절벽 꼭대기에서 강으로 떨어지는 순간 귀청이 터질 듯한 충돌 소리를 들었다. 그래서 우리는 강둑이 무너지지 않도록 얕은 강 안쪽에서 자기로 했다.

나는 그 첫날, 시간이 가는 줄도 모르고 표본을 찾는 데 빠져 있었다. 열 시간에 걸친 탐색과 수집이 끝난 뒤에야 우리는 야영지를 찾기 시작했다. 밤낮으로 하루 종일 해가 떠 있었기 때문에 일정을 어떻게 짤지는 우리 손에 달려 있었다. 그때 우리는 다들 피곤하고 배고팠다. 로마와 나는 어디에 자리를 잡을지 살펴보러 다녔다. 그러다 해변처럼 보이는 곳을 발견했다. 땅 구석구석 물이 스몄다. 자갈이 깔린 위쪽 물가에서는 주변 습지대에서 온 물이 거품을 일며 작게 솟았고, 꼭대기 바위층 아래의 틈새로도 물이 흘렀다. 여기서 자다가는 몸이 흠뻑 젖어 결국 꽁꽁 얼 것이다. 시베리아의 밤은 추웠고, 나는 잘 때면 두툼한 침낭 안에서도 두건을 올려 얼굴을 감싼 채 아래위 긴 속옷과 양털 수면 양말, 스웨터, 털모자까지 착용했다. 가끔은 여기에 더 껴입기도 했다. 야영지를 잡으려 강의 다음 굽이를 찾으려면 몇 킬로미터나 더 가야 했다. 그러나 물을 피해 가파른 절벽과 철조망 같은 덤불이 이어지는 데서 텐트를 치는 것은 불가능했다. 우리는 선택의 여지가 없었고, 다시 움직였다.

겨우 적당한 장소를 찾아 다들 텐트를 치고 저녁을 만들기 시작했다. 러시아인들은 강에서 곧장 물을 떠 마셨고 미국인들은 주저하며 물을 정수기에 여과했다. 결국 러시아인 동료들의 압력에 굴복해 물을 그대로 마시기 시작했지만. 로마는 강물에 떠 가는 나뭇가지를 건져다가 불을 피웠다. 우리는 돌 위에 냄비를 올리고 물을 끓여 케첩과 통조림 완두콩, 옥수수, 고기를 섞은 마카로니를 만들었다(쌀이나 메밀로 요리를 하기도 했다). 그런 다음 불 주변에 둘러앉아 음식을 먹었다. 비록 뚜껑 안쪽의 혐기성 곰팡이가 신경 쓰이기는 했지만 달콤한 연유를 넣은 차와 딱딱한 쿠키 몇 조각을 먹기도 했다. 하지만 분위기는 즐겁다기보다 조용했다.

일단 따뜻한 저녁을 먹고 나면 보통의 대화를 할 수 있었다. 나는 조금 민망해하면서 로마에게 점심은 어떻게 할 것인지 물었다. 그러자 로마는 "점심이라니요?" 하고 되물을 뿐이었다. 확실히 작업하는 동안 점심을 먹은 적은 없었다. 스케줄에 따르면 푹 자고 일어나 따뜻한 아침을 먹고 열 시간에서 열두 시간을 내리 일해야 했다. 그렇게 저녁이 되면 캠프로 돌아와 식사를 하고, 현장 일지를 쓴 다음 잠든다. 이런 관습은 북미의 현장 답사에 익숙했던 나에게는 새로웠다. 물론 두 가지 방식 모두 효율적으로 많은 작업을 할 수 있다. 현장에 있는 시간이 중요한 거니까. 야생 속 그 현장을 다시는 볼 수 없을지도 모르고, 핵심 암석층 샘플을 얻을 기회도 사라질지 모른다. 내가 보기에 샘과 로마 둘 다 현장에서 뼈가 굵은 연구자로 제각기 자기 방식이 옳다고 확신하는 듯했다.

나는 샘에게 이렇게 낮이 24시간 계속되는 곳에서 더 일찍 일어나는 게 무슨 소용이냐고 이야기했다. 샘이 러시아식 아침 식사가 준비되기를 기다리는 동안 커피를 마시며 현장 일지를 작성할 수는 없을까?

그리고 나는 러시아 측인 로마와 아냐에게도 우리가 한낮에 간단한 식사를 할 방법이 없을지 물었다. 이렇게 해서 아침마다 아냐가 정색한 표정으로 우리 미국인들이 점심으로 먹을 스니커즈 초코바를 나눠주는 재미있는 일과가 시작되었다. 아냐는 이렇게 말하곤 했다. "린다, 스니커즈예요. 브래드, 스니커즈 받아요." 하지만 브래드에게는 이것이 꽤 역설적인 상황이었는데 그가 알레르기 때문에 스니커즈를 먹지 못했기 때문이었다. 그래서 내가 가방에 잔뜩 챙겨온 에너지바가 갑자기 이곳에서 몹시 귀해졌다. 나는 브래드가 점심으로 먹게끔 에너지바를 충분히 내주었다. 그리고 나머지는 스니커즈를 즐겼다. 몇 년 뒤 내가 난소암과 싸우게 되자 샘은 스니커즈 한 봉지를 보냈다. 인생에서 끔찍할 만큼 절망적이던 순간에 받은 선물과, 그 선물에 담긴 아름다운 마음을 생각하면 지금도 눈물이 난다.

팀을 하나로 묶기 위한 도전은 계속되었다. 어느 날 아냐는 힘든 채집 작업에 처음 나섰다가 뺨에 눈물 자국을 남긴 채 돌아왔다. 절벽을 기어가 완벽한 샘플을 채집해야 했고, 실패하면 처음부터 다시 시작해야 했기 때문이었다. 우리는 안전 장비나 헬멧도 없이 절벽을 기어올랐다. 우리 모두 산악 기술을 타고난 산양은 아니었기에 이 작업에는 용기가 필요했다. 아냐는 매시간 스스로 용기를 북돋웠다. 그런 긴장의 순간에, 우리는 스니커즈를 먹으며 이런저런 사소한 대화를 나누었다.

팀원들은 탐사 대상인 암석을 언제 발견할 수 있을지 우려하면서도 의견이 분분했다. 어느 날 바위가 뒤섞이고 화산재로 이루어진 쇄설암 암반을 발견했다. 샘은 그것이 초기 분출물에서 변형된 결과물일 뿐이며 당시에 퇴적된 게 아니라고 일축했다. 하지만 나는 그렇다고 해도 그 암석의 중요도가 떨어지지는 않는다는 입장이었다. 이 암석은 나중에 변형된 것이든 아니든, 어쨌거나 화산재와 쇄설암, 폭발의 산물을 보여주었다. 마침내 우리는 그 강의 암석이 화산재 퇴적물의 증거이며, 당시 비가 내렸고 화산재 이류의 잔류 퇴적물이 생겼다는 증거이고, 잔해가 흘러간 증거라는 데 동의했다. 이것은 이곳이 과거에 킬라우에아 화산처럼 용암이 잔잔하게 흐르던 환경이 아니라 필리핀 피나투보 화산처럼 격렬하고 폭발적인 환경이었음을 암시했다.

어느 순간 나는 절벽 높은 곳에 있는 두터운 옅은 색 바위들을 보고 신이 났다. 그것이 입자가 미세한 화산쇄설암인 응회암이라고 확신했기 때문이었다. 하지만 샘은 아니라고 반박했다. 샘은 나보다 현장 경험이 훨씬 많았기 때문에 탐사하기 힘들 정도로 높은 바위에 관한 그의 견해에 반박하기는 어려웠다. 우리는 화산의 발생 과정이나 분화 패턴, 용암에 섞인 광물을 비롯해 그 지역의 다른 모든 것에 관해 대체로 즐겁게 논의했다. 하지만 이렇게 내 의견이 납작하게 억눌릴 때, 의견이 불일치하면서도 서로 더 말하지 않는 순간은 견디기 힘들었다. 이듬해 벤은 샘플을 채집하기 위해 그 높은 바위로 직접 올라갔다. 그것은 정말 응회암이었다.

하지만 나는 전체적으로는 탐사에 만족했다. 이것은 모험이고 우리는 그 현장에 와 있다. 다행히 벤과는 별 탈이 없었다. 샘플을 채집하던 긴 나날 동안 우리는 현장에서 흔히 즐기는 게임을 했다. 현장 노트를 쾅 닫아서 모기를 가장 많이 눌러 죽이는 사람이 이기는 게임이었다.

샘플 채집 작업을 훌륭하게 마친 뒤, 우리는 까마귀들과 함께 구불구불한 강을 40킬로미터나 타고 탄광 광부 100여 명이 머무는 작은 마을인 카야크에 도달했다. 도중에 운 좋게 13번 노두를 발견해 샘플을 채집하기 위해 잠시 멈췄는데 그때 폰툰 보트의 커버 하나가 찢어져서 안쪽의 고무 튜브가 마치 거인의 내장처럼 튀어나왔다. 우리는 덕트 테이프로 그것을 가능한 한 단단히 묶었다. 바닥이 망가지면 우리가 배에 실은 모든 음식, 그동안 채집한 샘플 대부분, 그리고 팀원 중 몇 명이 이 차갑고 유속이 빠르고 깊은 강에 던져졌을 것이다. 나는 지나가는 풍경과 폰툰 보트를 번갈아 보면서 아까보다 배가 한쪽으로 기울지는 않았는지 신경 썼다. 마침내 저녁 7시쯤에 겨우 카야크에 도착했다. 강가에 내려 보트를 살폈는데 상태가 좋지 않았다. 존이 보트에 공기를 불어넣었지만 평소보다 공기가 더 빨리 빠지고 있었다. 존은 강가에 보트를 멈춰 세우고 나를 슬픈 눈으로 바라볼 뿐이었다.

우리는 식량을 구하기 위해 마을을 돌아다녔다. 그러다 스베타와 류바 두 사람이 운영하는 작은 식료품점을 발견했다. 여기서 썩은 감자를 몇 개 얻었고, 족발, 완두콩, 보드카, 정어리, 양파, 초콜릿, 맥주, 토마토 페이스트를 다 합쳐 약 60달러, 1200루블에 샀다. 나머지 팀원들이 길을 따라 걷고 내가 뒤처져서 걸어가는 동안 스베타와 류바는 집에서 까치밥나무 열매로 만든 와인을 가져왔다. 우리 세 사람은 각자의 아이들에 관해 이야기를 나누었다. 스베타와 류바는 이런 현장 작업은 여자가 할 일이 아니니 가족에게 돌아가라고 나에게 조언했다. 그 말을 들으니 방향 감각이 사라지며 몸이 흔들리는 익숙한 감각을 느꼈다. 여자들과 대화를 나누다가 바로 다음 순간 내가 여자답게 행동하지 않고 있으며 남자들처럼 현장 지질학자가 될 수 없다는 말을 듣는다. 나는 여자답지도 않고 그렇다고 남자도 아니다. 이 세상에서 나의 역할은 무엇일까?

스베타와 류바는 물었다. 당신은 왜 러시아에 왔어요? 이런 질문을 전에도 자주 받았다. 범람현무암이 여기 있기 때문이라는 이유는 충분하지 않았다. 내게는 두 가지 이유가 더 있었다. 하나는 아들 터너의 종조부가 니키타 흐루쇼프 때 일한 소련 주재 미국 대사관 칩 볼런이라는 점이었다. 하지만 이렇게 말하면 사람들은 거의 언제나 굳은 표정으로 아무 대꾸도 하지 않았다.

다른 하나는 아버지가 러시아 혈통이라는 점이었다. 아버지의 가족은 1917년쯤 할아버지가 10대였을 때 미국에 왔다. 할아버지는 임종 무렵 병상에서 카자크족이 느낀 공포라든지 오늘날 벨라루스 드네프르강 근처의 작은 마을 로가체프에서의 삶에 관해 이야기해 주셨다. 러시아 혈통 이야기를 하면 상대방은 거의 예외 없이 미소를 짓고 내 어깨를 두드리며 가족의 성이 무엇인지 물었다. 그럴 때면 갑자기 내가 러시아인에 더욱 가까운 것처럼 느껴졌다. 어느 날 몇몇 러시아인이 차에 과일 잼을 넣는 모습을 보고 깜짝 놀랐다. 너무 놀란 나머지 하마터면 의자에서 떨어질 뻔했다. 나의 아버지도 음료수나 차에 과일 잼을 넣곤 했다. 나는 이제껏 줄곧 그것이 아버지의 설명하기 힘든 기벽일 뿐이라고 생각했다. 하지만 그건 할아버지로부터 그대로 전해진 순수한 러시아 사람다운 습관이었다. 나는 문득 내 뿌리가 단순히 이론적인 것 이상이라고 느꼈다.

* * *

그날 밤 게스트하우스의 작은 침실에서 로마와 나는 앉아서 차를 마시며 그날 하루에 관해 이야기했다. 들리는 소리로 짐작하건대 다른 방에서는 왁자한 술자리가 펼쳐진 듯했다. 공동 주방으로 가는 복도에서는 원래 말수가 극히 드문 몸집 작은 러시아 남자가 놀랍게도 사람들을 붙잡는 중이었다. 갑자기 내가 그 대상이 되었다. 하지만 아내가 남자의 머리를 치자 그는 행동을 멈추었다. 듣자 하니 오늘은 이곳 탄광 노동자들이 5개월 만에 처음으로 봉급을 받은 날이라고 했다. 다음 날인 일요일에는 마을 전체가 조용했다.

바닥이 갈라진 폰툰 보트도 그랬지만 카야크 마을에서 나 역시 절뚝거리고 있었다. 무릎이 다시 말썽이었다. 탐사 여행을 앞두고 허벅지의 사두근을 단련했지만 아차 하는 사이에 실수로 무릎의 반월상연골이 파열되었다. 그저 무릎이 부어올랐다고만 생각했는데, 이후 만 이틀이 채 되지 않아 손상된 무릎을 보호하는 과정에서 신경이 마비되고 사두근이 위축됐다. 나는 스코티의 도움을 받아 무릎을 단단하게 싸맸다. 내내 무릎 부상으로 고생한 만큼 무척 절망적인 일이었다. 결국 나는 카야크에서 하루를 쉬었다.

다른 팀원들은 모터보트를 빌려 하류의 노두에서 샘플을 채집하러 떠났고, 나는 목욕을 할 수 있는 공중 사우나 시설인 반야에 가려고 혼자 나갔다. 흙길 가장자리를 따라 야생화들이 바람에 흔들렸고 태양이 환히 빛났다. 판자를 깔아 만든 길을 따라 걷는데 어젯밤 복도에서 마주쳤던 남자가 나보다 한 블록쯤 뒤에 떨어져 걸어왔다. 거리에는 다른 사람이 없었기에 나는 그를 주시했다. 남자는 나보다 조금 더 빠른 속도로 걸으며 나를 따라잡고 있었다. 나는 더 빨리 걸으려 했다. 어젯밤 그가 나를 붙잡아 아내에게 머리를 맞았을 때 느껴졌던, 별나다 싶을 정도의 거센

팔 힘이 기억났다. 나는 반야에 도착해 안에 들어가 몸을 숨기고, 종업원에게 얼른 돈을 지불했다. 곧 남자가 문으로 들어왔고 나는 서둘러 여자 욕실로 들어간 다음 등 뒤로 문을 잠갔다. 심장이 빠르게 뛰었다. 만약 여기서 더 곤란한 상황이 벌어진다 해도 종업원이 도와준다는 보장이 없었다. 문에서 몇 미터 떨어진 곳에서 놀란 채 서 있는데 밖에 있는 남자가 손톱으로 문을 긁는 소리가 났다. 싸울 준비를 하고 조용히 기다렸지만 그 남자는 한마디도 하지 않고 한동안 문을 긁기만 했다. 그러다가 마침내 소리가 멈췄다.

훌륭한 사우나에 들어가 샤워를 하고 다리와 무릎을 마사지했다. 마사지를 끝낸 다음 약간 두려움에 떨며 문을 열었지만 남자는 사라진 뒤였다.

* * *

우리 팀의 다음 방문지는 시베리아 전체에서도 지질학적 풍광이 가장 이국적인 지역으로 손꼽히는 곳이었다. 바로 굴리 지질구였다. 비러시아인으로 그곳에 간 건 우리가 처음일 것이다. 굴리 지질구는 1920년대에 약 560킬로미터 떨어진 노릴스크에서 순록을 타고 온 탐사자들이 발견했다고 한다. 탐사자들은 이곳에 도착해서 오두막을 짓고 서리가 언 흙을 곡괭이로 부숴 지질학적 보물을 발견했다. 굴리 지역은 마그마가 천천히 결정화된 거대한 마그마 저장소였을 가능성이 높은데 지금은 지표가 침식되어 마그마가 겉으로 드러났다. 마그마가 얼어붙으면서 먼저 감람석이라는 광물이 굳어져서 저장소 바닥으로 가라앉았다. 그런데 이 감람석은 식물이 얻을 영양분이 없으며 독성도 약간 있다. 그래서 폭이 약 48킬로미터에 이르는 이 고리 모양 암석의 돌출부에는 표면에 식생이 없었다. 그리고 결정화가 계속되는 과정에서 모든 일반적인 광물이 굳어져 가라앉았으며 남은 마그마는 더 특이한 화학적 조성을 갖추게 되었다. 마침내 마그마는 광석광물(경제적 가치가 있으며 채광할 수 있는 광물)과 에메랄드, 금, 빛나는 운모 덩어리를 만들어냈고, 마그마의 마지막 찌꺼기는 거의 순수한 탄산칼슘으로 이루어진 카보나타이트라는 아주 희귀한 용암이 되었다. 우리는 마그마의 근원을 확인할 수 있는 샘플을 채집하고 싶었다. 나머지 마그마가 그랬던 것처럼 맨틀에서 녹아 생성된 마그마였을까? 아니면 지각암도 일부 포함되었을까?(분명히 말하자면, 그곳에서 우리는 에메랄드나 금 같은 건 아무것도 발견하지 못했다. 우리는 경제적으로는 별 가치가 없지만 지질학적으로 흥미로운 암석을 채집하고 있었다.) 헬리콥터가 굴리강 옆에 있는 평평한 땅에 착륙했다. 우리는 툰드라에서 유개 화차처럼 보이는 것을 발견했는데, 그건 분명 열차의 일부였지만 보통의 기차가 아닌 눈 속을 달리는 스키 기차에서 나온 것이었다. 굴리 근처에는 기차선로나 도로가 없다. 그 대신 스키처럼 미끄러지는 활주부가 달린 열차가 커다란 무한궤도식 크롤러에 이끌려 수백 킬로미터나 되는 겨울 풍경을 가로지른다. 이 열차는 우리가 오기 전에 굴리에서 마지막으로 채굴 작업을 했던 사람들이 두고 간 것이었다. 스키 기차 차량 중 한 대에는 침대가 있었고 우리는 2001년 달력이 걸린 실내 공간에 앉아서 식사를 할 수 있었다. 다른 한 대에는 사우나가 설치되어 있었는데 로마는 우리가 이용할 수 있게 이 설비를 수리했다.

굴리 지질구의 일부 경사지는 풍화된 보통 암석이어서 걷기에 좋았지만, 평평한 지역은 지의류와 이끼로 덮여 있어서 마치 물에 젖은 해면 더미를 가로질러 걷는 기분이었다. 봄철과 여름철의 알프스산맥과 비슷하게 이곳에는 다양한 야생화가 한들한들 피어 있어서 기분이 좋았다. 덩치가 붉은여우만큼 커다란 북극토끼 한 마리와 늑대와 곰 여러 마리도 보았다. 우리는 1920년대에서 1930년대부터 있던 오래된 정착지를 거쳐 오면서 작은 통나무집 몇 곳을 들여다봤다. 그 안에는 버려진 목조 가구, 이층 침대를 비롯해 사람들이 두고 간 저녁 식사 접시만큼 큼직한 운모 결정이 보였다. 홀로 떨어진 스키 열차는 일찍이 버려진 이 정착지에서 더욱 외로워 보였다. 그리고 나무 오두막들은 진짜 집처럼 정겨웠다.

나는 특히 지난 몇 년 동안 멀리서만 연구했던 희귀한 암석들을 직접 보게 되어 흥분했다. 화산에서 이처럼 마그네슘 함량이 높고 철과 규소 성분이 적은 용암이 분출되는 곳은 전 세계에서 손에 꼽혔다. 용암의 조성이 특이하다는 것은 그것이 지구 내부의 아주 깊숙한 곳에서 아주 높은 온도로 녹았다는 것을 뜻한다. 용암이 이곳에 존재한다는 사실은 범람현무암이 단단한 상암층으로 이루어진 융기에서 형성되었다는 것을 강하게 뒷받침한다. 이 암석은 핵과 맨틀의 경계 또는 그 근처에서 솟아올랐고 몹시 온도가 높았다. 과도한 열기 때문에 맨틀 융기의 성분은 그보다 온도가 낮은 상암층에 비해 보다 높은 압력에서(즉, 더 깊은 곳에서) 녹는다. 높은 온도와 압력이라는 조건 때문에 조성이 다른 결과물, 그러니까 마그네슘 비중이 매우 높고 철과 규산염이 적게 포함된 마이메카이트meimechite라고 불리는 용암이 만들어진다.

몇 년 전 브라운대학에서 있을 때 다양한 온도와 압력에서 인공적으로 만들어진 작은 마이메카이트 샘플에 대한 실험을 했다. 장석에 관해 석사 논문을 쓸 때 실험한 방법과 비슷했다. 하지만 이번에는 섭씨 1800도에 이르는 훨씬 뜨거운 온도와 7기가파스칼에 이르는 훨씬 더 큰 압력이 필요했다. 이 정도의 압력은 우리가 땅속 약 240킬로미터 아래에 묻혔을 때 몸을 짓누르는 압력과 비슷하다. 실험 결과 마이메카이트는 지구에서 땅속 약 177킬로미터의 깊이에서 5.5기가파스칼의 압력과 섭씨 1550도의 조건에서 형성되었다는 사실을 알 수 있었다. 이것은 암석이 지구 내부에서 녹기 위한 조건으로는 극단적이다. 예컨대 휘어져 배열된 화산대인 화산호 아래나 해령에서 암석이 녹는 온도는 섭씨 1300도에서 1400도 정도이며, 이때 깊이는 약 96킬로미터 미만이다. 이 마이메카이트는 시베리아 범람현무암이 지구 핵 근처의 깊은 곳에 있는 뜨거운 맨틀 융기에서 비롯했다는 직접적인 증거이다.

2008년 7월의 그날, 나는 실제로 현장에서, 그것도 쉽게 접근하기 힘든 시베리아 중부의 타이가에서 이 마이메카이트를 눈으로 볼 예정이었다. 로마와 아냐, 벤, 브래드, 나는 추위에 대비해 방수 재킷을 입고 털모자를 쓰고는 함께 지도를 보면서 GPS 장치를 조정한 뒤 출발했다. 길게 이어진 지대를 따라 구름이 낮게 거의 무한대로 펼쳐진 듯했고, 우리는 긴 경사면을 따라 언덕 꼭대기까지 오른 다음 다시 천천히 한참 내려와 이윽고 강에 도달했다.

강을 건너는 건 언제나 재미있었다. 강을 건너는 가장 빠른 방법은, 가능하다면 바위에서 바위로 훌쩍 점프하는 것이었다. 하지만 나는 그렇게 민첩한 편이 아닌 데다 무릎이 성치 않았기 때문에 아무래도 무리였다. 그래서 발을 적시며 물을 걸어서 건너는 편을 택했다. 그런 다음 버드나무 잡목 숲을 헤치며 나아갔는데 숲이 엄청나게 빽빽했던 터라 서로 1미터밖에 떨어져 있지 않았는데도 앞 사람이 보이지 않았다. 이렇게 언덕, 강, 덤불이 세 번 연속으로 이어질 무렵 우리는 이미 8킬로미터는 걸은 뒤였고 몸이 지치기 시작했다. 우리는 다시 앞에 나타난 낮은 언덕을 젖은 스펀지 위를 걷는 것처럼 터덜터덜 걸어 올라갔다.

이 언덕 꼭대기에는 모히칸 스타일 머리처럼 짙은 녹색의 혹 같은 노두에 마이메카이트가 자리하고 있었다. 풀과 목화송이 같은 작은 북극 지방 꽃들이 지면을 뒤덮었고, 그 너머로 구불구불한 언덕과 강, 드문드문한 목초지, 저만치 줄무늬처럼 눈이 뒤덮인 암석의 노두 같은 경관이 몇 킬로미터씩 이어졌다. 흥분한 나머지 만면에 미소를 띤 채 연신 탄성을 지를 수밖에 없었다. 암석 표면에는 감람석 결정이 두텁게 붙어 있거나 연녹색의 석면, 검은 자철석이 격자무늬로 가득했는데 이것은 유체가 단단한 암석을 통과해 흐르는 과정에서 반응해 새로운 광물을 형성한 결과였다. 우리는 암석 크기를 기록할 수 있도록 근처에서 발견한 순록의 두개골이나 이빨을 옆에 두고 같이 사진을 찍었다. 또한 노두 꼭대기와 옆면을 따라 걸으며 전체를 사진으로 남겼다. 암석이 무척 단단했던 터라 샘플을 채집하기가 쉽지 않았다. 채집 작업에는 작은 썰매와 정이 필요했다. 내가 얻은 첫 번째 샘플에서 위성 GPS 값은 북위 70.86433도, 동경 101.21465도로 측정되었다.(이번 현장 탐사에서 얻은 샘플은 북위 57.9도에서 72.5도 사이 위치에서 채취했다.)

현장 작업의 모든 국면이 다 그렇긴 했지만 샘플을 채집하는 작업에서도 나는 남자들보다 힘이 약하다는 단점이 있는 듯했다. 아냐 역시 같은 단점을 극복해야 했지만 팀에서 나와는 다른 위치였다. 아냐와 로마는 나머지 팀원들과 샘플 채집 목적이 달랐던 데다 아냐는 당시 다른 과학자의 지도를 받는 아랫사람이었다. 대학원 신입생이었고 그 분야의 선배 과학자와 함께 일했다. 나보다 스무 살이나 어리고 금발에 키가 크고 단호한 성격이었던 아냐는 가치 있는 사람으로 여겨지고 대우받기 위해 애쓰는 단계에 있었다. 반면에 나는 그다지 환영받지 못하는 순간에 대해 또 다른 놀라움을 느끼고 있었다.

아냐와 내가 요리를 한다고 하면 사람들은 항상 환영했다. 하지만 나는 요리하고 싶지 않았다. 그 대신 내 몫의 짐을 지고, 내가 연구할 샘플을 채집하고, 나무를 베고, 불을 지피고 싶었다. 그렇지만 그런 권리를 얻으려면 섬세하고 부드럽게 싸워야 했다. 언젠가는 내가 암석을 망치로 한 번에 크게 깨려고 정을 적당한 위치로 이리저리 옮기고 있었는데 근처에 있는 남자들이 말없이 조바심을 내는 분위기가 느껴졌다. 물론 그들이라면 더 자주 두드려 가며 더 빨리 일을 끝낼 수 있을 것이다. 하지만 그게 왜 중요한 지표가 되어야 하는가? 각자가 자신이 원하는 일, 해야 할 일을 자기 페이스대로 하도록 두는 것이 더 중요하지 않은가? 내게는 현장 탐사의 많은 부분이 비판을 기다리는 것, 또는 비난을 받더라도 의식적으로 신경 쓰지 않으려 하는 것으로 이루어졌다. 나는 이따금 지구상의 어떤 문화권에서는 내가 대다수 남자 못지않게 몸이 크고 힘도 셀 것이라는 생각을 했다. 그렇다면 어째서 내가 러시아나 미국인 남자 동료들보다 몸집이 작고 힘이 부족하다는 사실이 내심 그들의 불만거리가 되고, 심지어 팀에 부담을 주거나 모호한 종류의 실패로 지목되었을까?

내 주변 사람들은 종종 일을 더 빨리 끝내고 싶다는 이유로 내 손에서 도구를 빼앗거나 나에게 어떻게 하는지 보여주려고 했다. 그러다 보면 나는 무의식적으로 팀에 방해가 된다는 생각 때문에 힘을 써야 할 일이 있을 때마다 참여하는 것을 약간 망설였다. 이런 망설임은 대화에서 그렇듯 행동에도 작은 공백을 만들었고, 종종 그 틈새로 다른 남자 동료가 뛰어들어 일을 시작하곤 했다. 그리고 그것은 나에게 학습된 무력감을 안겼다. 어쩌면 내가 이 일을 제대로 할 수 없을지도 모르겠다는 생각이 들기 시작했다. 확실히 나는 상당수의 남성 동료 연구자보다 실습 경험이 부족했다. 어쩌면 다른 일을 찾아야 할지도 모른다.

그러다가 나는 내가 혼자서 무언가를 하는 것을 정말 즐거워한다는 사실을 알아차렸다. 혼자 있으면 내가 충분히 힘이 세지 않거나, 충분히 빠르지 않거나, 행동에 들어가기 전에 지나치게 생각이 많다고 눈치를 주는 사람이 없었다. 그럴 때면 긴장을 풀고 실험했으며 성공할 방법을 찾을 수 있었다. 그러다가 나는 함께 일할 때에도 혼자 일할 때처럼 편하게 느껴지는 사람이 있다는 걸 깨달았다. 성별은 상관없었다. 그들은 모순점을 지적하는 대신 예의 있게 질문을 던졌고, 그것만으로 나는 앞으로 계속 나아갈 수 있었다. 시베리아에 왔을 때, 나는 신체 능력에 대해 전문성을 쌓은 상태였다. 예컨대 자전거를 스스로 조립하거나 팀과 함께 고압 용광로를 만들어봤고, 고장력 전기 울타리를 설계해 양 목초지 주변에 직접 만들어 세우기도 했다. 이런 경험에도 시베리아 현장에서 도구를 잡기 위한 투쟁은 끝나지 않았다.

늘 알고는 있었지만 그 투쟁 일부는 내 머릿속에서 벌어졌다.

만약 내가 단호하고 용기 있게 걸어 나가서 도구를 잡는다면 보통은 아무도 나를 말리지 않을 것이다. 하지만 그런 의식적인 대담함은 피곤했다. 러시아에서 나는 미국 학계에서 경험했던 평범한 암묵적인 편견뿐만 아니라, 여성에 대한 노골적인 편견과도 씨름해야 했다. 러시아 남자들은 여성이 과학계에서 지도자의 위치에 있는 것에 익숙하지 않은 듯했고, 상당수는 대놓고 불편해했다. 내가 만난 러시아 여자들은 나에게 그만하고 집에 가라고 충고했다. 러시아 여성 과학자들은 나와 가까워지면서 비밀을 털어놓기 시작했다. 그들은 나에게 더 높이 올라가는 방법에 관해 조언을 구했다. 그들은 러시아에서는 여전히 여성이 집안일과 육아를 도맡아야 하며 가정 폭력도 만연하다고 말했다.

이 러시아 탐사 여행에서 나는 결국 누구의 개입 없이 내 일이 되는 영역을 정의할 수 있었다. 내가 연구할 샘플을 얻고 내 짐을 스스로 나르는 것이었다. 그보다 많은 것을 하려면 사람들에게 그 뜻을 밝혀야 했고, 그러면서도 나의 참여가 어색하거나 남에게 방해되지 않도록 완곡하게 유머 감각을 발휘해야 했다. 예컨대 남자 동료들이 게스트하우스에서 트럭으로 우리 팀의 짐을 전부 옮기는 동안 나는 거의 항상 옆으로 비켜섰다. 가끔은 동료들이 일할 때 참지 못하고 동참하기도 했다. 하지만 그러면 러시아 동료들은 말을 얹지 않고는 못 배겼다. 어쩌면 내가 짐을 나를 때 균형을 제대로 잡지 못했는지도 모르지만 말이다.

마침내 마이메카이트 샘플을 채집했다는 사실에 모두가 감탄하고 있을 때 브래드와 벤, 나는 로마와 아냐를 찾기 위해 암석 노두의 반대편으로 돌아갔다. 그들은 샘플 채집을 마친 뒤 우리에게 점심으로 뜨거운 수프를 만들어주었다! 우리는 끓고 있는 냄비에서 수프를 퍼 담은 그릇을 고맙게 받아 들었고, 수프를 숟가락으로 떠서 입으로 가져가는 순간에도 뜨거운 열기로 날아들어 빠져 죽는 모기 몇 마리를 보고 웃음을 터뜨렸다. 그때 문득 우리는 뭔가를 깨닫고 두 사람에게 물었다. "수프 끓일 물을 떠오려고 언덕을 내려가서 강까지 갔다 온 거예요? 와, 고마워요!" 로마와 아냐는 웃으며 아니라고 대답했다. "저기 바위에 물이 고인 걸 보고 거기서 퍼 왔죠." 훑어보니 부엌 싱크대만 한 구멍에는 순록의 배설물이 꽤 많이 떠 있었다. '뭐, 상관없지. 어쨌든 끓였으니까!' 수프는 맛이 좋았다. 그런 다음 우리는 강 세 개와 버드나무 잡목림, 놀랍게도 생생하게 푸르른 시베리아 낙엽송을 지나 캠프로 돌아왔다.

아냐는 그날이 로마의 생일이라고 말해줬다. 아냐는 달콤한 쿠키 한 접시를 만들었고, 그런 모습에서 우리는 아냐가 로마에게 얼마나 감정이 깊은지를 확실히 느꼈다. 로마가 아냐에게 되돌려주는 것은 그보다 적었지만. 우리는 짐을 꾸려서 나르고(내 짐은 스스로 옮기려 했다) 우리를 데리러 온 헬리콥터에 올라탔다. 헬기에서 우리가 있던 곳을 내려다보면서 나는 벌써부터 이 경이롭고도 닿기 힘든 곳을 다시는 볼 수 없다는 점에 내심 슬퍼졌다. 여행이 끝나기 전까지는 그 여행이 어떤 감정으로 기억될지,

성공으로 느껴질지 실패로 느껴질지 알 수 없다. 하지만 그때 나는 함께 연구한 이 모든 사람들이 오랫동안 친구가 될 것임을 알았다.

다음 날 우리는 공항에 가서 장비와 샘플을 선적용 컨테이너에 넣고, 작은 목조 건물에서 비행기를 기다렸다. 벽에는 로마와 벤, 내가 사전을 찾아 가며 번역한 광고 포스터가 붙어 있었다. 어떤 약이 울음, 히스테리, 신경성 떨림, 과잉 행동, 공격성, 정신 혼미, 무감각을 치료할 수 있다는 내용이었다. 로마는 탐사 현장에서 여러 날 밤에 걸쳐 벤과 내게 러시아어를 알려줬고, 우리는 답례로 그에게 영어 단어를 가르쳐주었다. 어느 날 밤 코투이 강가에서 아냐는 우리 미국인들이 좋아할 법한 러시아어 단어들을 가르쳐주었다. '지금, 여기, 빨리'를 뜻하는 '시차스, 즈디시, 비스트레'였다. 공항에서 나가는 길에 벤이 로마에게 단어를 더 많이 가르쳐 달라고 하자 로마는 잠시 멈춰 서서 웃으며 벤에게 필요할지 모를 러시아어 단어를 전부 알려주었다. "딱정벌레…… 아침 식사…… 나와 결혼해줘……." 그러는 동안 나는 이 멋진 청년들과 함께한 지난 20년을 생각했다.

다음 날 하탄가로 날아간 다음 모스크바로 향했다.(의자도 없이 철 바닥에 앉아서 비행했던 화물 수송기 뒷부분에는 가죽이 벗겨진 채 꽁꽁 언 순록의 사체가 장작처럼 가득 쌓여 악취를 풍겼다.) 모스크바에 도착해 관료용 호텔에서 하룻밤을 보내고, 드디어 파리의 샤를드골 공항을 경유해 대서양을 가로질러 미국으로 돌아왔다. 모스크바의 호텔에 도착해서는 언제나 그랬듯 서너 번 샤워를 했다. 그래야 머리에 낀 기름과 피부의 자외선 차단제, 벌레 약을 씻어낼 수 있었다. 그리고 집으로 가는 긴 비행 동안에 입을 옷을 깨끗하게 빨았다. 파리 공항의 이동식 탑승교에서 나오면서 우리는 상점에서 풍기는 향수 냄새의 파도를 맞았고 화려한 상업용 불빛에 눈이 부셨다. 밖에 비가 오는지, 오늘 무엇을 먹어야 할지, 어디에서 용변을 봐야 할지 같은 문제가 순식간에 머릿속에서 사라졌다. 그 자리에는 러시아에서 채집한 385킬로그램의 샘플을 통해 시베리아에서 용암 폭발이 일어났던 시기를 산출할 수 있으리라는 희망으로 가득 찼다. 우리는 마침내 구하던 답을 찾을 수 있을 것이다. 벤과 내가 그해 여름에 채집한 암석 샘플에서 기체의 방출, 대기 화학, 기후 변화에 관한 많은 이야기를 이끌어낼 수 있을지는 아직 불확실했다. 하지만 확실한 건 샘과 그의 대학원생들은 여전히 연대 추정에 필요한 샘플이 없다는 점이었다.

6장

과거는 프롤로그다

남쪽으로 차를 몰고 96킬로미터쯤 되는 자연 그대로의 황야를 지나 안가라 강가의 우스트일림스크로 돌아가는 길에, 세르게이는 카타강 하구에 있는 그의 낚시 캠프에서 밤을 보내라며 우리를 초대했다. 세르게이의 낚시 캠프는 멋지게 지은 목조 건물과 별채들로 구성되었는데 건물들은 판자가 깔린 깔끔한 통로로 연결되어 있고 근처 잔디밭은 넓은 초원과 이어졌다. 선착장에서 우리는 시베리안허스키 새끼인 폴랴, 차마를 만났다. 개 두 마리는 세르게이에게 고개를 숙이고 몸을 꿈틀거리며 요들송을 부르듯 짖었다. 개들을 보자마자 집에 있는 보더콜리들과 터너와 제임스가 생각났고 예전에 키우던 시베리안허스키 너태샤도 그리워졌다. 개들이란.

실내에는 곰 가죽이 걸렸고 크고 부드러운 소파와 위성 텔레

비전이 있었으며, 웃통을 벗고 하얀 말을 탄 블라디미르 푸틴의 사진도 액자에 끼워져 걸려 있었다. 볼로디아는 고기를 섞어서 마카로니를 만들었고 우리는 여기에 핫소스와 홀스래디시를 넣었다. 페퍼 보드카와 차도 조금 있었다. 음식이 차려지고, 세르게이는 슬픈 소식을 전했다. 여기서 북쪽에 있는 강 하류에 큰 수력 발전 댐이 건설되고 있는데, 우리가 탐사를 위해 강가에 머무는 올해에 완공될 예정이며, 완공되는 즉시 강물이 불어날 것이란다. 그는 수위가 높아지며 우리가 있는 카타강 어귀도 약 18미터 정도 상승할 것으로 예상되며, 그 때문에 낚시 캠프 전체가 물에 잠길 것이라고 말했다. 강 하류의 공공기관은 이미 자리를 옮겼고 마을 전체를 불태웠다고 했다.

⋆ ⋆ ⋆

세 번의 탐사를 거친 뒤에도 우리는 여전히 이 유독한 기체와 온실가스를 성층권까지 운반해 전 세계로 순환시킨 뜨거운 폭발성 화산 활동에 관한 증거를 잡지 못하고 있었다. 힘들게 샘플을 수집해서 미국으로 가져갔지만 민감한 연대 측정을 하는 데 필요한 광물을 산출하지 못했다. 그러던 중 우리는 고대의 꽃가루 연구에 관한 짧은 러시아어 논문을 한 편 발견했다. 논문 저자들은 안가라강에서 채집한 샘플들을 근거로 들어 어떤 지역의 암석 노두가 전부 화산쇄설물로 이루어졌다고 주장했다. 모든 암석이 폭발성 화산 분출에 따라 생성된 깨진 광물과 유리로 이루어졌다는 것이다.

그래서 우리는 2010년에 현장 탐사를 나갈 계획을 세웠다. 우리는 안가라강으로 떠났고, 우스트일림스크 마을로 가는 기차 여행이 탐사의 시작점이었다. 마을에서는 호텔에 체크인하고 다가올 강 답사를 준비했다. 여기서 이틀 동안 볼로디아와 많은 대화를 나눴다.

볼로디아는 자신의 부모와 어린 시절에 관한 이야기를 해주었고, 우리는 늙고 병든 가족을 돌보는 것에 관해 이야기를 나누었다. 볼로디아는 내가 프로젝트를 막 시작했을 무렵 브라운대학에서 열린 워크숍에 참석해 아이디어를 빼앗아 가고는 다시는 우리와 협조하지 않았던 그 연구자가 지금 우리가 이룬 진전과 지원받은 자금에 대해 질투했다는 놀라운 소식도 알려주었다. 우리는 그의 탐사 팀원에게 샘플 몇 개를 채집해 달라고 부탁하고 싶었지만 그가 허락하지 않았다. 그와 잘 지내려고 최선을 다했지만 실망이 컸다. 오후 늦게 볼로디아와 차 한잔을 마시며 이야기를 나누는데, 그는 손바닥으로 이마를 짚고 고개를 저으며 우리가 탈 보트의 주인이 마음씨 좋고 술주정뱅이가 아니어서 우리를 안전하게 지켜줄 것 같아 안심이라고 말했다. 그 순간 나는 볼로디아가 우리 모두를 위해 어떤 일을 해냈는지 알 수 있었다. 그는 우리가 도착하기 전까지 모스크바에서 정직하고 안전하며 음주 문제가 없는 선장과 배를 찾으려고 애썼을 것이다. 그 덕에 나 역시 안도했고, 가슴의 짐이 덜어지는 듯 느꼈다.

우리는 모두가 탈 수 있을 만큼 커다란 강철 선박인 그롬에 올라탔다. 비록 선실의 좌우로 나뉜 긴 의자에 모두가 편안하게 앉지는 못했지만, 녹색으로 칠한 배의 넓은 갑판에 앉아 있자니 강가 낭떠러지가 지나는 풍경을 구경하기에 좋았다. 배에는 옆으로 긴 눈에 퉁명스러운 표정인 선장 세르게이와, 올레그라는 키 크고 힘세며 피부가 햇볕에 그을린 말수 적은 선주가 있었다.

몇 시간 동안 배를 탄 끝에 우리는 연구 대상인 암석 노두를 만날 수 있었다. 그것은 확실히 폭발적인 화산 활동의 결과였다. 그것은 물줄기를 지나 높은 절벽 꼭대기로 이어졌는데 암벽은 높이가 약 80미터쯤 되고 화산쇄설암으로 추정되었으며 꼭대기에는 침식된 표면이 보였다. 물줄기 아래쪽과 꼭대기 너머에는 쇄설암이 더 많았다. 흥분을 억누르기 힘들었다. 우리는 모두 갑판에서 놀란 얼굴로 절벽을 올려다봤고 스코티는 그런 우리의 모습과 암벽, 강을 비롯한 모든 풍경을 카메라에 담았다. 그다음으로 마주친 노두 역시 화산쇄설암이었고 그다음도 마찬가지였으며, 이후 240킬로미터를 지나는 내내 그랬다. 이곳은 지질학적 기록으로 남은 가장 큰 폭발성 화산암 지대 중 하나였다. 시베리아 범람현무암이 만들어지기 전에 기후 변화를 일으키는 기체를 성층권으로 몰아넣기에 충분한 대규모 화산 폭발이 있었던 것이다. 이제 우리가 원하는 곳까지 거의 다 왔다.

우리는 이러한 폭발적 화산 활동이 일으킨 결과에 관해 자세히 연구하고 글을 쓰는 최초의 연구자가 될 것이다. 그리고 그것을 발견한 데 대한 흥분을 넘어서서, 여기에는 산업화 시대 이전 가장 큰 규모로 석탄이 연소했던 사건의 미세한 흔적이 남아 있다는 사실이 밝혀졌다. 240킬로미터를 달려간 후 우리는 다시 남쪽으로 방향을 틀어 샘플을 채집하기 시작했고, 강가에 야영 장비를 풀고 텐트에서 잠을 잤다. 그 뒤 다시 계속 운전해 남쪽 우스트일림스크로 돌아왔다.

그리고 세르게이의 낚시 캠프가 있는 카타강 합류 지점에서 우리가 가장 기다렸던 암석을 발견했다. 꽃가루에 관한 논문에서 보고된 대로 이곳 암석에는 화산력lapilli이 포함되어 있었다. 화산력은 작은 구슬 크기로, 폭발성 분출 기둥의 소용돌이치는 뜨거운 화산재 구름 속에서 형성되는 용암 조각이다. 그리고 초기의 작은 입자 일부는 층층이 쌓인 물질에 의해 반복적으로 층을 덧입는다. 이 과정은 뇌운에서 우박이 만들어지는 과정과 같지만 화산력의 경우 얼음이 아닌 미세한 광물과 유리 파편(화산재)으로 층이 만들어진다는 점이 다르다. 이런 화산력은 많이 발견된다. 안가라강 유역의 다른 노두와 마찬가지로 여기서도 검은 숯 조각들을 발견했다. 나는 이 숯이 궁금해지기 시작했다. 연소된 식물의 일부일까, 아니면 석탄 조각일까? 확실히 지표가 높이 50미터나 되는 끓는 듯한 뜨거운 재로 덮였다면 태울 나무도 더 이상 없었을 테고 그 밖에 무엇이든 석탄이 되지 않았을까? 하지만 이 질문에 답을 하려면 몇 년은 더 기다려야 했다. 지금은 화산력과 응회암에 집중해 샘플을 채집하고 현장 탐사 노트에 기록할 때였다.

이른 아침의 암석 노두. 지표에는 새로 부화한 흰 모시나비가 가득했지만 아직 날아다니기에는 날이 추웠다. 오후면 벤과 나는 뱀을 비롯해 밝은 오렌지색을 띤 애벌레, 독수리 같은 생물을 관찰했다. 벤은 나와 비슷하게 주변의 모든 생명체에 관심이 많았고 특히 나비 전문가였다. 캠프 옆의 부드러운 갈대밭에는 오리도 많이 살았다. 햇볕이 카타강 어귀를 비추어 강물 위에 노란색과 황금색으로 반사되고 있었다. 그리고 우리는 살아가면서 만날 수 있는 가장 흥미롭고 중요한 암석을 채집하는 중이었다. 같은 마음인지 벤과 나는 눈빛을 교환했다. 1년 뒤면 상류에 새로운 수력 발전 댐이 건설되며 이곳 암석 노두는 영원히 물속에 잠길 것이다.

팀워크는 2008년보다 좋아졌다. 우리는 암석이 지니는 의미라든지 암석이 형성되었을 고대 환경에 관해 좀 더 생산적인 대화를 나눴다. 하지만 그때 나는 탐사 노트에 이렇게 적었다. “우리는 좋은 팀이다. 내가 겪는 유일한 어려움이 있다면 특히 샘이 나를 노두 현장에서 하대한다는 고질적인 문제뿐이다. 샘은 나보다 훨씬 경험이 많지만 그렇다고 오류에서 자유롭지는 않다. 의견을 절대 굽히지 않는 완강한 그의 자신감이 모순에 부딪히지 않기란 어렵다.” 이런 심한 모순은 내게 개인적으로 상처를 주었을 뿐 아니라 나의 동료들, 특히 대학원생들 앞에서 나의 과학적

명성과 평판을 깎아내렸다. 나는 대학원생들, 특히 남학생들이 토론 대신 신랄한 반박이라는 관행을 배우는 모습을 보았다. 이들은 서로에게, 그리고 여성 교수진에게 그 관행을 실천에 옮겼다. 이는 그 사람이 지닌 지식의 깊이를 알린다기보다는 학계에서 이제 경험이 쌓였다는 것을 드러내는 전통적인 방식이다. 그것은 '나는 내 분야의 전문가다'라고 말하는 하나의 방식이기도 하다. 하지만 이런 태도 때문에 뛰어난 후배 과학자 몇은 그 분야를 떠난다. 그리고 이러한 관행 때문에 학습과 발견이 최상의 조건에서 이루어지지 못한다. 내가 틀릴 때도 있고 다른 사람들이 틀릴 때도 있지만 그 잘못들은 나중에야 발견되고, 그로 인해 얻을 수 있었던 교훈은 사라지고 만다.

나는 어떻게 해야 다른 사람들 위에 군림하지 않고 모든 사람의 아이디어를 제대로 귀담아들으며, 지식을 갖춘 선배 과학자가 될 수 있을지를 두고 지속적인 투쟁을 시작했다. 제대로 된 질문을 하는 것은 질문을 가장한 논평이나 비판을 하는 것과 달리 모든 사람을 대화에 끌어들이는 아주 좋은 방법이다.

우리는 흥분해서 68킬로그램에 달하는 샘플을 싣고 탐사 현장에서 집으로 향했다. 벤은 실험실로 가 이 암석들이 분출해 나왔던 온도를 알려주는 증거를 찾았다. 이 증거를 통해 벤은 폭발 당시 수증기 기둥의 높이와, 여기서 운반되는 기체가 대기권 깊숙한 곳까지 주입되는지 여부를 예측할 수 있었다. 세스는 샘의 연구실에 샘플을 가져갔고 암석의 연대를 가장 정확하게 알려줄

지르콘이라는 광물을 찾기 시작했다. 그리고 나는 태양계 가장 초기의 작은 행성들이자 오늘날의 행성들을 이루는 집짓기 블록이 된 미행성에 관한 이론을 다시 연구했다. 또한 이런 태양계 초기 천체들의 마그마 바다에 관한 연구를 조금 더 작은 규모로 계속 이어 갔고, 그 작업은 점점 흥미로워지기 시작했다.

* * *

2011년에 나는 연구실을 MIT에서 워싱턴 D. C.의 카네기과학연구소로 옮겼다. 놀랍게도 이곳의 연구 위원회가 나를 학과장 후보로 올렸다고 알려 왔고, 이후에 더 놀랍게도 그 직위를 실제로 제안했다. 그러자 MIT에서 우리 과 학장인 마리아 주버와 과학대학 학장인 마크 캐스트너, 총장인 수전 혹필드까지 나를 찾아와 학교에 머물러 달라고 친절하게 부탁했다. 이들은 나의 종신 재직권을 그해까지 빠르게 통과시키고 다각도로 내 연구를 지원하겠다고도 제안했다. 하지만 나를 지원하고 말고는 문제가 아니었다. MIT는 여전히 나에게 고향과도 같았지만 모험에 대한 유혹과 리더라는 자리는 도저히 저항할 수 없었다. 2012년 시베리아로 마지막 탐사를 떠났을 때, 그렇게 나는 보스턴이 아니라 워싱턴에서 출발했다. 출발하는 도시는 달랐지만 탐사의 모든 과정은 익숙하고 쉽게 느껴졌다. 우리 팀의 장비와 습관, 우리가 좋아하는 음식도 그대로였고, 농담 레퍼토리도 예전과 같았다.

인구가 5000여 명인 소도시 투라는 에벤키 자치구의 대표 도시였다. 이곳은 가장 번영하던 시기에 인구가 2만 5000명에 이르렀지만 2007년에 권력 다툼에서 밀려나면서 더 큰 크라스노야르스크 크라이 지역으로 자치구가 편입되었고, 투라는 대표 도시의 자리를 잃었다. 2012년에 이 도시는 원주민인 에벤크족, 야쿠트족, 케트족을 비롯해 러시아인, 우크라이나인, 그리고 러시아 바깥에서 온 사람들이 어우러진 흥미로운 혼합체였다. 하지만 이곳 투라는 작고 외떨어졌으며 인구 감소세가 뚜렷했다. 이제 투라에 남은 일자리 중에 제대로 급여를 주는 것은 도로 건설 노동자, 교사, 의료진 같은 공적인 일뿐이었다. 그 밖에는 다들 자급자족하는 어부나 사냥꾼이었다. 그래서 도시 전체를 남쪽으로 약 160킬로미터 이동시켜 다른 거주지와 합치자는 이야기가 나올 정도였다.

7월 14일 오전 8시 30분, 우리는 지역 구조대가 소유한 멋진 보트를 타고 강 위를 지나고 있었다. 우리가 어떻게 이 보트를 마음대로 쓸 수 있었는지는 내가 알 수 없는 영역의 일이었다. 그 보트에는 표트르 니콜라예비치 선장, 그의 동료인 디마, 표트르의 어린 아들 아르티옴, 그리고 말라쇼크라는 이름의 노란 시베리안허스키가 타고 있었다. 우리는 수줍게 미소 짓는 아르티옴, 그리고 늙었지만 다정하고 게으른 개 말라쇼크에 푹 빠졌다. 강에서 보내는 첫날 나는 시원한 바람을 맞으며 뱃머리에 몇 시간 동안 앉아 내 옆에 기대 누운 말라쇼크를 부드럽게 쓰다듬었다.

안가라강에서 그랬던 것처럼 우리는 계획한 구획의 먼 끝부터 샘플 채집을 시작했고 샘플을 가지고 돌아갔다.

그날 밤에는 모래 위에 텐트를 칠 수 있었다. 바위 대신 모래 위에서 잠을 잘 수 있다니 정말 다행이었다. 하지만 그날 밤은 무척 추워서 나는 가지고 간 옷을 전부 껴입었다. 그럼에도 잠자리에 들 즈음 엉덩이와 허벅지가 차가워졌고, 그런 상태에서 침낭에 들어가자니 얼음덩어리를 껴안는 것 같았다. 이렇게 뼛속 깊이 한기를 느끼는데 다시 몸을 데우기란 어려웠고, 앞으로 더 따뜻한 장소에 가거나 길게 하이킹할 계획도 없었기 때문에 나는 아침에 일어나 몸을 녹이기 위해 열심히 운동해야 했다. 콘플레이크, 요구르트, 코코아 맛 연유를 '잡트라크(아침 식사)'로 먹고 한 시간이 지나 우리는 보트를 타고 떠났다. 가지고 간 가민사의 GPS는 11개 위성을 통해 이곳의 위치가 북위 64도 9.136′, 동경 101도 19.303′이라고 알려주었다. 우리는 끝없이 펼쳐진 시베리아 타이가 침엽수림의 한가운데에 있었다. 나무들은 줄기가 굵고 키가 컸고, 강물도 밀려들었다.

우리는 이곳의 대규모 암석 지형 덕분에 행복했다. 안가라강과 마찬가지로 니즈냐야퉁구스카강을 따라 지나왔던, 240킬로미터 넘게 뻗은 강기슭은 온통 응회암을 비롯한 다른 화산쇄설암이었다. 시베리아 범람현무암을 일궈낸 최초의 폭발적인 분출이 일어난 지역은 광활했다. 그리고 여기에도 깊은 곳에서 분출하는 힘에 의해 실려 올라온 숯 조각을 비롯해 석탄과 퇴적암 덩어리가 있었다.

폭발 당시의 풍경을 떠올리려면 일종의 만화 같은 상상력이 필요하다. 왜냐하면 오늘날 지구에는 이와 같은 풍경이 존재하지 않기 때문이다. 분출구는 물과 이산화탄소, 할로겐화탄소를 포함한 과열된 기체 기둥에서 파편화된 광물과 유리 조각(화산재)을 뿜어냈다. 이때 형성된 거대한 기체 기둥은 성층권까지 닿았을 것이다. 이때 로켓이 발사될 때보다 더 큰 소리가 났을 테고, 여기저기 액체 마그마가 흘러나오며 호수에 수증기를 내뿜었다. 마지막 분화 때는 어떤 풀과 나무든 불에 타 지면이 평평해졌을 것이다. 분출구 주변에 화산재와 암석으로 이루어진 불안정하게 가파른 원뿔 지형이 형성되었지만 비와 땅의 진동이 산사태를 일으켰다. 여러분의 시야에 닿는 먼 곳까지 이런 모든 과정이 진행될 테고 만약 여러분이 죽지 않고 이 지역을 가로질러 걸어간다면 몇 주는 걸릴 것이다.

강에서 보내는 마지막 날 오후에 우리는 강가를 따라 걷다가 어두운 색의 해진 옷을 입은 남자 둘을 지나쳤다. 선장은 사이렌을 울리며 배를 그들 가까이 댔다. 선장의 행동이 궁금해 볼로디아에게 묻자 그는 저 남자들이 보트나 텐트, 짐이 없었기 때문에 선장이 그들에게 문제가 생긴 것이라 판단했을 거라고 설명했다. 실제로 그랬다. 몸집이 작고 등이 구부러진 예벤크족 두 남자는 니딤의 정착지에 있는 작은 진료소까지 걸어가는 중이었다. 그들은 '병원'에 간다고 표현했는데, 둘 중 한 사람이 매우 아팠다. 우리가 환자를 배에 태우자 다른 한 명은 몸을 돌려 숲속으로 사라졌다.

여기서 니딤까지 가려면 적어도 48킬로미터는 더 가야 했기 때문에 두 사람은 도중에 배를 만나기를 기대했다고 했다. 환자는 간이 안 좋다고 말했다. 동료들은 아마 그 사람이 몸에 나쁜 탄화수소 화합물인 정제유를 많이 마셨기 때문일 거라고 했다. 그 말을 들으니 카야크의 게스트하우스에서 정제유를 마시고 나를 계속 위협적으로 쫓아왔던 남자가 생각났다. 남자는 보트의 해치 커버 위에 말없이 앉아 있다가 선장의 질문에 대답하고 뜨거운 차 한 잔을 받아 들었다. 그는 몇 시간 동안 꼼짝도 하지 않고 등을 대고 누워 있다가 나중에는 맑아진 눈으로 일어나 앉았지만 말을 걸자 멍한 얼굴로 대답 없이 뒤돌아볼 뿐이었다. 디마가 주기적으로 그가 아직 살아 있는지 확인했다. 여덟 시간 뒤에 우리가 니딤에 도착하자 남자는 보트에서 미끄러지듯 내려 진료소까지 걸어갔다. 물론 이곳에서 간 이식은 불가능했다. 표트르와 디마의 말에 따르면 이곳 구조대의 주요 업무는 시신을 수습하는 것이었다.

* * *

크라스노야르스크로 돌아온 로마와 볼로디아는 유감스럽게도 당국이 노릴스크에서의 작업 허가를 내주지 않았다는 나쁜 소식을 전했다. 우리가 현장 조사를 위해 찾았던 모든 지역은 여러 단계의 허가가 필요했지만 노릴스크는 절차가 유독 까다로운 편이었다. 이곳은 러시아에서도 폐쇄적인 도시 중 하나였는데, 아마도 광대한 규모의 광산과 미사일 격납고가 있기 때문이었을 것이다. 그래서 노릴스크에는 외국인이 한 해에 200명만 출입할 수 있었다. 앞으로의 계획을 두고 우리가 던지는 모든 질문에 러시아인 동료 안톤은 "잘 몰라요. 알 수 없어요"라는 대답만 했다. 그래서 나와 세스, 알렉스라는 이름의 학생이 크라스노야르스크에 머무르는 동안 로마와 볼로디아, 안톤은 노릴스크에 직접 가서 허가를 받기로 했다. 그 밖의 대안은 세 사람과 함께 노릴스크로 날아갔다가 감옥에서 사흘을 보내는 것이었다.

우리가 처음 방문하던 해에 크라스노야르스크에는 호텔 근처에 크고 어둑한 식당 한 곳 말고는 시설이랄 게 거의 없었다. 하지만 이듬해에는 우리가 방문했던 시베리아의 소도시나 마을에 비교하면 풍족하고 부유해 보였다. 세련되고 모던한 카페와 화려한 스테이크 가게가 생겼고 길에는 벤틀리가 다녔다. 집권층 정치인들의 손이 닿은 듯했다. 우리는 낮 동안 도시 곳곳을 걸으며 오래된 아름다운 목조 건물과 새로 지은 화려한 건물들을 구경했고, 맥주처럼 순한 술인 크바스, 인도를 따라 늘어선 작은 트럭에서 파는 우유, 직원이 재사용 컵에 직접 따라주는 음료를 사 마셨다.

그로부터 나흘 후 우리는 법적으로 문제없이 노릴스크에 머무를 수 있었다. 로마와 볼로디아의 인내와 끈기 덕분에 원하는 모든 곳에서 현장 탐사를 할 수 있게 되었다. 우리는 다시 지르콘을 찾아 나섰다. 세스는 그동안 우리가 미국에 가져갔던 샘플을 3년에 걸쳐 가공하고 처리했지만 지르콘은 거의 발견되지 않았다. 화산쇄설암 속 지르콘은 모두 마그마가 아닌 분지의 퇴적암에서 비롯했으며, 그 연대는 범람현무암이나 화산쇄설암의 연대보다 앞선다. 일반적으로 지르콘은 맨틀에서 바로 올라온 화산쇄설암 속 원시적인 현무암의 여러 종류(전부 현무암으로 이루어진)나 범람현무암보다는 어느 정도 '진화를 거친' 마그마에서 결정화된다. 이렇게 진화하기 위해서는 마그마가 식어 부분적으로 결정화되어야 한다. 결정이 형성되면 남아 있는 마그마의 구성은 변화한다. 실리콘과 지르코늄 같은 원소들은 초기에 형성된 광물에 덜 통합되기 때문에 남아 있는 마그마에 농축된다. 결국 이 마그마에는 실리콘과 지르코늄의 양이 많아서 그 결과 지르콘 광물이 안정적으로 결정화되기 시작한다. 하지만 지금까지 우리는 이런 진화된 암석을 전혀 발견하지 못했고, 그래서 다음 두 가지 이유로 걱정했다. 첫째는 우리가 분화가 일어난 연대를 그 어느 때보다 훨씬 더 정확하게 정해야 한다는 것이다. 이렇게 하기 위해 세스는 거의 기적에 가까운 새로운 실험 절차를 고안했지만, 어쨌거나 연구 재료인 암석이 필요했다. 그리고 둘째, 세스가 박사학위를 받고 졸업하려면 연구에서 눈에 보이는 결과가 나와야 했다.

우리는 유명한 '크라스나야 캄니(붉은 돌)'로 가 범람현무암에서 나온, 녹슨 듯한 붉은 용암 자국이 새겨진 비탈로 폭포와 협곡까지 올라갔다. 그리고 거기서 우리가 찾던, 진화한 마그마처럼 보이는 샘플을 발견했다. 이것이 마지막으로 흐른 유체였다고 짐작할 수 있었지만 연구실에 돌아와보니 몇 달, 몇 년이 지나도 아무 결론도 얻을 수 없었다. 그래도 나는 그곳에서 2억 5200만 년 전에 용암으로 덮여 숯이 된 나무 그루터기를 발견했다. 내가 가장 좋아하는 야생화인 물망초도 자라고 있었다. 볼로디아에 따르면 이 꽃은 러시아어로도 '나를 잊지 말아요'라는 뜻을 지닌다고 한다.

우리는 빅토르 라드코와 다시 만나 저녁을 먹었다. 나에게 사문석 보석 상자를 주고 검은 빵을 함께 들며 어머니 러시아를 위해 건배했던 사람이다. 여름이면 키우는 고양이를 데리고 현장에 나가기도 했는데 볼로디아가 영어에 프랑스어를 약간 섞어 "라드코가 고양이를 벨라루스로 보내고 바캉스를 떠났대요"라고 통역했다. 그러더니 잠시 후 이렇게 말했다. "아, 오해가 있었네. 고양이는 죽었대요." 곧 우리는 지독한 욕설인 '메르즈코'라는 단어를 배웠다. 나중에 밝혀진 바에 따르면 고양이는 실제로 벨라루스에서 휴가를 보내고 있었다.

* * *

다음 날 우리는 그 아름다움만으로 그야말로 마법 같은 현장을 마주했다. 그날 볼로디아와 로마, 안톤, 세스, 나는 벨Bell사의 작은 헬리콥터에 올라탔다. 조종석이 둥근 어항처럼 되어 있어서 어디나 볼 수 있는 헬리콥터였다. 우리는 북위 69.882도, 동경 88.76도 부근인 노릴스크 북쪽의 높은 고원으로 날아갔다. 강렬한 초록색의 툰드라를 비롯해 여름 내내 녹지 않은 눈 더미와 들판 옆으로 드넓게 반짝이면서 구불구불 땋은 듯이 이어지는 강 풍경에 나는 완전히 들떴다. 나는 헬리콥터 창문에 바짝 다가앉았다. 물론 옆으로는 엄청난 오염 물질을 뿜어내는 제련소들과 끝없이 이어지는 파이프, 광물 찌꺼기도 보였지만.

그러다 갑자기 고원에 다다랐다. 이 고원은 상상 속 안식처처럼, 판타지 영화 세트장처럼 보였다. 땅은 눈에 닿지 않는 먼 곳까지, 부드럽게 물결 모양을 이루는 키 작은 야생초와 이끼가 균일하게 깔려 있었다. 이따금 잡초나 덤불이 불쑥 솟았지만 그 완벽한 풍경을 훼손하지 않았다. 우리는 구름 한 점 없는 푸른 하늘 아래 영원히 초록 물결에 휩쓸렸다. 우리는 고원 가장자리를 따라 하이킹하고 암석 노두에서 샘플을 채집하면서, 저 멀리 눈밭 아래 은빛으로 빛나는 강을 내려다보며 하루를 보냈다. 이 샘플들은 주로 로마와 볼로디아에게 필요한 것이었고 우리의 탐사와 구체적인 관련이 있지는 않았다. 그래서 나에게 그날은 아름다운 풍경 속에서 느긋이 하이킹했던 순간으로 기억에 남아 있다. 하루가 끝날 무렵 우리는 고원 기슭을 따라 버드나무 덤불을 지나 쭉 걸어가서 헬리콥터가 기다리는 강가의 자갈밭으로 갔다.

그렇게 그날 일정은 끝났고 이제 집에 갈 시간이 되었다. 이것이 러시아에서 경험한 마지막 탐사 여행이었다.

* * *

돌아와서 우리 팀은 모두 샘플을 분석하고 데이터를 해석하며 각자의 연구 결과를 비교 검증하고 깊이 파고들었다. 일부 연구자들은 여러 분야를 넘나들며 연구를 확장했는데, 만약 혼자 일했다면 이런 데이터와 아이디어를 생산하지 못했을 것이다. 우리가 출간한 논문의 저자 목록을 보면 러시아인과 미국인, 노르웨이인이 함께 글을 쓰고, 기후 전문가와 암석학자가 협력해 연구했다는 사실을 알 수 있을 것이다. 가끔은 성격상 서로 충돌하고 협조하지 않으려 하기도 했다. 또 가끔은 필요한 자료만 가져가 각자의 집에서 할 수 있는 작업만 하기도 했다. 그동안 다른 학자들을 공동 연구의 공동 저자로 초대하지 않았던 지질연대학자들도 비슷한 모습을 보였다. 하지만 이들의 작업은 나머지 모든 것의 열쇠였고, 우연이 아닌 인과 관계를 증명하기 위해 꼭 필요했다.

오슬로대학에서 온 헨리크 스벤센과 스베레 플란케는 내가 처음 시베리아 현장 연구를 떠났을 때부터 함께 일했고, 잉리 오르네스와 크리스텐 프리스타드 역시 오슬로에서 왔으며 모스크바에서 온 알렉산드르 폴로조프는 프랑스 그르노블대학의 공동 연구자 니크 아른드와 여러 해 동안 함께 일했다. 그들은 마그마가 분출하는 과정에서 지나는 암석에 열을 가하며, 이때 가열된 암석들이 기후를 변화시킬 만큼 엄청난 양의 기체를 방출한다는 것을 발견하고 증명했다.

이제 우리는 그 기체의 일부가 마그마 자체에 의해 운반되어 대기권 높은 곳까지 퍼져 나가 곧장 비에 섞여 지표면으로 돌아오는 대신 실제로 기후를 변화시켰다는 것을 증명해야 했다. MIT에서 박사 논문을 작성하는 데 이 연구의 일부가 필요했던 벤 블랙은 공동 연구자인 잉그리드 우크스틴스 피트, 마이클 로, 그리고 나와 함께 마그마 자체에도 기후 변화를 일으키는 기체가 있다는 사실을 증명했고, 해당 지역 전역에서 채집한 샘플 속 용해 함유물에서 휘발성 원소의 양을 측정했다. 우리는 마그마 안에 탄소나 황뿐만 아니라 플루오린과 염소 역시 놀랄 만큼 많이 함유되어 있다는 사실을 발견했다. 단순히 맨틀에서 녹기만 해서는 이런 양이 나올 수 없었다. 그보다는 우리가 나중에 증명했듯이, 마그마가 지표면으로 이동하는 동안 머물렀던 퇴적암과 탄화수소의 저장고에서 이런 원소들이 나와야 했다.

벤 블랙은 MIT 소속 벤 와이스를 비롯한 다른 팀원들과 함께 자기 측정법을 활용해 화산쇄설물 일부가 섭씨 600도 이상에서 분출되었다는 것을 보여주었다. 그 쇄설물은 마그마가 호수와 상호 작용한 결과도 아니었고, 나중에 풍화나 입자의 재배열을 겪은 결과물도 아니었다. 쇄설물은 16킬로미터에서 19킬로미터 높이까지 기체 기둥이 솟아오르는 동안 막 생성된 채로 뜨겁게 분출되었을 텐데, 이런 기체 기둥은 오늘날의 폭발적 분출과 비슷한 높이로 솟지만 이전에는 범람현무암이 생겨나는 과정에 포함되었을 것으로 추정되지 않았다. 그리고 마그마에 포함된 황 동위 원소(보통의 황 원소와 무게가 다른)의 무게를 주의 깊게 측정함으로써 우리는 휘발성 물질이 마그마가 처음 녹았던 맨틀이 아닌 지각의 암석에서 왔다는 사실을 보여줄 수 있었다.

우리는 평상시에는 조용한 범람현무암의 용암이 페름기 말기에 대기 중으로 문제의 물질을 방출하고 운반했다는 것을 증명했다. 그 문제의 물질은 이산화탄소, 유황, 할로겐화탄소였으며, 이것들은 오늘날 오존층을 파괴한다는 이유로 국제 조약에 의해 사용이 금지되고 있는 화학 물질과 같은 종류이다. 이제 그 다음 단계로 우리는 마그마와 용암에서 내뿜은 기체가 당시 지구상의 생물들에게 대혼란을 일으킬 만큼 엄청난 양이었다는 사실을 보여줄 필요가 있었다.

아나 페티소바, 로마 베셀로프스키, 볼로디아 파블로프와 그들이 속한 큰 연구 팀은 이 간헐적인 폭발의 속도를 밝히기 위해 시베리아 전역의 범람현무암을 대상으로 민감한 자기 측정법을 활용해 연구를 진행했다. 지구의 자기장은 매년 우리가 측정 가능한 만큼 움직이기 때문에 샘플에 기록된 자기장의 방향을 비교하면 얼마나 많은 분화가 서로 가까이에서 일어났는지, 분화 사이의 공백이 언제 찾아왔는지 알 수 있었다. 범람현무암 대다수는 약 50만 년 동안 마그마가 분출되며 생성되었지만 그 50만 년 중에 대부분의 분출물이 나온 시기는 1만 년 정도에 불과했다. 이 시점을 알아내는 것은 우리 연구의 그다음 단계, 즉 기체 방출이 대기권에 미친 효과를 살피는 데 필요했다.

벤 블랙과 나는 국립대기연구소의 기후 모델링 전문가인 제프 키엘, 장프랑수아 라마르크, 크리스틴 실즈와 팀을 꾸렸다. 이들은 페름기 말 연구를 위해 설계한 컴퓨터 모델을 이미 갖고 있었다. 우리는 마그마가 생산하는 기체의 양과 위치를 모델에 입력하고 실행해서 무슨 일이 일어나는지를 살폈다. 시베리아 범람현무암에서 방출된 할로겐화탄소는 전 세계 오존층의 70퍼센트를 파괴했을 테고 황화합물 때문에 북반구에서는 레몬 즙처럼 강한 산성을 띠는 비가 내렸을 것이다.

스탠퍼드대학의 존 페인과 동료들은 중국을 비롯한 세계 여러 곳에서 해양 동물이 멸종했다는 사실을 증명할 새로운 암석 노두를 탐사했다. 이들의 연구는 당시 수생 생물이 계속 번성했지만 기후가 수백만 년 동안 요동치다가 조금씩 안정화되는 과정에서 생물 종이 전부 죽거나 이전 종의 축소판처럼 쭈그러드는 과정을 보여주었다. 빠른 속도로 멸종이 이루어지는 가운데 가끔씩 회복되는 모습이다. 이런 생물들의 껍데기 두께를 측정한 결과 또한 산성비에 관한 벤 블랙의 연구 결과를 뒷받침했다. 바다는 계속해서 산성화되었던 것이다.

페름기 말기의 암석에 기록된 바에 따르면 전 세계적으로 탄소의 조성은 급격하게 변화를 겪는다. 대다수 다른 원소들이 그렇듯 탄소 역시 동위 원소라고 불리는 몇 가지 무게가 다른 버전이 있다. 대기 중 이 동위 원소들의 비율은 연체동물이 껍데기를 만드는 데 사용하는 탄산염 분자로 이어지며, 이것과 해저의 탄소가 풍부한 퇴적물 안에 포함된 탄소 동위 원소들의 비율은 탄소가 어디에서 왔는지에 따라, 그리고 시간에 따라 달라진다. 맨틀에서 비롯한 탄소는 일반적인 화산 작용에 의해 방출되며, 무거운 동위 원소가 더 풍부하다. 반면에 식물이 공기와 토양에서 뽑아낸 탄소에는 보다 가벼운 동위 원소가 포함되며, 그래서 석탄과 석유는 가벼운 편이다. 페름기 말기에는 지구 전체가 갑자기 가벼운 탄소에 압도되어, 당시 전 세계의 탄소 기록을 살피면 가벼운 탄소 동위 원소 쪽으로 잠시 여행 가듯 이행이 이루어졌다. 펜실베이니아주립대학교의 리 쿰프와 그의 학생 잉 추이는 이 '여행'을 일으키는 데 필요한 탄소의 양을 모델링해 그것의 원천을 규명하는 데 성공했다.

마지막 시베리아 탐사가 끝나고 약 5년이 지나 우리는 화산 쇄설물을 분석했고, 나와 벤 블랙, 로마 베젤로프스키, 캐나다 지질조사국의 스티브 그래즈비, 오미드 아다카니언, 파리보르즈 구다르지는 현미경으로 살펴 안가라강 유역과 니즈냐야튠구스카의 암석에서 석탄이 고온에서 탔다는 증거를 발견했다. 우리는 여러 번의 시베리아 탐사 여행에서 마그마와 석탄이 함께 지표에 남은 곳을 살피면서도 석탄이 상당량 연소되었다는 확실한 증거는 발견하지 못했다. 하지만 남쪽의 광대한 화산쇄설물 절벽을 이루는 작은 광물 알갱이들 사이에는, 마그마가 땅속에서 석탄과 상호 작용해 분출된 기체 기둥 안에서 석탄을 연소시키고 그 탄소를 전 세계 대기로 퍼뜨렸다는 사실을 보여주는 단단한 검은 구체 수백 개가 숨겨져 있었다.

이제 우리는 분화가 기후를 변화시키는 기체를 만들어냈고 그 양이 대멸종을 일으키기에 충분했다는 사실을 알았기 때문에, 마지막으로 이 분화와 페름기 말의 대멸종이 정말 시간적으로 관련이 있다는 주장을 증명해야 했다. 세스 버기스와 샘 보링은 연대 측정 방식을 개선하기 시작했고, 결국 화산 폭발이 시작된 이후에 멸종이 일어났다는 것을 증명했다. 만약 멸종이 먼저 일어났다면 어땠을까? 멸종이 화산 폭발을 일으키지 않았다는 건 꽤 확신할 수 있는 사실인 만큼 두 사건은 그저 놀라운 우연의 일치였다. 하지만 이런 간단한 문장으로 우리가 한 수년의 노력을 제대로 보여줄 수는 없을 것이다. 세스와 샘은 먼저 우라늄납**U-Pb**을 이용한 연대 측정법의 정확도를 높이기 위해 새로운 실험 기법을 개발했다. 그들은 일단 대멸종이 지금으로부터 2억 5195만 년 전에 시작되었고 멸종이 진행된 기간이 최대 6만 년을 넘기지 않았다는 사실을 보여주었다. 그 기간은 얼마든지 더 줄어들 수 있어서 최소 100년일 수도 있지만 이들의 매우 엄밀하고 정확한 기법을 활용해도 기간이 더 줄지는 않았다. 그런 다음 두 연구자는 2억 5240만 년 전에 시작해 적어도 2억 5140만 년 전까지 이어지며 생성된 분출암(지하에서 냉각되기보다는 지표면으로 분출된 암석)의 연대를 측정했다. 그런데 이 암석은 멸종이 일어난 약 2억 5190만 년 전까지는 대부분이 생성되었다. 따라서 대멸종이 일어나기 전에 분화가 대부분 이루어진 셈이었다.

우리는 앞에 언급한 이들을 비롯해 더 많은 사람이 참여한 연구를 통해 시베리아 범람현무암이 생성되던 분출 과정이 페름기 말기의 대멸종을 야기했다는 사실을 확인했다. 분출 과정에서 오늘날 인류가 대기에 방출하는 것과 같은 화학 물질들이 많이 방출되도록 대기의 화학적 조성이 변화했기 때문이다. 이 새로운 지식을 얻는 과정에서 우리 팀은 여러 젊은 과학자를 훈련시켰고, 8개국과 여러 학문 분야에 걸친 과학자들은 서로 강하고 지속적인 유대를 형성했다. 또한 일반 대중을 위해 여러 언어로 된 과학 자료를 작성하고 스미스소니언 채널에서 상영된 다큐멘터리 영화를 제작하는 데 도움을 주었다. 우리는 동료 검토를 거친 과학 논문을 60편 넘게 발표했고, 현재의 과학 기술로 가능한 한 최선을 다해 시베리아 범람현무암이 그 생성 과정에서 오늘날 인류가 만들어내는 것과 놀랄 만큼 유사한 기후 변화 기체를 방출했고, 이 기체가 페름기 말기에 지구에 서식하던 다세포 생물 대다수를 죽음으로 몰고 갔다는 사실을 증명했다.

7장

예정된 기대 너머에서

K 삼촌과 엘리너 숙모가 사는 필라델피아의 집 뒤편에는 회양목 덤불로 둘러싸인 점판암 테라스가 있었다. 여기서는 구부러진 층층나무가 가장자리로 늘어선, 얕은 수영장이 내려다보였다. 삼촌의 이름은 원래 프랭크지만 삼촌의 친구이자 엘리너 숙모의 남동생인 프랭크 보든과 이름이 같아서 혼동을 막으려고 중간 이름의 첫 글자인 K로 불렀다. 우리가 대화를 나누는 낮은 탁자 위에는 실내 디자인과 식물 가꾸기 실력이 반영된 엘리너 숙모의 난초 화분들이 올려져 있었다. K 삼촌은 엘리너 숙모가 가장 좋아하고 이제 나 또한 가장 좋아하는 특별한 샴페인인 뵈브 클리코를 잔에 따랐다. 기민하고, 유쾌하고, 다른 사람의 흥미를 돋우며 대화에도 능숙한 두 사람은 나를 기분 좋게 맞았지만 나는 곧 두 분의 훌륭한 매너가 내가 감당하기는 조금 벅차다고 느꼈다.

그래도 두 분과 어울리고 싶었다. 우리는 저녁 식사 전에 내가 방금 수락한 카네기과학연구소 학과장직에 관한 이야기를 나누고 있었다.

K 삼촌은 사회에서 이름이 높았다. 펜뮤추얼의 CEO이자 이사회 의장을 맡고 있는 삼촌의 멋진 사무실은 마치 호텔 같았고 필라델피아 자유의 종이 바로 내려다보이는 위치에 있었다. 삼촌은 내가 지금까지 만난 사람 가운데 가장 흠잡을 데 없는 전문가였다. 삼촌의 침착한 표정과 높낮이 없고 단호한 목소리는 이분이 해군 출신이라는 점과, 압박을 받아도 우아함을 잃지 않는 성격이라는 점을 드러냈다.

18세기에 제4대 체스터필드 백작 필립 스탠호프는 아들에게 보낸 편지에 성공적인 외교관이나 정치가가 되기 위한 지침을 남긴 적이 있다. '표정은 느긋하게 활짝 펴고 모든 생각은 자기 안에 간직하라'가 그것이다. K 삼촌은 그것보다 더 나은 무언가를 성취했을지도 모른다. 삼촌은 인위적으로 숨기지 않아도 문제없는, 전체적으로 명료한 사람이었다. 나는 삼촌의 침착함을 동경했다.

나는 그간 내린 어려운 결정들을 생각하면서, 이제 내가 한 학과의 리더로 한 발짝 더 발전했다는 사실을 깨달았다. 또 내 책상 건너편에서 누군가는 불만을 느낄 것이며 금방이라도 싸움을 걸고 싶어 하는 사람도 있으리라고 생각했다. 화난 사람을 상상하기만 해도 불안했다. 그래서 K 삼촌에게 이럴 때면 어떻게 대처했는지 물었다. 어떤 식으로 어려운 결정을 내렸고, 나쁜 소식을 전할 때는 사람들을 어떻게 대했을까?

그러자 삼촌은 그런 순간에도 결코 긴장한 적이 없다고 대답했다. 일단 스스로 옳은 결정을 했다는 사실을 직감했기에 감정적으로 힘들지는 않았다는 것이다. 삼촌이 정말 대단하다고 생각했다. 수천 명에게 영향을 끼칠 결정을 내려야 하는 순간을 상상해보라. 그래도 나는 직감적으로 내 결정이 옳다고 느끼는 것이 어떤 기분인지 알았다. 예컨대 나는 승마를 그만두거나 벤 블랙을 대학원에 입학하게 해야 한다는 결정이 옳다고 뚜렷하게 느꼈다. 하지만 그 순간에도 나는 여전히 리더로서 나에게 따르는 수많은 문제를 과연 명확하게 결정 내릴 수 있을지 상상하기 힘들었다. 내가 준비가 되었든 그렇지 않든, 침착하고 집중하고 있든 지치고 신경이 곤두서 있든 말이다.

카네기과학연구소에서 나는 총장 아래 속한 6개 연구 부서 중 유서 깊은 지구자기학과를 이끌 것이다. 카네기과학연구소는 앤드루 카네기가 세운 20여 개 기관 중 하나로 그의 이름을 따 기관명이 정해졌다. 1902년에 세워진 이 과학연구소는 과학자들이 기관의 자금 지원에 과하게 영향을 받거나 성과에 대한 부담을 느끼지 않고 연구하게 돕기 위해 설립되었다. 시어도어 루스벨트 대통령도 카네기과학연구소의 창립 이사회에서 일한 적이 있다. 또한 우주가 팽창하고 있다는 것을 발견한 에드윈 허블과, 그 후계자로 우주의 팽창을 가장 정확하게 계측한 웬디 프리드먼도 이 연구소에서 일했다. 이 단체는 미국 국립과학재단이 설립되는 데 영향을 끼쳤으며, 우리 세계를 둘러싼 인류의 지식에 여러 중요한 돌파구를 찾아 왔고 지금도 계속 찾고 있다.

나는 연구소가 설립된 이래 이 학과의 7번째 학과장이었고, 최초의 여성 학과장이기도 했다. 내 밑으로 상근 연구원 15명의 지원을 도맡았는데, 이들은 교수와 비슷한 지위였지만 이 연구소는 학위 수여 기관이 아니기 때문에 학생을 가르치지는 않았다. 워싱턴 D. C. 북서쪽에 자리한 수도원 같은 이 연구소에서 과학자들은 행정적 지원을 받으면서 무엇이든 자유롭게 고민하고 끊임없이 연구할 수 있었다. 나는 이들 과학자를 이끄는 데 시간을 할애하면서 동시에 내 연구도 이어가기를 기대했다.

연구소 일은 몹시 즐거울 것이고, 내게 동료애를 느끼게 해줄 것이다. 하지만 동시에 학과장으로서 구성원들이 업무상의 문제를 극복하고 서로 간의 갈등을 해결하도록 도와야 하며, 예산, 인력, 정책과 관련해 분명 일부를 불쾌하게 결정을 내려야 할 거라는 사실을 떠올렸다. 어쩌면 누군가를 해고해야 할지도 몰랐다. 나는 자신의 가치를 스스로 알아야 한다는 K 삼촌의 조언을 여러 번 되새겼다.

이전에 일반 회사를 다니면서 익혔던 의사소통, 팀 구성, 보고서 작성, 판매, 마케팅, 추세 예측, 예산 편성 관련 기술은 MIT에서 연구 팀을 운영하게 되면서 갑자기 매우 중요해졌고, 마침내 이 연구소의 학과장이 되어 직위를 수행하는 데서 더 중요해졌다. 회사에 다닌 몇 년 동안 나는 경영 기술의 기초를 배웠고,

이후 10년 동안 사람들과 협업하며 내 능력을 크게 확장시켰다. 우리가 서로를 대하는 방식, 즉 팀의 문화가 우리 팀의 성공을 결정짓는 열쇠가 될 것이었다.

* * *

내가 어느 정도 지위에 오르자 학생들은 종종 나에게 조언을 구하러 왔다. 아마 어떤 분야에서든 목소리를 내기 어려운 이들이 공유하는 경험일 것이다. 내가 박사 후 연구원으로 일하던 30대 초반에도 한 대학원생이 나를 찾아와 자기가 지도 교수와 겪고 있는 문제를 상담한 적이 있다. 그 지도 교수는 그 학생의 자료를 가져가 다른 사람이 제1저자인 논문에 사용하려던 것 같았다. 이 학생은 지도 교수가 주기적으로 자기 자리를 뒤지고 컴퓨터 파일을 살핀다고 나에게 털어놓았다. 그리고 화가 나지만 동시에 두렵다고도 말했다. 학생이 불만을 제기하고 여기에 지도 교수가 보복한다면 이 사람의 학계 경력은 그걸로 끝이었다.

그때 우리는 함께 이 학생이 고려했던 여러 가능한 대응책을 하나씩 검토했다. 지도 교수와 직접 이야기하기, 학과장에게 말하기, 다른 교수나 다른 직위에 있는 사람, 또는 총장에게 이야기하기, 지금 겪는 문제를 일목요연하게 문서로 정리하기, 책상 서랍에 부비트랩을 설치한 뒤 다른 대학으로 떠나기, 항의하지 않고 지금 상태로 두기 등이었다. 물론 이런 문제에 대한 해결책을 명확하게 제시할 수는 없었다. 그 대신 내가 인생을 살아가면서 어느 정도 비슷한 유형의 문제들과 맞닥뜨렸으며, 그때 내가 어떻게 했고 어떤 결과를 얻었는지 이야기해 주었다. 나는 정답이 무엇인지 확실히 알지 못했다. 단지 몇 가지 방안은 괜찮고 몇 가지는 좋지 않다고 느낄 뿐이었다.

그리고 나는 그 좋거나 나쁜 감정을 구체적으로 풀어낼 방법을 고민했다. 나는 나 자신에게 이렇게 물었다. 10년이 지나 이 문제를 돌아볼 때 어떤 행동을 했을 때 자랑스럽다 여길 것인가? 나는 이 지침을 이후로도 여러 번 활용했다. 10년 뒤에 돌이켜 보았을 때 나 자신이 자랑스럽게 느껴진다면 그 길이 올바른 길이다. 우리는 이런 길로 나아가야 한다. 겁먹지 말고 미래의 관점에서 명료한 눈으로 보아야 한다. 추악하고 보잘것없는, 즉각적이고 감정적인 보상을 받으려고 하지 말라. 올바른 길로 나아가라.

여기까지 생각하자 나 자신의 아이러니한 점이 스스로도 놀라웠다. 회사에서 일하다 다시 학계로 돌아왔을 때, 사람들은 내게 어떻게 윤리도 가치도 결여된 회사라는 곳에서 일할 수 있었냐고 자주 질문했다. 내가 경험한 것은 그저 어떤 집단이든 그곳의 문화는 저마다의 윤리를 떠받들거나 파괴하며, 어떤 분야든 사람이 일하는 곳에는 온갖 다양한 문화가 존재한다는 것이었다. 기업에도 매우 윤리적이고 배려심 있으며 원칙을 중시하는 문화가 있다. 또 학계에도 무례하거나 이기적이고, 타인을 괴롭히는 문화가 있다. 그 반대도 마찬가지다. 나는 카네기과학연구소의 문화가 나를 얼마나 변화시킬지, 또 내가 그곳을 얼마나 변화시킬 수 있을지 궁금해졌다.

⋆ ⋆ ⋆

지구자기학과와 그 관계 기관인 지구물리연구소가 자리한 카네기과학연구소 본관의 높은 화강암 계단을 오르다 보니 그 격식과 인상적인 역사가 마음 깊이 다가왔다. 미국이 가진 특권의 보루 중 하나인, 워싱턴 D. C. 셰비체이스에 자리한 이 아름다운 4만여 제곱미터 넓이의 연구소는 외부와 격리되어 평화롭게 연구하는 장소이다. 이곳 지구자기학과에서 일하던 중 암흑 물질의 존재를 확인한 공로로 국가과학훈장을 받은 천문학자 베라 루빈은 내가 연구소로 자리를 옮겼을 때도 여전히 일하고 있었다. 루빈은 내가 재직하는 동안 은퇴하여 나는 루빈과 함께한 마지막 학과장이자 그의 친구였다. 이 학과는 1902년에 지구의 자기장에 대한 최초의 종합적인 지도를 만들기 위해 설립되었다. 도착한 첫날 계단을 올랐던 아벨슨관은 1914년에 지어졌다. 아벨슨관 모퉁이의 내 사무실로 걸어가다 보면 벚꽃과 층층나무, 그리고 원자물리학관측소의 금속 돔이 보였다. 관측소에는 미국에서 우라늄 핵분열을 처음으로 시연했던 300만 볼트의 밴더그라프 발전기가 있었다. 사무실로 들어갈 때는 개인용 문을 사용하거나 방문객처럼 대기실과 경험 많은 부학과장 잰 던랩의 사무실을 거쳐 들어갈 수도 있었다. 잰은 나를 아주 따뜻하게 맞이했지만, 학과장이 어떤 사람이어야 하며 어떻게 행동해야 하는지에 관해 꽤 강한 의견을 갖고 있었다.

우리가 초기에 서로 의견이 맞지 않았던 주제는 사람을 호명하는 방식이었다. 나는 모든 사람이 서로 이름을 부르면서 인사하는 쪽을 선호했다. 존칭과 존댓말을 없애면 모든 사람이 아이디어와 가치에 기여하고 평가받을 수 있는, 더 공평한 경쟁의 장이 만들어진다. 전통적으로 그러한 역할에서 제외된 사람들(여성, 비백인 같은)의 이름 뒤에 '박사'나 '교수'를 붙이는 것에도 충분한 이유가 있지만, 그럼에도 협력하고 경쟁하는 과정에서 이들과 동등하게 연구에 참여하는 학위 없는 팀원들은 즉시 하위 직급으로 강등되고 만다. 그래서 나는 가능하면 모든 사람이 서로를 이름으로 불렀으면 했다. 하지만 이는 학과의 기존 관행에서 벗어나는 것이어서 나의 주장은 작은 파문을 일으켰다.

나의 성별과 관련해서도 작은 문제가 생겼다. 나는 이 학과의 첫 여성 학과장이었다. 전임자였던 션 솔로몬은 항상 정장에 넥타이를 맸는데 이런 차림에 그의 전문 지식과 권위적인 태도가 더해져서 학과장 직책에 엄청난 무게감이 더해졌다. 그러면 나의 옷차림과 대화 방식, 의사 결정 스타일은 어때야 할까?

나는 학부의 관리부장인 테리 스탈이 흠잡을 데 없이 정리한 공식 문서들을 살폈다. 나는 그에게 매달 언제 어디서 수입이 들어오고 어디로 지출되는지 보여주는 현금흐름표를 달라고 부탁했다. 하지만 그는 이렇게 대답했다. "아, 우리는 그렇게 하지 않아요." 내가 이후로 꽤 자주 들었던 문장이다. 카네기과학연구소는 새로운 길을 개척하는 것이 목표인 순간을 제외하고는 전통에 끌려갔고, 나는 그런 방식이 잘못되었다고 확신했다. 시간이 흐르면서 테리와 나는 서로를 존중하는 훌륭한 업무 동반자 관계를 형성했다. 테리는 내가 그의 전문성에 의문을 제기하는 것이 아니라, 반세기 넘게 변하지 않은 경영 관행에 의문을 제기하고 있다는 사실을 깨달은 듯했다.

나는 새로운 계획을 세워 길을 찾기도 하고, 건물 관리자들의 초과 근무 수당이 부족하다는 오랜 문제를 해결하기도 하고, 청소 팀 직원을 성추행한 시설 관리인을 해고하기도 하면서 천천히 한 걸음씩 나아갔다. 나는 내가 이곳을 이끌 수 있을지를 두고 품었던 불안을 극복하는 중이었고, 누군가의 틀에 맞추지 않고 나 자신의 방식으로 이끌어 가고 있다는 점을 매일 더 명확하게 느꼈다. 존칭 사용 문제를 두고 사람들이 보인 반응은 마치 모래 상자 속에 묻힌 돌멩이들이 표면에 드러날 때까지 상자를 흔드는 것처럼, 모든 사람이 여성이 맡을 수 있는 역할에 대해 적어도 무의식적으로 갈등을 겪는다는 사실을 분명히 보여줬다.

내 마음은 K 삼촌이 등장하는 훨씬 더 먼 과거의 기억으로 돌아갔다. 기술 회사들을 위해 사업 계획서를 작성해주는 작은 회사를 운영했던 20대 무렵이 생각났다. 비록 그때도 실패를 깊이 고민하는 경향이 있었지만 그럼에도 나는 꽤 많은 성공을 거두었다. 존스홉킨스 의과대학의 의뢰를 받아 의료 기기 자회사 두 곳의 사업 계획서를 작성하기도 했다. 고객들은 나의 실력을 존중했다. 어떤 고객은 내게 몇 가지 프로젝트를 맡기더니 나에게 작은 항공기 회사 운영을 도와 달라고 청하기도 했다. 이 일은 내 심장을 뛰게 했다. 내심 정말 하고 싶은 일이었다. 나는 한 단계 더 나아가고 싶었고 도전하고 싶었다. 유명한 나의 할아버지 존 터복스의 발자취를 따라 걷고 싶었다. 할아버지는 비행기 오토파일럿 장치에 대한 특허를 내고 커티스항공 및 자동차 회사에 자문을 제공하기도 했다. 나는 K 삼촌에게 조언을 구하러 갔다.

우리는 전에도 중요한 대화를 나누었던 그 테라스에 나가 철제 테이블을 사이에 두고 음료를 마셨다. 나는 내가 받은 제안을 약간 즉흥적으로, 지나가는 말로 언급했다. 심지어 이야기를 하면서도 회사를 실제로 소유하는 건 꿈도 꾸지 않았다. 삼촌은 항공기 회사의 대표라는 자리가 나처럼 젊은 여성에게는 턱도 없다 생각했는지 말 그대로 눈물을 흘릴 때까지 웃었다. 삼촌이 그 생각을 너무 우스꽝스러워해서 그 주제에 대해 다시 말도 꺼내지 않았다. 삼촌은 아마 내가 삼촌과 똑같이 생각한다고 여겼을 것이다. 삼촌에게 그때 왜 웃었는지 물어보지는 않았다. 사실 삼촌이 내게 온 기회를 무시한 것도 상처겠지만 삼촌의 말이 옳을까 봐 더 걱정했다. 그 뒤로 나는 그 이야기를 잊었고 경영 쪽으로 나간다는 건 더 생각하지 않았다. 그리고 이후 내가 무엇을 원하는지, 무엇을 할 수 있다고 생각하는지, 또 세상이 나에게 무엇을 허락하는지 알기 위해 고군분투했다.

K 삼촌과 그 일이 있고 몇 년이 지나 나는 컨설팅 회사를 그만두고 박사 학위를 받으러 대학으로 돌아갔다. 사람들은 학문적 성과가 높은 사람들이 어린 시절부터 이어진 타고난 천재성과 추진력을 통해 박사 학위를 딴다고들 생각한다. 나의 경우는 어떨까? 나는 성취도가 높다고 볼 수는 있어도 타고난 천재였다든가 어린 시절부터 동기 부여가 잘 되어 추진력을 얻은 덕분이라고는 할 수 없을 것이다.

하지만 대학원에서 동료 연구원들과 학과장은 내가 20대 때 학계를 떠났다는 사실을 알지 못했다. 사람들은 내가 아직 종신 재직권이 없는 주니어 교수이기에, 학계를 떠났던 시절을 이력서에 언급하지 않는 게 좋겠다고 조언했다. 사람들은 학문의 길에서 한 치도 벗어나지 않은 모습을 내게 기대했다. 그래서 내가 고등학생과 대학생을 대상으로 쓴 과학 기본서 시리즈에 관해서도 이력서에 쓰지 말라고 했다. 학계는 내가 마치 레이저 광선처럼 연구를 향해서만 올곧게 나아가는 것처럼 보이기를 바랐다. 봉사 활동이나 대중을 위한 글쓰기, 초·중등학교 교재 집필도 귀한 일이기는 하지만, 아주 중요하고 어려운 과학적 발견에 헌신하지 않는 것처럼 보는 듯했다. 그뿐만 아니라 내가 일하면서 습득했던 조직 관리, 재정 관리에 관한 능력은 교수로서 나의 자격을 평가하는 데 논외로 여겨졌다.

그러다 마침내 40대가 되어서야 그 모든 기술을 발휘할 날이 왔다. 그제야 조직 관리나 재정을 꾸리는 능력이 필요했고, 동시에 지금껏 얻은 모든 전문 과학 지식이 필요했다. 실제로 어떤 조직을 이끌게 되면서 나는 마침내 나 자신이 아닌 또 다른 유형의 '리더다운' 사람이 될 필요는 없다는 사실을 깨달았다. 예컨대 옷차림이나 태도, 행동에서 전형적으로 지배적인 분위기를 풍기는 사람이 될 필요는 없다. 나는 진정한 나 자신으로 남을 수 있고, 그렇게 함으로써 최선의 결정과 실천으로 명확하게 나아갈 수 있었다. 가장 나다운 내 모습은 가끔은 반짝이는 매니큐어를 바르고 검은 가죽 부츠를 신는 것, 그리고 잘 웃는 모습이다.

* * *

2011년 이곳에 부임하던 첫날은 리더십의 새로운 단계로 도약하는 것처럼 느껴졌다. 당시 나는 도전과 변화를 일구어낼 기회를 얻고 싶어 이 직책을 맡았다고 생각했다. 적어도 MIT에서 계속 있으면 앞으로 10년 안에는 얻기 힘든 기회였다. 나는 새로운 차원에서 자유로운 결정권과 내가 끼칠 영향력을 경험하기 위해 제안을 수락했다. 이 모든 것이 나에게 행복을 가져다주었다.

물론 훨씬 더 두둑해진 급여 또한 마음에 드는 선물이었다. 나는 그동안 동료들과의 형평성을 바라는 경우 외에는 월급에 큰 관심이 없었다. 메릴랜드의 세인트메리대학에서 전임 수학 강사로 일할 때 동료에게 다른 물리학 강사의 급여를 들은 적이 있다. 그는 나보다 거의 두 배를 벌었다. 황당하고 분노가 솟구쳐 얼굴에 피가 확 몰렸다. 나 자신이 약하고 가치 없는 사람처럼 느껴졌다. 화가 나서 학과장을 찾아가 이 불평등한 임금에 대해 따졌다. 학과장은 자신이 그동안 눈치 채지 못했던 불공평함을 갑자기 깨달은 듯 눈빛이 다소 흔들렸고 허를 찔린 듯했다. 그저 내 추측일 뿐인지도 모르지만.

학과장은 잠시 침묵 끝에 대답했다. "음, 그 사람은 박사 학위를 따려고 몇 년을 보냈잖아요."

내가 대꾸했다. "하지만 저는 석사 학위를 마쳤고 그 사람은 그렇지 않잖아요."

"그건 그렇죠……."

거기까지가 내가 들은 전부였다. 그때는 다른 길로 갈 생각을 하지 못했다. 그리고 그때 경험한 불공평함을 다른 여러 불만과 함께 쌓아 두기만 했다. 세월이 흐르면서 그 불만 더미가 커졌고 이제 더 빠르고 격렬하게 분노하게 된 것은 아닌지 조금은 걱정이 됐다. 그런 만큼 여기서는 MIT에서 받은 급여보다(사실 급여는 특정 연도에 새로 부임한 교수들에게 전부 똑같이 지급되어야 했다. 그것이야말로 평등으로 가는 핵심 단계다) 많은 급여를 받는 건 환영이었지만 사실 그것이 자리를 옮긴 주된 목적은 아니었다.

나는 워싱턴의 새집 부엌에 서서 수업 때문에 집을 보러 오지 못한 제임스에게 화상 전화로 결정을 공유했다. 집은 정말 마음에 들었는데 특히 내가 살펴 산 집이고 가구까지 직접 골라 들여놓았기 때문이었다. 그리고 오빠 짐에게 나의 새 직장에 관해 이야기했다. 짐 역시 자신이 자기 분야에서 정상에 올랐다는 느낌이 든다고 말했다. 나는 약간의 오한과 함께 불길한 기운을 느꼈다. 내가 보기에 오빠는 항상 직업적으로 엄청난 성공을 거두었으며 자신만만했고 자기가 내리는 결정에 대해 신기할 만큼 확신했다. 오빠는 미술사를 주제로 서른 권이 넘는 책을 출간했고 세계적으로 유명했으며, 자기 분야에서 나보다 훨씬 명성이 높았다. 오빠는 시카고아트인스티튜트에서 중요한 직책을 맡고 있었고, 다른 자리로 와 달라는 제안을 여러 번 받았다. 일자리 제의는 학계에서 성공을 가늠하는 척도였다.

사실 나는 그동안 짐 덕분에 많은 것을 배웠다. 오빠는 내가 중학교, 고등학교, 대학교에 다닐 때 나에게 책을 선물했고 그 독서는 20대를 거치면서 내 인생을 바꾸었다. 오빠 덕분에 나는 엘리아스 카네티의 『군중과 권력』을 읽었고 체스와프 미워시의 시와 명저 『사로잡힌 마음The Captive Mind』을 접했다. 또 루이즈 글릭과 캐시 애커의 목소리를 알게 되었고 중국 고전 소설 『서유기』와 『홍루몽』까지 시야를 넓혔다. 특히 오빠가 준 로베르트 무질의 『특성 없는 남자』는 내가 지금까지도 여기서 얻은 패러다임을 떠올리며 삶을 분석해보는 책이다. 과학에 처음 입문했을 때 오빠는 토머스 쿤과 칼 포퍼의 책을 건네 나를 준비시켰다. 또한 몇 년에 걸쳐 매일 함께 플루트와 피아노 듀엣 연주를 하면서 음악적 소양을 키워주었다. 학교에서 돌아오면 보면대에 새로운 악보가 있어 곧장 보면서 연주할 수 있었다. 또 오빠가 음악 도서관에서 악보를 빌려 오면 나는 그걸 외울 때까지 듣고 따라했다. 비제의 「카르멘」을 그렇게 익혔다. 처음 오페라를 보러 가는 데 도움이 되라고 오빠가 준비해준 거였다. 오빠는 나에게 미술과 박물관, 비평에 대해서도 가르쳐주었다. 막스 에른스트, 노먼 록웰, 장 뒤뷔페의 작품(나는 가장 좋아하는 예술 작품으로 그의 초기 그림을 꼽는다)을 비교하는 글을 쓰도록 격려하기도 했다. 오빠와의 대화로 나는 나중에 예술을 통해 우주 탐사, 과학, 공학을 해석하고 연결하는 나사의 '프시케 예술 인턴 프로그램'을 기획하기도 했다. 오빠가 선사한 풍요로운 예술의 샘물이 내게 하나의 세상을 열어주었다.

어쨌든 그날 문제의 핵심은 내가 새로 받게 될 급여가 학계 기준으로는 높은 편이었고 오빠가 그 사실을 알아챘다는 점이었다. 갑자기 어딘가에서 허우적거리는 기분이었다. 강가에서 잡담을 나누던 차에 갑자기 차가운 물에 빠져 사다리를 찾아 헤매는 것 같았다. 내가 사과해야 했을까? 아마도 내가 인문학계와 과학계의 급여 불평등에 관해 뭔가 애매한 말을 한 듯했다. 하지만 그날 나는 오빠의 눈에 내가 원래 있어야 할 곳에서, 내가 열망하도록 허락받지 않은 곳으로 경계를 넘었다는 사실을 깨달았다. '여성은 과학 분야에서 지도적 자리를 차지할 수 없다'고 생각하는 사람들의 관점에서 경계를 넘어선 적은 있었지만 오빠와 나 사이에 그런 경계가 존재한다고는 전혀 생각하지 못했다.

갑자기 찬물에 빠졌다는 느낌, 어딘가 잘못되어 허우적대고 있으며 여기서 빠져나가고 싶다는 생각이 머릿속에 남았다. 내 가족이 내가 거둔 성공을 순수하게 기뻐하지 않는 세상은 생각해본 적이 없었다. 지금껏 오빠는 나보다 인생에서 훨씬 성공적이었다. 나는 오빠의 출세를 지켜보며 순수하게 행복했다. 나는 우울증과 싸우며 나 자신을 추스르고 좀 더 좋은 엄마가 되고자 노력하며 대학원에 돌아갔다. 그리고 내가 힘들어하는 동안 가족 모두가 나에게 애정을 쏟고 나를 지지해주었다. 나는 주변을 제대로 살피지 못하고 가족 테두리 안에 머무르는, 어린 여동생이라고만 생각했다.

하지만 그날 나는 내가 오빠의 경쟁자라는 것을 깨달았다. 나는 오빠를 부모로 착각했다. 그리고 궁금해졌다. 만약 우리가 누군가를 사랑한다면 상대의 일이 잘 풀릴 때 당연히 우리 자신도 행복해지지 않나? 내 생각에는 그랬다. 나는 내 애정이 얕아서 그런 것인지, 내 이야기를 가족들에게 비밀로 해야 했는지, 그게 아니라면 훨씬 간추려서 전달했어야 했는지도 궁금해졌다. 그리고 그렇게 했어야 했다는 걸 깨달았다.

누군가의 여동생이자 또 여성으로서 나는 성공을 거두거나 탁월해서는 안 되었다. 숙모 한 분은 내가 아무리 내 일에 관해 겸손하게 이야기해도 꼭 "너는 네 어머니가 적당하다고 생각했던 것보다 더 성공했구나"라고 말씀하신다. 어떤 기준에서 내가 성공했다고 생각하는지는 몰라도, 오빠와 숙모는 내게서 한 걸음 뒤로 물러섰다. 나의 성공은 심지어 내 아들을 약간 불행하게 만들기도 했다. 아들이 저 나름대로 경력을 쌓고 있을 때였다. 이 사실을 알고 나는 가슴이 찢어질 듯 아팠고 내가 분투해 얻은 성공에 대한 기쁨은 이내 회색빛이 되었다. 나는 다른 여성들이나, 사회적으로 과소평가되는 다른 집단 구성원도 비슷한 경험을 하는지 궁금하다. 그리고 내가 관계를 더 잘 쌓을 수는 없었을지도 궁금하다.

애초에 내가 얻고자 했던 것은 무엇이었을까? 다른 사람을 이끄는 리더가 되는 것, 그리고 여기에 따르는 부가적인 일들은 자유를 향한 길처럼 느껴졌다. 나와 함께 일하는 팀원들도 그렇게 느끼기를 바랐다. 그들은 나에게 기회, 존중, 문화, 성취와 같이 인간에게 중요한 주제에 관해 말할 수 있는 위치를 만들어주었다.

성취에 관해 말하자면, 일단 미국에서는 우리는 자유롭게 행복을 추구할 수 있다. 우리는 또한 종종 권력을 추구하고 우상화한다. 행복과 개인의 권력은 어떤 관계일까? 어떤 사람들에게는 성공을 이루는 순간에 행복이 찾아오며 성공은 종종 권력이나 돈, 명성에 좌우된다. 하지만 성공을 통해 얻는 행복은 유난히 덧없는 감정이며, 목표를 도달한 순간에만 잠깐 얻었다가 다시 사라진다. 말하자면 우리는 자유롭게 행복을 추구할 수는 있지만,

성공을 통해서만 행복을 성취하려고 한다면 그것은 막다른 골목에 다다르는 셈이다.

과학계에서 성공을 거둔다는 것은 무엇을 뜻할까? 학계에서 경력을 쌓는 첫 10년 반 동안 가장 기본적인 성공의 척도는 교수 종신 재직권을 얻어 영구히 학문적 지위를 보장받는 것이다(그 과정에서 법이나 규칙을 심각하게 어기지 않는다면 말이다. 하지만 규칙을 위반한다 해도 지위를 잃지 않는 경우도 많다. #미투 운동에 휘말리고도 종신 재직권을 유지하는 데 성공한 사람들을 보라). 어떤 사람들은 종신 재직권을 얻고 난 이후 인생의 의미를 잃기도 한다. 이들은 이런 의문을 품는다. 내가 새로운 과학적 발견을 해내려고 고군분투한다 한들 극소수 사람만이 진정으로 관심을 보일 뿐인데 이런 일을 왜 해야 할까? 나는 지금 무엇을 위해 일해야 할까?

내 분야에서 점차 경력을 쌓아 선배가 되면서 나는 과학자가 누릴 수 있는 최고의 영예 중 하나인 국립과학원의 회원이 되기를 은근히 바라고 기다리던 친구를 몇 명 알게 되었다. 이들은 회원이 된 순간 기쁨에 사로잡혔다가도(회원으로 선출되지 않아 이런 감정을 경험할 수 없었던 사람이 분명 더 많았겠지만) 전보다 더 심한 냉소와 불만족으로 빠져들었다. 이들은 피터 매티슨이 『신의 산으로 떠난 여행』에서 "성공의 황량함"이라고 묘사한 것을 경험하고 있었다. 성공과 그것에 뒤따르는 파트너로 여겨지는 행복은 계속해서 줄어들기만 한다.

그러니 우리는 절대 이룰 수 없는 목표를 세우는 것이 좋다.

그러면 결코 성공에 따르는 실존적 공허에 도달하지 않을 것이다. 내가 프시케 프로젝트에서 성공을 거두고 기분이 무척 좋았던 것도 바로 그런 이유였다. 이 성공은 끝이 아니라 시작이었기 때문이다.

한동안 나는 내가 모범적이거나 성공적이라는 말을 듣는 것도, 과소평가되거나 하대당하고, 훈계받는 것도 바라지 않았다. 나는 이런 마음 상태(사실상 거의 본능적인 반응이었던)에 스스로 어리둥절했다. 내가 지나치게 까다롭고 과잉 자의식에 빠졌던 걸까? 어쩌면 그럴지도 모른다. 하지만 곧 이 생각의 배경을 깨달았다. 위계질서가 있는 조직에서는 위층에 자리한 사람들이 지나치게 신뢰를 받는 반면, 아래층에 있는 사람들은 신뢰를 적게 받는다는 근본적인 불공평함이 있었다. 나는 우리가 각자의 공로와 책임을 스스로 가져갈 수 있는 조직을 만들고 싶었다. 하지만 리더가 된 지금 나는 지나치게 많은 신용을 얻고 있었다.

계층적인 조직은 아이러니하게도 누군가가 동료들의 눈에 얼마나 존재감이 있고 중요한지에 따라 신뢰와 책임, 그리고 사실상 모든 형태의 관심을 받도록 설계되었다. 각 개인은 얼마나 중요하다고 여겨지는지에 비례해 집중적인 관심을 받는다. 일부 계층적 조직은 리더가 집단에 속한 각 구성원에 관심을 보이고 한 사람 한 사람을 알아갈 수 있도록 상대적으로 규모가 작은 집단을 구축하기도 한다(이럴 경우 적당한 집단 구성원의 수가 6명 정도라는 주장이 있다). 이 모델에서 리더는 구성원 하나하나에게 주의를 기울여야 한다는 의무를 갖게 된다. 하지만 그럼에도 위계를 구성하는 각 층은 서로 주의를 기울이는 하위 집단이라기보다는 마치 담요처럼 조직 내 하위 계층의 목소리를 덮어 묻히게 만들곤 한다.

그렇다면 나는 무엇을 위해 리더가 되고 싶었던 것일까? 분명 나는 행복과 권력 둘 다를 얻고 싶었다. 하지만 학계에 뒤늦게 진입해 경력을 쌓은 만큼 일반적인 성공의 지표 중 어떤 것도 기대하지 않았고 그것으로 행복해지리라고 생각하지도 않았다. 오랜 고민의 시간을 보내고 제임스와 나는 우리를 행복으로 이끄는 세 가지가 무엇인지 알아냈다. 그것은 우리가 아침에 누구 곁에서 눈을 뜨는지(서로, 그리고 마음속으로는 가족과 친구), 우리가 어디에 있는지(도시의 주변 풍경), 낮에 누구와 함께 일하는지(하루 중 무척 많은 시간을 함께 보내는 동료 팀원들)가 그것이었다. 이런 요소들은 나에게 마치 신선하고 맛있는 자몽 한 조각, 이른 아침에 숱하게 피는 나팔꽃, 어떤 종인지 새롭게 알아낸 새 한 마리와도 같았다. 나는 지금 나에게 권력이 있다고 느끼곤 하지만 그 책임감 때문에 어깨가 무거워진다. 나는 더 많은 사람에게 더 많은 책임을 지게 되었다.

우리는 무엇을 꿈꿀 수 있을까. 행복과 권력을 원할 수도 있지만, 평등과 같은 멋진 가치를 목표로 삼을 수도 있다. 사람들의 의견에 귀를 기울이기, 다른 이들에게 헌신하기, 정의, 투명한 리더십, 협력, 공동체 같은 것을 목표로 삼을 수도 있다. 나는 사람들이 서로 하대하지 않고 거들먹거리지 않는 세상에서 살고 싶었으며 주변 사람들이 나를 하대하는 것도 점점 더 참지 않게 되었다. 그러다 보면 언젠가 나의 리더십을 통해 세상을 평등한 쪽으로 조금 더 움직일 수 있을지도 모른다.

몇 년 뒤 카네기과학연구소를 떠날 즈음, 제임스와 나는 냉장고에 표가 하나 그려진 종이를 붙였다. 표의 왼쪽 아래에는 우리가 다음에 이사하고 싶은 곳의 핵심 조건들을 나열했고, 표의 맨 위에는 내가 고려하고 있는 일자리 후보를 늘어놓았다. 그런 다음 우리는 각 후보의 핵심 특징에 비추어 순위를 매겼다. 제임스는 미국 밖에서도 수학 교육 컨설팅 요청이 점점 늘어났고 전 세계 어디서든 계속 일할 수 있었다. 일자리의 조건 중에는 터너와 그의 여자 친구 리즈가 있는 곳과 얼마나 가까울지, 서로 왕래하기 쉬울지 같은 것이라든가 조직 문화와 성격 등이 포함되었다.

내 일 때문에 가족들이 조금 고생하기도 했고, 그래서 주변에서 날더러 일을 좀 줄이라고 조언하기도 했지만 나는 내 일이 정말 좋았다. 나는 내 삶에서 일이 줄지 않기를 바랐다. 그래서 나는 엄청난 비전을 품고 있고 내게 동기 부여가 되는 동료 팀원들이 가족을 조금이라도 대신할 수 있을지 조금은 궁금해지기 시작했다. 내가 깨어 있는 시간 대부분을 함께 보내는 이 사람들이 어쩌면 이상적인 가족 구성원이 제공할 헌신과 목표 의식, 지원을 보내줄 수도 있을 것 같았다. 나는 이미 그런 일이 일어나는 것을 경험했고 동료들과 팀을 이루어 일하는 과정에서 기쁨을 느꼈다. 그리고 팀이 실패했을 때 끔찍한 혼란을 겪는 모습도 보았다.

어쩌면 나는 동료들과 팀으로 일한 경험에서 깊은 영향을 받은 나머지, 할 수 있는 한 팀원들에게 긍정적인 도움을 주는 문화를 만드는 것이 나의 의무라고 생각했던 것 같다. 팀을 지원하고 팀원들의 지원을 받는 일이야말로 모두가 바라는 바다.

8장

용기를 펼쳐 간다는 것

나는 선반에 각종 상장이 가득 진열되고 바닥에는 튀르키예 카펫이 깔린 대기실에 앉아 있었다. 학사 행정관 건물의 맨 꼭대기 층 총장실 앞이었다. 창문을 내다보니 저 멀리 거리에 눈이 쌓였다. 귀가 예민하게 곤두섰고 근육이 긴장된 채였으며 가감 없는 대화가 곧 시작될 예정이라 아드레날린이 뿜어진 탓에 몸이 좋지 않았다. 물론 나는 안절부절못하고 불안에 떨기보다는 침착하게 앉아 그때까지 내가 쌓아 온 용기를 끄집어내고 있었다. 비서는 친절하게 커피나 물을 내주고 타이핑을 하고 있었고, 나는 내가 속한 조직의 모든 존엄과 전통, 힘을 지키면서도 이제 변화를 향해 나아가려 하는 중이었다.

총장은 여느 때 같은 친절한 미소와 예의를 갖춰 나를 방으로 맞았다. 먼저 우리 가족의 안부를 묻고 최근 뉴스를 장식한 몇 가지 사건을 언급하면서 자리를 안내했다. 그는 카페트가 깔리고 예술품과 화려한 가구가 놓인 방의 탁자 건너편에 앉았다. 내가 앉은 손님용 소파는 그 자체로 권력 관계를 재현했다. 소파가 낮고 푹신했던 만큼 나는 계속 약간 어색한 눈높이로 총장보다 아래에 앉아야 했다. 다음에는 단단하고 높은 의자에 앉아야겠다고 다짐했다.

"크리스에 관해 저와 대화한 내용을 재고해주셨으면 합니다." 내가 운을 띄웠다. "총장님이 보고로 접했던 불만 사항은 제가 알게 된 것보다 훨씬 더 가볍거든요."

"그래요. 아시다시피 이 문제에 대해 고민하고 있었습니다." 총장이 대답했다. 그러고는 자신이 이 문제에 관해 지인들에게 의견을 물었는데 그들은 '그 일'이 사교적인 포옹 같다고 말했고, 어떤 사람들은 불편하게 여겼지만 편안하게 느끼는 이들도 있었다는 것이다. 총장이 이렇듯 사교적인 포옹에 비유한 행동은 크리스가 상대방 여성의 의사에 반해 몸을 더듬고 입을 맞춘 일이었다.

"정중히 말씀드리지만 '사교적인 포옹'은 이런 행동에 대한 적절한 표현이 아닙니다." 나는 총장의 입장이 단호하다는 것을 깨닫고 침울한 마음으로 말했다. "그렇게 몸을 더듬고 입을 맞춘 행동은 그 자체로 성추행이죠." 내가 그 단어를 입에 올리자 총장은 질색하는 기색이었다. 그래서 나는 예의 바른 대화에서 더 나아가 그를 법적으로 궁지에 몰아넣기 시작했다.

“저는 성추행이 맞다고 생각합니다. 만약 크리스가 상대방을 성추행하고 괴롭혔다는 혐의가 사실이라면 크리스는 리더 자격이 없습니다. 크리스는 그 자리에서 내려와야 합니다.”

그런 다음 총장에게 이런 말을 들은 걸로 기억한다. 크리스가 보조금을 가져왔기 때문에 그가 자리를 지켜야 할 필요가 있고, 그 행동을 할 때 술에 취해 있었다는 점을 감안해 용서해야 한다는 등의 반박이었다.

하지만 여러분, 그러면 안 된다. 제정신이 아니었다는 이유로 누군가 한 행동을 실수로 여기고 넘어갈 수는 없다. 친구 세라에게 이 이야기를 하자 세라는 이렇게 재치 있게 대꾸했다. “그거 참 재밌네. 술에 취했다고 다 용서받는다면 난 술 마시고 거금을 횡령할래.” 이 말만으로도 술에 취했다는 것이 불법적인 행동을 저지른 데 대한 변명이 되지 않는다는 점은 분명하다. 열네 살 때부터 친구였던 세라는 어른이 된 후에 평등으로 나아가는 변화를 맹렬하게 옹호하는 훌륭한 사람이 되었고, 세라와 함께 이야기를 나누며 내 경험을 더 넓은 관점으로 바라보게 되었고 많은 도움을 받았다.

* * *

#미투#MeToo 고발을 하기 며칠 전부터 나는 어려운 도전에 맞닥뜨렸다. 당시 나는 여기서는 언급하지 않을 학술 단체에서

대표로 일하고 있었다. 하지만 그 일을 시작하기 전부터 이미 크리스(가명이다)가 말썽꾼이라는 경고를 받았다. 비록 크리스는 내가 담당한 부서 소속이 아니었지만, 내가 그곳에서 일을 시작하자마자 그의 부하 직원들이 내게 불평을 늘어놓기 시작했다. 이 직원들은 나를 가깝게 여겼기 때문에 나는 할 수 있는 한 이들의 말에 귀를 기울이고 도움을 주는 게 내가 할 일이라고 생각했다. 동시에 나는 크리스와 함께 일을 한 전적이 없는 새로운 동료로서 그와 강력하고 긍정적인 업무 관계를 형성하려고 노력했다. 그렇게 우리는 조직을 전보다 더 발전시킬 수 있었다.

크리스의 부하 직원들은 그의 의사 결정 과정이 투명하지 못하며 자신이 편한 방식으로만 일한다고 느끼고 있었다. 그에게서 괴롭힘을 당했다고 이야기하는 사람도 있었고, 누군가는 그 때문에 중요한 결정에서 배제됐거나 자원에 대한 접근을 거부당했다고도 말했다. 나는 물었다. "크리스와 직접 이야기를 해봤나요? 여러분이 걱정하는 사안을 구체적으로 전달하고 해결 방법을 논의했나요? 그래도 효과가 없었다면 인사 담당자와 이야기해본 적이 있나요? 총장에게는 얘기해봤나요?" 그동안 여러 사람이 이 모든 방법을 시도했지만 소용이 없었다고 말했다. 혹은 지나치게 부담을 느껴서 아무것도 시도하지 못한 사람도 있었다.

그리고 곧 내가 담당하는 영역에도 문제가 발생하기 시작했다. 크리스는 공동으로 사용하는 건물에서 IT나 비즈니스 운영, 시설 작업처럼 함께 사용하는 자원에 대한 비용을 공유하려 하지 않았다. 나는 우리 부서가 처리하던 일부 업무가 그의 부서로 이전된 뒤, 업무에 대한 비용을 우리 쪽과 그의 부서에서 공동으로 지출할 날짜를 두고 서로 합의했다고 생각했다. 하지만 그 날짜가 왔을 때 크리스는 내가 오해한 것이 틀림없다는 내용의 이메일을 보냈다. 그의 부서가 비용을 더 부담하기에는 이미 너무 많은 부담을 지고 있다는 이유에서였다. 그뿐만 아니라 크리스는 우리 부서가 지불하는 비용으로 자신의 부서가 더 많은 사무실 공간을 차지하기를 원했다. 공간 사용에 관해서는 내 승인이 있어야 했고 우리는 몇 주에 걸쳐 여러 선택지에 관해 논의했지만 이러지도 저러지도 못하는 교착 상태에 빠졌다.

크리스는 주변 직원들을 괴롭히면서도 여러 가지로 자신이 원하는 바를 얻지 못하고 있었다. 총장은 크리스가 행정과 업무 태도 측면에서 저지른 여러 잘못을 인지했음에도 아무런 조치를 취하지 않았다. 총장은 나에게 보낸 편지에서 이 문제를 바로잡는 데 대해 특별한 의견이 없다고 했다. 이렇게 나는 크리스와 총장, 교수진과 직원들 사이에 끼어 있었다.

직원들은 크리스에게 직장 내 괴롭힘을 당했다고 나에게 불평했고, 특히 여성 직원들은 크리스가 '잘못'을 저질렀다고 보고했다. 그러던 어느 날 저녁 파티에서 크리스는 술에 취해 춤을 추면서 한 여성 직원을 부적절하게 만지고 밀쳤다. 그런 다음 다른 사람들 앞에서 여성 직원에게 강제로 입을 맞추려 했다.

"잠깐만요," 그 여성 직원과 처음 전화로 이 사실을 이야기할 때였다. "그 사람이 만지고 입을 맞췄다는 부분을 다시 말해줄 수 있나요?" 만약 이 주장이 사실이라면 이것은 성추행이었다.

나는 총장에게 전화해 내가 들은 바에 관해 보고했다. 내가 알던 세상에서는 이런 짓을 했다고 고발된 사람은 직장 밖으로 쫓겨나 절차가 끝날 때까지 근무에서 배제되곤 했다. 하지만 당시 내가 머물던 이상한 세상에서는 크리스와 여성 직원 둘 다 자기 자리에 있었다.

그 뒤로 며칠 동안 나는 사무실로 직원들을 불러 피켓 시위를 하고, 주요 신문에 기고를 하고, 전문 기관에 의뢰를 하자고 제안했다. 직원 중 일부는 파티에서 사건을 목격했다고 나에게 증언했다. 나는 큰 피켓을 만들어 가두시위라도 하고 싶었다. 이 일이 우리 조직의 목표를 방해하고 더 해를 끼치지 않게 바로잡고 싶었다.

하지만 내 스트레스는 최고조에 달했다. 나는 사무실에 출근하며 매일 두려움을 느꼈다. 오늘은 또 무슨 일이 일어날까? 게다가 나는 내가 다른 사람에게 했던 조언을 전부 스스로 실천해야 했다. 왕도를 선택하고 내 윤리적 중심을 바로잡아야 했다. 회의에서 침착함을 지키며 말하기 전에 듣고, 또 들어야 했다. 어느 날 갑자기 엄격하게 맞추게 된 기준에 스트레스가 내 행복을 잠식하고 수면과 건강, 일을 해낼 능력을 갉아먹는 것을 느꼈다.

그렇게 열흘이 지나도록 아무 일도 벌어지지 않았다. 크리스가 자신을 성추행했다고 말한 여성 직원은 그를 신고하고 나에게 자신이 어떻게 해야 하는지 상담을 요청했다. 일단 그녀는 병가를 내 크리스와 분리를 시도했다. 다음 날 나는 이 직원의 일에 더 이상 관여하지 말고 이 직원을 포함한 그 누구와도 이 건에 관해 논의하지 말라는 변호사의 편지를 한 통 받았다.

나는 총장에게 다시 이메일을 보내서 후속 조치를 요청했고 그 결과로 총장을 만났지만 총장은 내게 크리스의 행동이 사교적인 포옹으로 여겨진다는 견해를 밝혔다. 매일 밤 퇴근 후 나는 제임스와 함께 수십 년을 살겠다고 생각하며 산 예쁜 벽돌집 계단을 터벅터벅 걸어 올랐고, 그러면 친절하고 이해심 넓은 제임스가 나에게 레드 와인 한 잔을 건네며 "오늘 무슨 일이 있었어요?"라고 물었다. 매일 새로 이야기할 거리가 있었다. 때로는 크리스나 총장에 관한 이야기였고, 때로는 전임자에게 전해 받은 다른 문제를 두고 함께 고민하기도 했다. 우리는 거실 소파에 앉아 이야기를 나눴고 제임스는 내 이야기에 귀를 기울였다.

제임스와 터너의 지원과 조언은 내가 당시 느낀 혼란과 스트레스를 해소하는 데 도움이 되었다. 그런 만큼 나는 더 경험이 많은 사람의 도움이 필요하다고 느꼈다. 변호사였던 친구 세라는 문제를 해결하기 위해 내가 고민하던 선택지를 함께 분석해줬다. 곧 나는 인권과 노동권 분야의 변호사에게 상담을 청했다. 그는 직장 내 괴롭힘을 포함한 여러 문제를 인지했으면서도 해결을 위해 아무런 조치를 취하지 않은 단체의 고위 책임자 개인에게 책임을 물을 수 있다고 설명했다. 다시 말해 내가 일하는 조직이 문제를 제대로 해결하지 못한 상태에서 크리스에 대해 불평한 직원 중 하나가 크리스에게 소송을 건다면, 직원들이 나 또한 개인적으로 고소해서 내가 조직을 떠나게 할 수 있었다.

그래도 나는 위험을 극복했다. 먼저 직원 대부분은 내가 이 일을 해결하려고 애쓴다는 사실을 알았다. 그리고 나는 내가 한 모든 일을 기록으로 남겼으며 최종 심판을 위해 이사회에 갔다. 윤리적인 의무와 법적 강제 때문에라도 내가 최종적인 핵심 조치를 취해야 한다는 점이 점차 분명해졌다. 소설가 아나이스 닌은 인생은 나의 용기에 비례해서 넓어지거나 줄어든다고 했다. 나는 내 인생을 넓히는 중이라고 느꼈다.

내가 총장을 만난 자리에서 주장했던 점에 대해, 우리 조직은 외부 변호사를 선임해 관련자 모두를 인터뷰하고 보고서를 작성했다. 이 외부 변호사는 몇 주 동안 우리 모두를 인터뷰했는데, 인터뷰 내용은 내가 익히 아는 이야기였다. 문제가 되었던 파티 이전의 몇 년에 대해서도 이야기를 듣고 있었다. 하지만 내가 지켜본 바로는 그 보고서는 모두의 눈을 가리는 역할을 했다. 결국 크리스는 자리를 지키게 되었고 공식적으로 직장에서 결백이 입증되었다.

그 후 크리스에게 너무 심하게 괴롭힘을 당해서 심리 치료를 받은 남자 직원 두 명을 알게 되었다. 크리스의 추행과 괴롭힘에 관한 이야기는 계속 들렸다. 게다가 내가 더 이상 이런 직원들의 항의를 그대로 넘기면 안 된다는 말도 들렸다. 내가 해고될지도 모른다고 생각했다. 이 일로 내 경력이 끝날지도 모른다는 두려움과 체념 섞인 기분이 들었다.

그런 두려움에도 불구하고 나는 이 상황을 용납할 수 없었다. 이런 참을 수 없는 감정은 미덕이라기보다는 그저 일종의 격렬한 충동이었을지도 모른다. 이 일에 대한 내 직감은 명확했다. 나는 여기서 떠날 수 없었다. 제임스와 나는 모든 것을 같이 이야기했다. 내가 이곳에 계속 남아 일이 진행되는 대로 따른다면, 불의를 당한 사람들에게 변화도, 정의도 없다는 것을 의미했다. 나는 그런 상황을 용인하고 넘어가는 나 자신을 상상할 수 없었다. 나는 그저 여기를 그만두고 훌쩍 떠날 수도 있었다. 가능한 선택지기는 했지만 무척 불명예스러운 일이기도 했다. 그것도 아니라면, 이 문제에 대해 언급하는 것을 멈추라는 지시를 무시하고 계속 남아서 변화를 위해 노력할 수도 있다. 나는 후자를 선택했다. 미국 상원 의원 엘리자베스 워런이 했던 유명한 말이 있다. "싸우지 않으면 얻지 못한다."

나는 이 문제를 정리해 이사회에 제출했다. 그 과정에서 내가 가장 신뢰했던 부서장 세 사람과 통화를 했지만 그들이 나를 믿는지, 이것이 그들에게 특별한 관심거리이기는 한지 알 수 없었다. 그들에게서 어떻게든 개인적으로 지원을 받고 싶었지만 그들은 적당히 모호한 태도를 보일 뿐이었다. 많은 직원이 나를 지지하는 것은 멋진 일이었지만, 관리자에게서는 어떤 명시적인 지원도 받지 못했다는 점이 마음속 깊이 낙담과 분노를 불러일으켰다.

나는 마른 식물이 물을 원하는 것처럼 관리자들의 공감과 지지를 바랐다. 그들이 지금 이 사안을 진지하게 받아들이고, 내가 지금 위협적으로 느끼는 문제를 함께 인지해주기를 바랐다. 또 내가 이 일을 위해 용기를 내고 있다는 점을 인정해주기를 바랐다. 이 일은 내가 스트레스를 받는 만큼 중요한 일이었다. 하지만 이런 바람은 전혀 이루어지지 않았다. 이 일을 하며 고맙게도 관리자들과 귀한 시간을 공유하고 관심을 받았지만, 그들은 내가 냉정하게 일을 바로잡기를 기대했다. 이 정도 노력으로 충분했을지 모른다. 하지만 그때도 나는 지금처럼 내 개인적인 경험을 인정받고 싶었다. 또한 그때도 지금처럼 내가 가족에 품는 유대감과 헌신을, 우리 팀에도 조금은 느꼈다. 나는 우리가 서로를 소중히 여기고 지지하기를 기대했다. 이런 행동이 단지 급여 때문이라는 생각은 나를 혼란스럽게 한다. 우리는 공통의 목적이 있고, 또한 서로 마땅히 친절하게야 하기에 서로를 그렇게 대하는 것이다.

어렸을 때는 정의의 보편적인 기준이 있다고 생각했다. 그런 것이 있다면 누군가가 잘못을 저질렀을 때 확실히 처벌될 것이다. 하지만 내가 알게 된 현실에서는 그렇지 않았다. 권력자와 그 주변인들이 더 많은 혜택을 받는 사안일수록 그들이 처벌받을 확률은 줄어든다. 가해자에게 필요한 조치를 취하는 것은 수고스럽고 고통스러우며 보람이 없는 일이다. 마틴 루서 킹이 말했듯이 우리 중 상당수는 정의보다 질서를 선호한다.

괴롭힘이나 추행은 대부분 명확하게 드러나지 않고, 잘못된 행동을 막으려면 언제나 조직에서 가치 있는 것, 예컨대 (잘못을 저질렀지만) 힘 있는 지도자 또는 자금의 원천, 평판을 잃는 일이 뒤따른다. 오직 용기 있고 윤리적으로 명확한 태도를 지닌 리더만이 잘못을 바로잡을 수 있다. 그런 리더는 돈이나 성공, 겉으로 드러나는 평판 같은 미덕보다 정의를 우선시하는 사람이다. 하지만 그때 우리 조직에는 그런 사람이 없었다.

그렇지만 잘못을 저지르기 쉬운 사람들이 정의로운 행동을 하지 못하는 데 여러 이유가 있는 것처럼, 사람들이 용기를 내야 할 여러 좋은 이유도 존재한다. 내가 총장에게 말했듯이 세 가지 주된 이유가 있는데, 첫째는 윤리이다. 누군가를 괴롭히는 사람을 처벌하지 않고 내버려 두는 것은 비윤리적이다. 둘째는 생산성 측면이다. 잘못된 태도를 처벌하지 않고 방치하는 것은 조직 문화를 해치며, 지금 이루어지고 있는 일의 가치와 생산성을 떨어뜨린다. 셋째는 법적인 이유다. 잘못을 시정하지 않고 허용하다가는 조직이 소송을 당해 손해를 볼 위험이 따른다. 하지만 내가 여전히 완전히 이해할 수 없는 이유 때문에 이런 주장 중 어느 것도 설득력을 얻지 못했다. 조직의 리더십과 관련해 남다른 경험이 있던, 커티스의 아버지 버프와 이 문제를 의논하자 곧바로 "총장이 크리스를 보호하려 드는 이유가 뭐니?"라는 질문이 돌아왔다. 나는 생각지 못한 질문에 눈을 크게 떴다. 왜 그럴까?

그렇게 석 달이 더 흘렀다. 크리스는 자기 자리에 계속 있었고 함께 일하던 많은 사람이 고통을 겪었다. 비록 크리스에게도 그의 권력이나 과학적 협력으로 이득을 얻은 몇몇 충신이 있었지만. 파티 사건 이후로 이제 반년이 지났다. 내 스트레스는 줄지 않았다. 직원 중 몇은 그들이 '크리스 증후군'을 겪는다고 농담했다. 우리는 어서 밤이 되어 와인 한잔을 마시게 되기만을 기다렸고, 규칙적으로 운동을 하지도 못해서 다들 조금씩 살이 쪘다.

게다가 제임스까지 크리스에게 괴롭힘을 당하는 기분이라고 했다. 제임스가 커피숍에서 차를 마시며 일하던 어느 날, 크리스가 우연히 나타나서는 이렇게 커피숍에서 일하는 남편이 세련되고 멋진 사무실에서 일하는 아내를 두었냐고 조롱했다고 한다. 크리스는 자신이 나와 함께 사무실에서 일하는 사람임을 넌지시 암시하면서 제임스를 효과적으로 배제하고 무시했다. 나는 이 사안을 다시 총장에게 알렸지만 또 다시 무시당했다. 총장은 제임스가 크리스의 말뜻을 오해했을 거라고 얘기했다.

나는 삼촌 밥 엘킨스와 주기적으로 저녁을 먹곤 했다. 밥 삼촌과 나는 늘 가까웠고 평생 특별한 유대감을 공유했다. 삼촌은 깊이 공감해 적극적으로 귀를 기울이는 청자였고 이 이야기의 전개 과정을 끝까지 들어줄 만큼 관대했다. 굴, 향이 풍부한 레드 와인, 스테이크가 나오는 호화로운 저녁 식사를 하면서 나는 밥 삼촌에게 최근 직장에서 펼쳐진 극적인 사건을 털어놓았다. 삼촌은 깜짝 놀랐다.

그리고 삼촌은 이렇게 말했다. "과학 분야에서 여자로 있는 건 꽤나 힘든 일이구나." 그 말을 듣는 순간 약간 당황했다. 나는 내가 특권을 누렸고 주변에서 큰 지지를 받았다고 항변했다. 하지만 이 두 가지 모두 사실이긴 했어도 내가 리더십을 발휘하는 자리에 오르면서 성별에 기반한 편견과 장벽이 점차 높아진 것 또한 분명한 사실이었다. 나는 그제야 비로소 무엇이 중요한지 깨달았다. 바로 과학 분야에서 여성에 대한 암묵적이면서도 분명한 편견이었다.

나는 이 관리자 직위에 도달해서야 마침내 평등까지 얼마나 먼 길이 남았는지 깨달았다. 크리스를 비롯해 이곳의 총장과 함께 일했던 경험은 언제나 거센 역풍을 맞으며 걸어 나가야 하는 여성과 비백인 인종에 대한 나 자신의 공감과 인식을 벼리게 했다.

사람들은 #미투 운동이라는 주제에 왜 그렇게 놀라고, #미투를 까다롭고 급진적인 것처럼 여길까? 그 누구도 서로를 공격하거나, 압박하거나, 괴롭히거나, 하찮은 존재로 비하해서는 안 된다. 이것은 너무나 명백한 가치이며 문명인으로서 지켜야 할 신조다. 누가 여기에 반대하겠는가? #미투가 급진적인 이유는 싸우는 사람들이 여성과 비백인 인종이기 때문이다. 전 세계 대부분의 문화권에서 여성들은 폭행당하고, 강요받고, 축소되었고 어쩌면 앞으로 영원히 그럴지도 모른다. 오늘날에도 상당수 국가에서 여성은 법적으로 2등 시민이다. 남자는 재산을 소유하고 중요한 결정을 내리며, 여성의 자유를 쥐락펴락한다. 서구 국가에서도 이런 법 조항이 없어진 지는 얼마 지나지 않았다. 그리고 몇몇 나라는 아직도 이런 단계에 이르지 못했다.

이런 세상의 흐름을 바꾸려면 헤라클레스 같은 장사가 와도 역부족일 것이다. 아니, 그 자리에 아테나 여신이 들어가는 게 더 좋겠다. 누가 주고 누가 받는지, 누가 결정하고 누가 배제되는지에 관한 행동과 기대는 우리 뇌에 새겨져 있다. 모든 사람이 이러한 문제를 해결해야 할 사안으로 여기는 것도 아니다. 실제로 마주하기 전까지 문제는 보이지 않고, 우리가 진정으로 눈을 떠서 현 상태를 거부하겠다고 다짐할 때 비로소 보인다. 그렇다면 이 문제의 심각성은 누가 판단해야 할까? 그리고 누구의 목소리를 믿어야 할까?

이런 문제 설정은 역사적 맥락에서 남성에 대항하는 여성들의 이야기처럼 들린다. 하지만 나는 이런 구조에 강하게 이의를 제기한다. 남성들 또한 고난을 겪고 비백인 남성들 역시 축소된다. 키가 작은 사람들도 과소평가를 받는다.

갈등을 유발하는 진정한 사고의 틀은 우리 모두가 지닌 암묵적인 편견이다. 타인의 자질을 성별과 피부색에 상관없이 판단하도록, 우리는 자신의 무의식적 생각의 틀을 끊임없이 업데이트할 필요가 있다. 여러분이 머릿속으로 기대하는 바가 아니라 그 사람의 행동과 기여가 그들을 대변하도록 해야 한다.

조직 문화에 대한 문제도 있다. 사람은 속한 집단이 보이는 기대에 부응하려는 경향이 있다. 그러니 모든 사람이 최선을 다하도록 기대하는 조직 문화, 행동 양식을 만들고 각 팀원이 실제로 어떻게 해 나가는지에 주목하자.

나는 여기서 문화와 개인의 기대 측면에서 일어나는 변화를 이야기하는 것이다. 우리가 지닌 잠재적인 기대와 그에 따른 암묵적인 편견에 변화를 일으키자는 것이다. 문화와 편견을 바꾸려면 새로운 법과 정책이 우선되어야 하지만 그것만으로는 충분하지 않다. 우리가 모든 사람이 동등하게 자격이 있고 동등하게 유망하다고 여겨야 변화는 실제 현실로 다가올 것이다. 그 조직에서 정의를 위해 긴 투쟁을 벌이는 동안 내게는 이런 생각이 떠올랐고, 그것은 다시 더 나은 팀을 만드는 방법에 대한 나만의 생각을 다듬는 데 도움을 줬다.

나는 정의와 평등이라는 가치를 두고 우리가 좀 더 진보된 시야를 얻을 수 있도록, 우리 팀의 진전과 부족한 부분을 살펴봤다. 그리고 실수와 실패를 지켜보면서 직장 내 괴롭힘이 없는 문화를 만드는 방법에 관해 몇 가지 아이디어를 냈다.

- 단결하기 위해 팀을 분열시키지는 말자. 성 평등에 관해 말할 때 성별을 나누어 따로 논의하면 안 된다. 둘 다 공통된 경험을 나누며 문제를 지원할 수 있다. 더 나은 공동의 미래를 찾는, 전체 인원으로 구성된 집단을 만들자. 이 집단이 변화를 일굴 것이다.

- 평등, 다양성, 정의라는 가치를 모든 사람의 책임으로 만들자. 만약 '평등'을 담당하는 책임자 한 사람을 임명한다면 다른 모든 사람은 이 문제에 대해 긴장감을 잃고 담당자에게만 책임을 돌릴지도 모른다.
- 조직의 문제에 대해 국소적 해결책을 생각해보자. 예컨대 자신을 괴롭히는 지도 교수를 고발하고 보복당할까 봐 두려워하는 학생들을 위해 학과장이 직접 추천서를 쓰도록 하는 것이다.
- 경청은 필요하지만 그것이 해결책은 아니다. 리더들은 현재의 이슈와 불평에 주의 깊게 귀를 기울일 수 있지만, 위에서 내려온 조치나 팀 전체의 공통된 행동만이 현 상태를 바꿀 수 있다.
- 평등이라는 가치에 부합하는 세분화된 문화를 만들자. 모두의 목소리에 귀 기울이고 모두가 문제 해결에 기여하도록 하자. 조직 내 위치, 성별, 인종에 상관없이 모든 사람의 장점에 주목하자. 이렇게 하면 다양한 노동자들이 고용될 뿐만 아니라 개인의 장점에 따라 그 사람에게 가치를 부여하고 암묵적이며 노골적인 편향을 최소화하는 문화가 만들어지며 팀이 하나로 묶일 수 있다.

변호사와 최종 상담을 한 뒤 다시 총장을 찾아갔다. 나는 총장에게 크리스처럼 행동하는 사람에게 관리자 직책을 더 이상

맡길 수 없다고 말했다. 크리스 같은 관리자는 여성이나 부하 직원에게 그가 안전하지 않으며 보호받을 가치가 없다는 메시지를 전했다. 총장은 나에게 책임을 부여하긴 했지만 나를 제대로 돕지는 않았다. 총장은 직장 내 괴롭힘 방지 교육을 추가로 실시하라고 지시했지만, 그것은 대학원생이나 박사 후 연구원들을 대상으로 한 것이지 교수진이나 교직원을 대상으로 한 것은 아니었다. 학생들이 각자 누군가를 관리하거나 지도하는 위치로 나갈 때, 우리는 그들에게 어떤 본보기가 될까? 한 박사 후 연구원은 이렇게 말했다. "제가 이 일에서 어떤 메시지를 받아들여야 할까요? 돈을 충분히 벌면 누구든 마음에 드는 사람을 더듬을 수 있다는 건가요?"

나는 총장에게 크리스가 사임하지 않으면 이 조직을 떠나겠다고 말했다. 크리스 아니면 나 가운데 선택하라는 최후통첩이었다. 이것이 변화를 이끈 것일까? 내부 보고서를 통해 무죄를 입증받은 크리스가 자신의 뜻에 따라 그만두는 거라고 생각했을까? 그건 알 수 없다. 하지만 어쨌든 일주일 뒤에 크리스는 사임했고 결국 조직을 떠났다.

그리고 나도 그렇게 했다. 몇 달 뒤 나는 새로운 일을 제안받아 그곳을 떠났다. 한 친구가 군대에서 내부 고발자가 되었던 경험에 관해 이렇게 말했던 게 생각난다. "수류탄을 떨어뜨린 뒤에는 물러나는 게 가장 좋지."

* * *

타인에게 해를 끼치는 사람이 성공했거나 중요한 일을 하는 사람이라고 해서 그가 사회에서 계속 활동하도록 허용해야 할까? 나는 단호하게 "아니요"라고 답한다. 물론 이렇듯 확고하게 이야기할 수 있는 건 어느 정도 내가 어린 시절에 겪었던 학대에 기인한다. 하지만 더 큰 이유는 아마도 내가 지닌 유토피아적인 생각 때문일 것이다. 우리는 공동체 구성원과 팀을 이루어 괴롭힘을 없애고 서로의 공로와 성공을 치하하며, 암묵적인 편견을 최소화할 때 더 나은 결과를 더 빠르게 만들어낼 수 있다. 문명사회라면 구성원 모두가 함께 일하고 그들이 생산하는 것을 가치 있게 여겨야 한다. 괴롭힘이나 추행으로 피해를 끼치는 하자 있는 사람은 이 사회에 더 이상 발 디딜 자리가 없어야 한다.

물론 우리는 아직 이 단계에 다다르지 않았다. 하지만 이제 나는 타인을 이끄는 리더의 위치에 서게 되었고 정의를 위해, 또는 최소한 정의가 필요한 사람들을 보호하기 위해 노력할 책임을 상시적으로 지게 되었다. 얼마 지나지 않아 나는 한 박사 후 연구원 지인의 전화를 받았다. 그녀는 협력 관계에 있던 선임 과학자에게 성추행을 당했다. 그 과학자는 성관계를 위해 그녀에게 접근했고 내가 굳이 여기에 묘사하지 않을 방식으로 부적절한 신체적 접촉을 했다. 이렇게 괴롭히면서 공동 작업을 끝낸 뒤 그 과학자는 그녀의 데이터를 가져가 그녀의 이름을 넣지 않고 논문을 발표하겠다고 위협했다. 경력이 얼마 안 되는 과학자들이 그렇듯이 이 여성 연구원은 생산성, 그리고 누군가의 리더십에 따라 평가를 받을 것이다. 그녀는 평가를 받기 위해 데이터가 필요했고, 그 데이터를 다룬 논문에 제1저자로 실려야 했다. 데이터를 산출하는 데 걸린 몇 달, 몇 년 전으로 되돌아갈 수도 없을 뿐더러 얼마나 성과를 냈는지에 커리어가 달려 있었다.

"린디, 조언이 필요해요." 그녀가 다음에 무슨 말을 할지 가슴이 철렁했다. "저는 미국지구물리학회AGU 추계 학술회의에 제 연구 요약본을 제출했지만, 그 사람도 회의에 참가할 거라는 소식을 들었어요. 저를 괴롭히는 사람이 청중으로 그 자리에서 저에게 반박하고 제 경력을 망치려 할 텐데, 단상에서 발표를 할 엄두가 안 나요."

끔찍한 상황이었다. 학계 구조상 선배 학자들은 젊은 학자들에게 조언하고 멘토 역할을 하기 때문에 그들에게 지배력을 행사할 수 있다. 선배 학자들은 추천서를 써주거나, 채용 권한을 지닌 누군가에게 나쁜 평판을 언급할 수도 있고, 국제 회의에서 수백 명의 동료를 앞에 두고 발표자를 무너뜨리려는 의도로 논평이나 질문을 할 수도 있다. 통화를 마친 뒤 나는 지구물리학자와 우주과학자들이 소속된 가장 큰 전문 단체인 AGU 회장에게 전화를 걸었다. 이 단체의 회원은 6만 명이 넘었고, 이 학회의 추계 학술회의는 연구자들이 새로 밝혀낸 과학적 연구 결과를 발표하는 중요한 자리 중 하나다. 이 회의의 참석자만 해도 2만 5000명이 넘는다. 추계 학술회의에 발표자로 서는 것은 학문적 경력에서 좋은 시작이 될 수 있지만, 만약 일이 잘 풀리지 않는다면 대대적인 실패로 남게 된다. 그래서 나는 항상 우리 연구실 팀원들에게 AGU에서 하는 모든 발표는 단순한 발표가 아니라 일이라고 말한다.

다행히도 당시 나는 AGU의 행성 부문 섹션장이었다. 그래서 개인적으로 학회 관리자들을 알고 있었고, 그들이 사려 깊고 결단력 있다는 사실도 잘 알았다. 하지만 회장은 내 질문에 대답할 준비가 되어 있지 않았다. 가해자가 본인이 속한 조직에서 잘못을 저질러 왔다는 사실이 이미 밝혀졌는가? 일어난 일만 두고 보자면 답은 '그렇다'였다. 하지만 이것만으로는 충분하지 않았다. AGU는 성 비위를 저지른 회원의 학회 참가를 막을 규정이 아직 없었다. 또한 그들은 문제를 신중하게 다루려 했다. 시간이 좀 필요하다는 얘기였다. 결국 그 박사 후 연구원은 요약문 제출을 철회했고 그해 학회에 참석하지 않았다.

이 연구원이 학회에 불참하게 된 것은 일련의 여러 잘못 중 하나처럼 느껴졌지만 내가 회장에게 이 문제를 공론화한 것을 계기로 AGU는 빠르게 태스크포스를 구성했고, 그 후 조직 윤리 규정을 다시 수립했다. 이 단체는 성추행을 표절이나 자료 위조를 판단하는 하나의 척도이자 과학적 비위 행위로 인정한 최초의 과학 학회가 되었고, 지금은 법률 고문을 두고 학계에서 벌어지는 괴롭힘과 추행, 보복 같은 부당 행위의 피해자에게 무료 상담을 제공하고 있다. 새로운 규정은 이 박사 후 연구원에게 적용될 만큼 빠르게 만들어지지는 않았지만 곧 그 연구원을 비롯해 우리 모두를 보호하는 규정이 되었다.

이 문제는 지도 교수가 대학원생의 경력을 보호하기 위해 무엇을 해야 하는지 고민하는 계기가 되기도 했다. 지도 교수는 학문의 세계에 들어선 학생들의 인생에 엄청난 영향력을 행사한다. 학생들을 훈련시키고 박사 학위에 걸맞은 독창적인 논문을 쓸 수 있도록 돕는 것을 넘어, 학생의 학위 논문 심사 과정을 주도하며 이후 수십 년이 지나도록 일자리에 대한 추천서를 요청받는다. 종종 지도 교수는 학생들의 경력에 따라 이들에게 상을 주거나 논문의 편집자 일을 비롯해 학계의 중요한 봉사 직책을 맡기기도 한다. 이런 구조에서 괜찮은 지도 교수는 후배 세대 학생들이 학문적 경력을 쌓도록 돕는다. 하지만 끔찍한 일도 일어난다. 지도 교수들의 괴롭힘이나 추행을 겪으면, 학생들은 자신이 의지할 자원이 없다는 사실을 깨닫고 결국 학계를 떠난다.

이 시기, 나는 애리조나주립대학교에서 지구물리학 및 우주탐사 학부의 학부장을 맡았다. 그리고 이곳의 리더로서 상황을 개선할 기회와 책임을 둘 다 얻게 되었다. 나는 한 가지 작은 일을 계획했다. 자신의 지도 교수가 도움이 되는 추천서를 써줄 것인지 의심하는 학생들을 위해 기본적인 추천서를 써주겠다고 제안한 것이다. 물론 내가 이 학생들의 연구와 그들이 학업을 성공적으로 마무리하고 있다는 사실을 알고 있을 때 가능한 일이었다. 그래도 이런 식으로 나는 학생들이 자신의 지도 교수들과 겪는 문제를 보고하도록 격려할 수 있었고, 그들이 원한다면 학계에 계속 남을 수 있는 길이 있다는 사실을 알렸다.

이렇게 나는 지난 몇 년 동안 괴롭힘, 추행과 같은 문제를 해결하기 위해 급진적으로 행동하는 사람이었다. 나는 피해자 모두가 문제를 주변에 알려야 한다고 생각했다. 괴롭힘을 당하는 사람에게는 괴롭히는 사람이 잘 보이겠지만, 놀랍게도 타인의 눈에는 그렇지 않을 수 있다. 그렇기에 당사자에게는 어려운 일이겠지만 관리자들에게 직접 말하지 않는다면 그들은 실상을 전혀 알지 못할 것이다. 물론 보고한다 해도 정의가 실현되지 않을 수도 있고, 여러분이 정의로 여기는 결과가 나오지 않을 수도 있다. 그래도 일단 보고해야 한다. 보고하지 않으면 진전이 없고, 여러분을 괴롭힌 사람은 앞으로 더 많은 사람을 괴롭게 할 것이다. 게다가 남을 괴롭히는 사람들은 시간이 지나면서 종종 더욱 악화되기도 한다. 괴롭히는 행위가 더 오래 허용될수록 더 많은 사람이 큰 고통을 받게 된다.

⋆ ⋆ ⋆

어느 날 몇몇 학생이 자신들이 수강하는 강의의 강사에 관해 상의하고 싶다며 만남을 청했다. 다음날 학생들을 만나러 회의실에 들어갔더니 무려 12명이 나를 기다리고 있었다. 수강생의 절반 이상이 불만을 토로하기 위해 나를 찾아왔는데 당시는 기말 고사 바로 전 주였다. 이런 시점에 시간을 내 수업에 대해 불만을 제기하다니 학생들에게 크게 문제가 되는 사안인 모양이었다. 이야기를 들어보니 해당 강사가 자기 책임을 제대로 이행하지 않는 게 분명했다. 하지만 다음 날 이 문제를 논의하기 위해 그 강사를 만났을 때 그는 모든 것을 부인했고 학생들이 불만 사항을 꾸며냈다고 주장했다.

그즈음 그가 담당하는 대학원생들도 새로운 지도 교수를 찾고 싶다며 한 명씩 나에게 도움을 청했다. 학생들은 자신이 받고 있는 교육과 훈련이 불충분하다고 생각했다. 나는 현재 상황을 강사에게 공유했지만, 그는 여전히 조언을 받고 전략을 수립하거나 따로 훈련을 받고 내게 도움을 받기를 거부했다. 같은 분기에 이 강사의 재계약이 이루어질 참이었고 나는 그가 변할 수 있다고 믿었던 만큼 그를 유임하기로 투표했지만, 학장과 교무처장이 그의 재계약을 거부해 유임은 기각되었다. 그리고 결국 그들이 옳은 결정을 내렸다는 사실이 밝혀졌다.

이 강사는 교수진이 모인 자리에서 나에게 유감을 표명했고 내가 인종 차별로 그의 경력을 손상시켰다며 나를 고소했다. 덧붙이자면 이 강사가 성과를 높이도록 지원하고 그의 유임에 투표한 건 바로 나였다. 대학의 법무 자문 위원과 교무처장은 이것이 이 강사의 성차별적 응징이라는 견해를 밝혔다. 이 강사가 남성인 학장이나 교무처장에게는 유감을 표하거나 그들을 고소하지 않은 것이다. 이 사건의 처리와 관련된 이들 중 여성은 내가 유일했고 그 강사에게 유리하게 투표한 사람도 나뿐이었다.

결국 교수진고충처리위원회에서는 그가 나를 상대로 제기한 모든 혐의에 대해 내 책임이 없다고 판단했고 강사는 소송을 취하했다. 하지만 이것은 여성이나 소수자가 리더의 위치에 도달했을 때 암묵적이거나 명시적인 편견으로 인해 일종의 부가적인 스트레스를 겪는 사례였다.

그러던 중 우리 과에서 경력이 오래된 한 교수가 학회에서 몇몇 여성을 성추행했다는 이야기가 대중 매체에 보도되었다. 그러면서 그가 예전 근무지에서도 여성들을 추행했다는 주장이 제기되었다. 대학은 즉시 조사를 시작했고, 추가적인 정보가 있으면 신고해 달라고 대학 내부에 공개적으로 요청했다. 그러자 갑자기 보고가 몇 건 들어왔는데 지금껏 처음 있는 일이었다.

문제는 언론 기사가 매우 선동적이었고, 기사를 본 대학원생들이 그 교수와 같은 공동체에 속해 있다는 것에 격분했다는 점이다. 우리는 캠퍼스 내에서 그와 분리되지 않는 상황을 우려하는 대학원생들의 이메일을 받기 시작했다. 학생들은 그가 지나가는 것만 봐도 불안하다고 했다. 또 학생들은 대학 측이 빠르게 움직이지 않는다며 직접 시정 요구를 하기 시작했다.

대학에서는 내가 학생들 이야기를 전부 경청할 수 있도록 나를 만나고 싶어 하는 모든 대학원생과 약속을 잡았다. 일주일 안에 학생들과 첫 번째 약속이 잡혔다. 학장은 내게 추행 혐의로 고

발당한 교수는 조사 결과가 나올 때까지 사무실에 물건을 가지러 잠깐 들르는 것 외에는 교내에 들어올 수 없고, 들어올 때는 자신에게 먼저 알리도록 조치를 취했다고 말했다. 나는 안도의 한숨을 내쉬었다. 이렇게 하면 분명 대학원생들이 학교에서 자신이 보다 안전하다고 느낄 수 있으리라 생각했다.

학생들과의 약속 시간이 되어 작은 강의실로 내려갔고 단상에 기대어 섰다. 나는 기분이 좋았고, 내가 유능하다고 느껴졌으며 자신감에 차 있었다. 그리고 이것이 어떤 사건인지 제대로 알고 있다고 생각했다. 하지만 유감스럽게도 내 생각은 빗나갔다. 내 앞에 모인 서른 명의 얼굴이 딱딱하게 굳어 있었다.

"그 교수가 확실히 처벌을 받고 우리의 안전을 지킬 수 있도록 학교에서는 어떤 조치를 취하고 있나요?" 학생의 첫 번째 질문이 나왔다. 나는 설명하기 시작했다. "학교는 그에 대한 고발 내용을 조사하고 있어요. 아직 민원을 접수하지 않은 사람은 누구든 언제든지 추가로 고발할 수 있어요. 무슨 일이 벌어졌는지 정확히 알아야 하는데 당사자들의 고발이 없으면 그게 불가능하니까요."

"학교가 실제로 조사를 하고 있다는 걸 우리가 어떻게 알 수 있죠?" 특히 더 화가 나 보이는 여학생이 따져 물었다. "제 생각엔 학교는 손 놓고 아무것도 안 하고 있어요! 교수님도 마찬가지고요!"

"조사가 이뤄지고 있다는 건 제가 확실히 말할 수 있어요. 이런 조사는 원래 시간이 많이 소요됩니다. 여러 관련자와 인터뷰를 해야 하고요. 어쩌면 여러분이 그 과정에 참여할 수도 있겠죠. 이런 과정을 전부 거쳐야 하는 이유는, 그 교수가 유죄이고 잘못된 행동이 저지되지 않는다면 여러분 같은 젊은 과학자들의 안전과 경력에 위협이 되기 때문이에요. 또 설사 우리가 언론을 통해 들었던 고발 내용이 사실이 아니고 그가 죄가 없다 해도 마찬가지죠. 그 사람의 직업과 경력이 걸린 문제이니 철저하게 알아봐야 합니다." 화가 나 웅성거리는 학생들 앞에서 내가 말했다.

그러자 한 남학생이 목소리를 높였다. 나는 전에 이 학생을 이성적이고 합리적이라고 긍정적으로 평가했었다. "어떤 여학생이 그러던데요, 학교의 환경을 받아들일 수 없다면 그냥 떠나라고 교수님이 말씀하셨다고요. 여기에 대해 해명하실 수 있나요?"

"세상에," 내가 말했다. "제가 그런 말을 할 리가 없어요. 오해받을 만한 대화를 나눈 적이 있는지 잠깐 생각해볼게요." 나는 잠시 침묵을 지키면서 그것이 대체 어떤 대화였을지 머리를 쥐어짰다. 그러면서 학생들이 이런 내 모습을 죄책감에 젖어 침묵하는 것으로 보지 않을까 걱정이 되었다. 그러다가 갑자기 머릿속에 짚이는 바가 있었다.

"아, 누구랑 나눈 대화였는지 알 것 같네요. 그 학생은 이 학교에서 불행하다고 여겼어요. 연구 프로젝트를 이어 가던 여름 인턴십을 포함해서 다른 곳에서 더 만족스러운 경험을 했다고 말했죠. 그러고는 학교가 아닌 다른 기관에서 더 많은 시간을 보내고 싶다고 했어요. 그래서 그 학생이 그곳에 업무와 관련한 인간관계나 제도적인 네트워크가 있고 이 학교에서는 그게 어려웠으니 한동안 밖에서 연구하고 일하는 것도 괜찮은 선택 같다고 말해줬어요. 학교를 떠나라고 말한 건 결코 아닙니다. 자기 진로에 대한 학생의 생각을 지지해주고 그 아이디어가 합리적이고 실행 가능하다고 격려했을 뿐이에요."

남학생은 뚱한 표정으로 고개를 끄덕였지만 내 말을 전부 믿었는지는 확실하지 않았다. 그 순간 내가 알게 된 것은 이 대화에 등장한 불행한 여학생이 의도적이든 그렇지 않든 불평하는 학생들로 구성된 또래 집단을 만들고 있었고, 그의 씁쓸함과 분노가 집단에 퍼지면서 내가 몇 년 동안 이곳에 머물며 쌓아 온 구성원 사이의 호의와 공동체 의식을 해체하고 있다는 사실이었다.

"하지만 교수님은 제 질문에 답하지 않았어요. 학교가 뭔가 하고 있다는 걸 우리가 어떻게 알 수 있나요?" 처음 질문했던 학생이었다. "우리는 권력이 있거나 저명한 사람들이 실제로 조사를 받을 거라고 생각하지 않아요. 결국 아무 일도 일어나지 않겠죠. 우습게도 학교는 늘 스스로 보호하려 들었어요."

"유감스럽지만 실제로 어떤 조사가 벌어지고 있는지 학생에게 알릴 수는 없어요." 내가 말했다. "조사 과정은 기밀이어야 해요. 조사를 하거나 상황을 정리할 권한이 없는 우리가 무얼 해야 할까요? 기다려주세요. 학교 측에서는 그 교수가 캠퍼스에 짧게 방문하는 것을 제외하고는 출입을 금지했어요. 그 사람이 캠퍼스에 입장하면 학장님이 저에게 알려주기로 했습니다. 그러면 제가 여러분께 공지할게요."

"그건 우리가 받아들일 수 있는 대답이 아니에요! 그 사람이 캠퍼스를 돌아다닐 수 있다는 것 자체가 안전하지 않아요. 언제 마주칠지 모르니까요. 복도에서 지나치고 싶지도 않다고요! 절대 받아들일 수 없어요!" 여학생의 목소리가 높아졌고 언사도 강경해지고 있었다.

"저에게 소리 지르지 마세요." 내가 말했다. 이 자리가 슬슬 불편해졌다. 학생들과의 대화가 공적이기보다 개인적으로 느껴지기 시작했고, 조금씩 화가 났다. 안전하고 생산성 있는 학교를 만들기 위해 이토록 노력했는데 어떻게 학생들이 나를 의심할 수 있단 말인가? 하지만 이 말을 내뱉을 수는 없었다. 그리고 만약 복도에서 지나치는 사람이 갑자기 위협적으로 느껴진다면 어떤 기분일지 생각했다. 그 사람이 나를 공격하지는 않을 것이다! 하지만 한편으로 다시 생각해 보면 누군가가 우리를 공격할지 아닐지 어떻게 확신할 수 있을까? 그것도 만약 이전에 누군가에게 공격을 당한 경험이 있다면 말이다. 결국 난 아무 말도 하지 못했다.

"소리 지르지 말라고 하지 마세요!" 여학생이 소리쳤다. "제가 교수님한테 그렇게 말할 수는 있죠, 교수님이 저보다 더 권력이 있으니까요! 교수님이 더 힘이 있기 때문에 교수님이 저한테 소리 지르지 말라고 할 수는 없죠!"

나는 고개를 저으며 잠시 침묵을 지켰고 사태가 더 악화되지 않도록 눈을 돌렸다. "저도 여러분과 같은 인간이에요. 리더의 자리에 있다고 해서 아예 다른 종류의 사람이 되는 건 아니죠. 저도 여러분과 같은 감정을 느껴요. 저는 이 학교를 대표해서 열심히 일하고 있어요. 이렇게 여러분이 목소리를 높이고 저를 비난하니 저도 감정이 상하고 불쾌해지네요." 나는 인간적이고 약한 모습을 드러내고 있었다. 하지만 이런 모습을 얼마나 많은 학생이 받아들였는지는 살피지 못했다. 고개를 살짝 끄덕이는 학생들도 있었지만 대부분은 표정이 돌처럼 굳어 있었다.

"제 말을 좀 들어보세요." 나는 어느 정도 탄력을 받아 이야기를 이어 갔다. "이 학교에서 괴롭힘과 추행을 근절하는 일을 나보다 더 강하게 지지한 사람은 아마 없을 거예요. 저는 경력 초기에 성추행범이자 주변 사람을 괴롭힌다는 비난을 받던 한 남자를 조직에서 내보내려고 행정 업무에 상당한 시간을 들인 적이 있어요. 그러느라 말 그대로 내 경력이 위험해졌죠. 저는 다른 사람들이 가만히 있을 때 일어서서 목소리를 냈고, 조직을 압박해서 비위 행위에 관한 규정을 바꾸게 했어요. 그리고 지도 교수들에 맞서 학생들을 보호했고 성추행으로 유죄 판결을 받은 남성 과학자가 중요한 상을 받지 못하도록 여러 사람과 협력했죠. 저는 정말로 이런 걸 신경 쓰는 사람이에요. 저야말로 여러분이 원하는 바를 가장 강력하게 지지해줄 수 있는 사람일지도 몰라요. 그리고 애리조나주립대학교는 제가 지금껏 일했던 어느 곳보다도 이런 문제를 해결하는 데 최선을 다하는 곳이에요. 물론 어디에도 완벽한 곳은 없겠지만 여기서 우리는 정말 옳은 일을 하려 노력하고 있습니다."

나는 잠시 숨을 멈췄다.

"하지만 애리조나주립대학교가 실제로 이 문제를 제대로 처리하고 있는지 저희가 어떻게 알 수 있을까요? 얼마나 기다려야 하죠?" 새로운 목소리가 물었다.

"좋은 질문이네요. 조직에서 우리의 역할은 조직이 올바른 일을 할 수 있도록 지원하는 거죠. 그리고 만약 조직이 그렇게 하지 않는다면, 들고 일어나서 목소리를 높이세요. 하지만 지금은 지원을 하는 기간입니다. 무엇이 합리적인지 잘 생각해봐요. 이제 1월 말이고 수사는 지금까지 적어도 몇 주 동안 진행된 걸로 알고 있습니다. 저는 여러분에게 일단 2월 말까지 기다려볼 것을 제안해요. 그래도 새로운 소식이 없다면 제가 윗사람들에게 업데이트를 요청한 다음 알게 된 정보를 공유할게요. 지금은 뭐랄까, 아직 수사가 진행 중이에요. 내가 좋은 조직이라 알고 있는 이곳에서 올바른 일을 해내기를 뒤에서 응원합시다. 섣불리 모든 걸 부수려 하지 말고 일단 믿고 지지해보세요."

학생들은 그제야 화가 누그러진 듯했다. 어쩌면 단지 체념한 것일지도 모르겠다. 그런 모습을 보고 있자니 화가 나고 이 상황에 환멸을 느꼈다. 학생들은 이런 공격적인 태도로 무엇을 얻을 수 있다고 생각한 걸까? 그런 태도로 관리자들과 만나서 원하는 결과를 얻은 적이 있었을까? 하지만 이들을 단지 어리다고 무시하는 것은 너무 단순한 생각이었다. 그러다 내가 예전에 소셜 미디어에서 수행했던 소규모 실험 하나가 떠올랐다.

2018년 2월에 나는 트위터(현 엑스X)에서 투표를 하나 진행했다. 내가 올린 글은 이랬다. "학계의 존경하는 여러분, 누군가가 직장에서 당신을 괴롭혔을 때 그것에 대해 정식으로 불만을 표출한 적이 있나요?(이것이 엄격한 조사는 아니지만, 답변에 진정으로 관심이 있다면 다양한 분야의 사람들에게 질문이 전달되도록 리트윗해 주세요.)" 다음은 내가 제시한 선택지와 총 749명에게서 받은 답변의 비율이다.

- 그렇다, 하지만 결과는 나빴다: 12퍼센트
- 그렇다, 그리고 결과도 괜찮았다: 7퍼센트
- 아니다, 하지만 그렇게 할 수는 있었다: 37퍼센트
- 아니다, 굳이 그렇게 할 이유가 없었다: 44퍼센트

이 조사에서 응답자의 56퍼센트는 그들이 불만을 제기했거나, 제기할 수 있을 만큼 심한 괴롭힘을 당했다고 느꼈다. 그리고 그중 12퍼센트만이 납득할 수 있는 결과를 얻었다.

이 결과에 대해 생각하던 나는 문득 그 대학원생들이 어떤 이들인지 깨달았다. 그들은 이미 분노한 사람들이었다. 그들은 괴롭힘이나 추행, 폭행을 당했지만 아무런 배상을 받지 못해 정의

로운 분개심으로 가득 찼다. 자신의 과거 경험으로 만들어진 내부의 추진력이 없었다면 그들은 조직이 과연 올바르게 대처할지 의심하지 않았을 것이고, 나와 만나는 자리에 참석하려는 필요를 느끼지 못했을 것이다. 나 또한 그곳에서 정의를 실현하고자 노력했다. 분노와 불의에 대한 나 자신의 개인적인 사연을 지닌 채 말이다.

'이미 분노한 사람들pre-enraged'이라는 개념을 생각하자니 그날 들었던 학생들의 고함에 다시 생각이 집중되었다. 그 고함은 분노를 직접 전하는 목소리였다. 과거의 잘못된 일 때문에 품게 된 분노는 다른 어떤 감정보다 현실적이고 격렬하다. 하지만 이런 분노는 앞으로 공정한 조직을 이루기 위해 나아갈 길, 리더십의 올바른 윤리, 책임, 투명성에 대한 합의를 도출하는 데 도움이 되지 않는다. 분노한 이들의 공격에 대응해 모든 것을 투명하게 밝히는 지도자는 매우 드물다. 기꺼이 들으려는 사람들과 함께 제도적인 변화를 일으키려 할 때, 우리 각각은 개인적인 분노를 그 초입에서 점검할 필요가 있다.

하지만 분노는 우리에게 뭔가를 알리기도 한다. 나는 1995년 당시 나와 같은 직위였고 교육 수준도 거의 틀림없이 나보다 더 낮았던 사람이 나보다 훨씬 많은 급여를 받고 있다는 사실을 알았을 때를 기억하면서, 내가 리더 자리에 오르기만 하면 가장 먼저 봉급의 형평성을 살피겠다고 다짐했다. 나는 모든 직원의 급여를 연공서열과 비교해보았다. 예컨대 그들이 박사 학위를 받은

지 몇 년이 지났는지 살폈다. 교직원이라면 처음 채용된 연도가 언제인지에 따라 비교했고 남성과 여성을 각각 다른 기호로 표시했다. 그 결과 교수진 가운데 여성들은 항상 동료들 가운데 최하위 수준의 급여를 받고 있었다. 거의 바닥을 깔았던 것이다. 이것을 확인한 다음 나는 가능한 한 편견이 없는 방식으로 직원들이 얼마나 업무에서 성공을 거뒀는지 살피고 그동안 보상을 적게 받았던 사람들에게 보상을 주기 시작했다.

이와 비슷하게 나는 크리스를 상대했던 경험을 통해 이것이 결코 남성 대 여성, 아니면 남성 대 또 다른 성별이나 성 정체성 사이의 싸움이 아니라는 점을 분명히 배웠다. 이것은 권력을 이용해 다른 사람을 학대하는 사람들과 학대받는 사람들 사이의 싸움이었다. 우리는 종종 여성이나 이분법적 성별을 벗어난 논바이너리 성 정체성을 지닌 사람들을 학대받는 측이라고 여긴다. 하지만 남자들 역시 괴롭힘을 당하고 성추행이나 폭행을 당하기도 한다. 나는 여성들이 이런 괴롭힘을 당했을 때 신고하는 것이 어려운 만큼, 남성들 역시 피해자일 때 신고가 힘들며 때로는 여성들보다 신고가 힘든 사례를 보았다. 그들은 심지어 신고 시스템이 자신들에게도 적용된다고 생각하지 않기도 했다. 한 걸음 더 나아가려면 이런 문제에 관해 이야기해야 한다. 남성들이 괴롭힘을 당했을 때 어떻게 보고해야 할지에 대해서도 생각하고 신고 경로가 잘 알려져 있는지, 모두에게 공개되었는지 확인하는 게 좋다.

또한 타인을 괴롭히는 사람들을 조직 내에 머무르게 하는 문제를 해결해야 한다. 그 책임의 일부는 그들을 고용한 측에 있다. 채용하는 조직은 관련 서류를 엄밀하게 검토해야 한다. 그래서 나는 누군가의 평판을 조회할 때, 편지를 쓰기보다 그들이 있던 조직에 직접 전화를 걸기 시작했다. 전화로 "기회가 된다면 이 사람을 다시 고용하시겠습니까?"라고 물으면 상대방은 답장을 글로 작성하는 일 없이 싫다거나 좋다는 대답을 할 수 있다. 나는 이런 식으로 기억에 남는 전화 통화를 몇 번 한 적이 있다.

언젠가 샌프란시스코 근처 한 대학의 교무처장과 이런 대화를 나눈 적이 있다. 교무처장은 내게 이렇게 말했다. "이제 저는 어떤 사람의 이전 고용주들에게 전화를 걸 때 항상 그 사람이 괴롭힘이나 추행을 했던 전적이 있는지 물어요. 그리고 반대로 다른 사람들이 나에게 전화로 이런 것을 물어봐도, 나는 알고 있는 대로 진실을 말하겠죠. 그러면 상대방이 머리 굴리는 소리가 여기까지 들려요. 앞으로 5년 뒤 내가 윤리조사위원회에서 '당신은 이 사람의 전력에 대해 알고 있었습니까?'라는 질문을 받는다면 뭐라고 답해야 할까요? 그저 '네'라고 답할 수 있겠죠. 그렇게 하면 타인을 괴롭히는 사람이 다음 직장, 다음 학생 집단을 괴롭히는 연쇄 고리를 끊을 수 있을 거예요."

3부

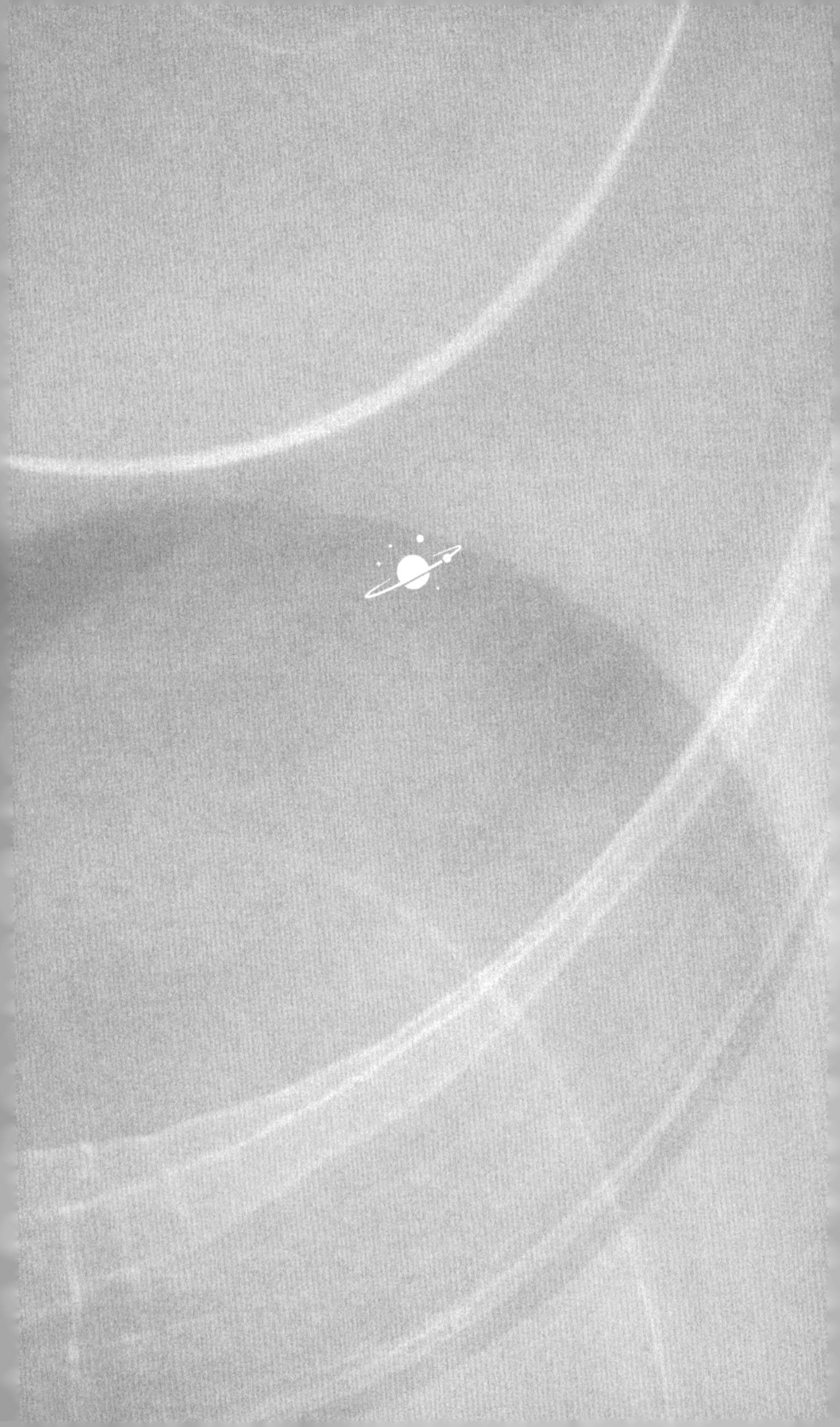

9장

변화는 질문에서 시작된다

그 방 중앙에는 12명 정도가 앉을 수 있을 만한 크고 긴 회의용 테이블이 있었고, 양쪽 벽을 따라 의자가 줄지어 놓였으며 매력적인 문구가 적힌 화이트보드도 있었다. 2015년 가을, 애리조나 주립대학교에서 나는 '인류가 거주할 수 있는 행성 찾기'라는 주제로 한 시간짜리 강의를 진행하는 중이었다.

이 강의실은 회의실에 가까운 느낌이어서 내가 설정한 조금은 특별한 강의 목표에 적합했다. 학생들이 수동적으로 강의를 듣기보다는 다음 수업이 어느 방향으로 진행될지 함께 결정하는 공동 경험을 하는 것을 염두에 두었기 때문이었다. 나는 계속해서 '이런 일이 실제로 일어날까?'라는 질문을 던져 내 아이디어를 시험하고 있었다. 즉, 학생들에게 단지 성적과 학점을 얻기 위해 수강하는 것이 아니라 이 주제에 관해 진정으로 배우고 싶다면 어떻게 해야 할지 질문을 던졌다.

강의를 수강하는 몇몇 학부생은 약간 초조하게 주위를 둘러봤다. 수강생은 학부생과 박사 과정 대학원생이 거의 반반이었는데, 대학원생들은 이미 이 강의가 세미나 형식일 것이라고 확신한 듯 여유로워 보였다. 하지만 이건 새로운 유형의 강의였다. 우리는 나, 제임스, 터너가 여러 해에 걸쳐 토론한 결과물로 모험을 떠나고 있었다.

그날 나는 암석으로 이루어진 행성이 어떻게 형성되는지 20분 정도 강의했다. 그런 다음 학생들에게 몇 가지 질문을 던졌다. 나는 이런 질문을 '자연에 대한 다음 질문'이라고 부른다. 강의 내용을 명확히 하는 질문이라기보다는 수업의 목표에 한 걸음 더 다가갈 수 있도록 하는 질문이다.

그러자 예상대로 대학원생들이 먼저 질문을 던지기 시작했다. 한 학생이 물었다. "후기 미행성 대충돌기에 지구는 어떤 모습이었나요?"

후기 미행성 대충돌기 **Late Heavy Bombardment**란 지금으로부터 약 40억 년 전 달과 지구가 유성체 충돌의 정점에 이르렀던 기간이다. 이런 충돌 결과 달에는 커다란 분지가 생겼고 지금 그곳은 어두운 현무암 재질의 용암으로 덮여 있다. 그 학생은 어쩌면 당시에 멀리서 보면 지구가 사람이 살 수 있는 곳처럼 보였을지 궁금해했는지도 모른다. 내가 이 질문의 의도를 확실히 모르는 이유는 우리가 그 수업에서 어떤 질문도 거꾸로 다시 묻거나 비판하지 않았기 때문이다. 나는 어떤 질문이든 환영하고 격려했다. 강의실의 모든 사람은 안심하고 무엇이든 자기만의 진정한 '다음 질문'을 던져야 했다. "커다란 위성인 달이 만들어지면서 지구의 거주 가능성이 더 높아졌나요?" 또 다른 대학원생이 물었다. 뒤이어 학부생도 처음으로 질문을 던졌다. "우리는 물을 어떻게 모았을까요?"

이 질문에서 '우리'는 지구를 뜻했다. '지구는 어떻게 생명체가 필요한 만큼의 물을 모아놓았을까?'라는 뜻이었다. 이날 강의는 결국 질문 아홉 개를 받는 것으로 끝났는데, 학생들 모두에게서 질문을 받지는 못했지만 그래도 괜찮았다. 조용히 침묵을 지킨 학생들도 결국엔 목소리를 낼 것이다. 일단 다음 단계로 넘어가기에는 충분한 질문을 받았다.

"그럼 이제 투표할게요." 내가 설명했다. "어떤 질문이 '자연에 대한 다음 질문'으로 뽑히든, 다음 주 수업에서 그것에 대해 답변을 찾아볼 거예요." 우리는 한 사람당 세 개 질문을 뽑기로 했다. 그리고 모두가 손을 들어 투표를 했다. '난 세 개를 다 골랐지만, 표 하나를 취소해서 다른 질문에 투표하고 싶은걸!'이라고 생각하면서도 이내 만족했다. 그렇게 우리는 다음 주에 탐구할 질문을 골랐다. '우리는 평균적으로 안정적이고 평온한 시스템일까?' 이 질문의 '우리'는 태양과 행성, 작은 천체들의 결합인 우리 태양계를 의미했다. 그리고 '평균적으로 안정적이고 평온한'이라는 문구는 태양계의 원소 조성을, 지난 수십 년 동안 발견된 은하계의 다른 항성 주위 행성계인 여러 태양계와 비교해보게 한다. 만약 생명의 등장이 행성의 원소 조성에 달려 있고 우리 태양계의 조성이 평균적이라면, 그것은 은하계 다른 곳에도 우리와 같은 생명체가 존재할 가능성이 조금 더 높아진다는 의미일 것이다. 이 질문에 답하기 위해 설명을 더하다 보면, 언젠가는 더 명확하고 완전한 답을 얻을 수 있을지도 모른다. 여기에 필요한 지식을 얻기까지는 시간이 걸릴 것이다.

나는 수업에서 나온 질문을 부분적으로나마 다룬 연구 논문을 발견했고 그것을 학생들에게 보냈다. 학생들은 논문을 최선을 다해 읽어야 했다. 어떤 글이든 처음 읽을 때는 누구도 내용을 완전히 습득하지 못한다. 학생들은 이 사실을 알았고 글을 읽으며 이해한 바를 한 페이지로 요약해서 정리했다. 그리고 두 번째 수업에서는 논문에 관해 토론하고, 그 시간이 끝날 때 '자연에 대한 다음 질문'의 새로운 목록을 선정해 투표했다.

그 강의에서는 짜릿한 일이 벌어졌다. 예컨대 옆에 대학원생이 있는데도 학부생이 자유롭게 목소리를 냈다. 학생들은 각자의 생각을 바탕으로 서로의 질문에 답했다. 내가 작은 지지와 격려만 보내주어도 학생들은 다양한 목소리를 내고 편하게 떠들었다. 그렇게 몇 주를 보내고, 우리는 지금껏 배운 모든 것을 요약하기로 했다.

나는 화이트보드에 '암석 행성들은 어떻게 형성되는가?'라고 쓰고 그 주위에 네모 칸을 둘렀다. 첫 번째 짧은 강의에서 내가 다룬 주제였다. 그런 다음 나는 강의실의 학생들에게 우리가 그 주에 선택했던 '다음 질문'은 무엇이었냐고 물었다. 학생들은 각자의 노트를 보더니 '우리는 평균적으로 안정적이고 평온한 시스템일까?'라고 대답했다. 나는 그 질문 역시 화이트보드에 적고 '암석 행성들은 어떻게 형성되었을까?' 질문과 선으로 연결했다. 그런 다음 이 질문에 답하기 위해 우리가 읽었던 논문의 저자와 발행 연도를 죽 적었다. 화이트보드에 적은 모든 질문과 참고 문헌을 박스에 넣고 선으로 연결해보니 우리가 지금껏 해 온 작업에 대한 마인드맵이 금세 완성되었다. 나는 무척 기뻤다! 이미 많은 자료가 쌓였다.

하지만 그때 가장 중요한 단계가 찾아왔다. 내가 말했다. "이제 우리가 이 질문들에 얼마나 잘 대답했는지 이야기해 봅시다. 첫 번째부터 시작하죠. 우리는 평균적으로 안정적이고 평온한 시스템일까?" 그러자 잠깐 침묵이 흘렀고 이내 한 용감한 학생이 답을 내놓았다. "지금껏 측정된 항성의 조성에 높은 변동성이 있다는 사실이 밝혀지긴 했습니다. 하지만 적어도 그런 조성을 지니는 천체가 우리만 있는 건 아니죠. 우리와 비슷한 조성을 지닌 다른 항성들도 있어요." 그러자 또 다른 학생이 말했다. "하지만 여러 실험실에서 나온 측정치들 사이에 상당한 변동성이 있다는 사실이 밝혀졌죠. 그렇기에 우리는 진짜 측정치가 무엇인지 알지 못합니다." 그때 첫 번째 학생이 다시 끼어들었다. "그리고 항성의 원소 조성은 행성의 조성을 예측하는 데 쓰이지 못할 수도 있다는 게 알려졌죠!"

그에 따라 우리가 비슷한 원소 조성을 갖는 항성이 태양 하나뿐이라고 생각하지는 않았지만(즉, 우리 태양계의 항성과 조성이 같은 다른 항성들이 존재할 것이라고 생각했지만) 항성의 조성은 행성의 조성과 관련이 별로 없을 수 있으며, 따라서 행성의 거주 가능성을 예측하지 못한다는 쪽으로 수강생 전체의 의견이 모였다.

"우리는 이 질문에도 대답할 수 없어요!" 한 학생이 외쳤다. 그리고 곧 우리에게 돌파구가 될 만한 의견이 나왔다. "우리의 문제는 잘못된 질문을 했다는 거예요. 질문 자체를 형편없이 제기했어요. 우리가 정말 알고 싶은 건, '항성의 원소 조성이 행성의 거주 가능성을 예측하는가?'이죠. 하지만 우리는 이 질문에 대답할 만큼 충분한 지식이 없는 것으로 드러났어요."

우리는 두 번째와 세 번째 질문에서도 비슷한 좌절감을 느꼈지만, 나중에 제기한 질문들 중 일부는 보다 많은 진전이 이루어졌다. 그러다 한 학생이 3주 차에 갑자기 이런 질문을 던졌다. '거주하기 좋은, 더 나은 유형의 항성이 존재할까?' 이 질문은 한 주 안에 대답할 수 있을 만큼 충분히 구체적으로 제시되지 않았다. "여기서 '더 나은'은 어떤 의미일까요?" 학생이 재차 물었다. 강의실에 잠시 어리둥절한 침묵이 흘렀다.

처음 이 질문을 던진 학생은 그런 항성이란 생명체에 필요한 여러 원소를 지닌 시스템에서 나온 항성들, 그리고 지나치게 격렬한 방사성 폭발을 겪지 않았던 항성들을 동시에 의미한다고 말했다. 이것은 우리가 생명에 필요한 원소들에 관해 얼마나 많이 알고 있는지, 그리고 주어진 항성계가 그 원소를 지니고 있는지를 어떻게 알 수 있는지에 대한 의견 교환으로 이어졌다. 그러는 동안 어떤 학생은 우리가 읽었던 논문을 인용했고, 어떤 학생은 다른 항성계를 연구하다가 또 다른 결론에 도달한 논문을 인용했다. 그 데이터는 서로 모순되었다.

그러다가 잠시 뒤 한 2학년 학생이 말했다. "우리가 무언가를 안다는 걸 대체 어떻게 알 수 있을까요?" 우리는 모두 웃음을 터뜨렸지만 이내 멈췄다. 그것이 대답하기 매우 어려운 질문이라는 사실을 깨달았기 때문이었다. 어떤 질문에 제대로 답하려면 우리에게는 얼마나 많은 정보가 필요할까? 그리고 그 정보가 정확한지 어떻게 알 수 있을까?

만약 전 세계 사람들이 이렇게 묻는다면 내가 할 일은 다 끝났을 것이다.

그 순간부터 학생들은 질문을 구체적으로 다듬기 시작했고, 나는 학생들이 내놓은 질문의 우수성을 평가하고 더 나은 질문을 더 빨리 할 수 있도록 기준표를 만들기 시작했다. 이 강의에서 나오는 질문이 연구를 위한 질문으로 발전할지 실제로 평가할 수 있다는 생각에 무척 흥분됐고, 불타오르는 기분이었다. 우리는 함께 실험하고 진전을 이루고 있었다. 이 수업은 매주 구성원 사이의 상호 작용이 더해져 활기를 띠었다. 학생들은 내게 우리 강의가 일주일 중 가장 좋아하는 시간이라고 말했다. 그리고 어떤 학생들은 실제로 연구나 논문 주제로 이어질 수 있는, 아직 답을 찾지 못한 질문들에 관해 고민하기 시작했다.

⋆ ⋆ ⋆

2015년의 이 실험 수업은 내가 가족들과 식사를 하던 중 무언가 깨달은 데서 탄생했다. 어느 여름날 터너와 제임스, 나는 매사추세츠주 애시필드에 우리가 가장 좋아하는 식당인 엘머스스토어에서 에그베네딕트를 먹으며 우리가 21세기에 걸맞은 수업을 진행하면서 어떻게 학생들의 자율성을 키워줄 수 있을 지에 관해 토론하고 있었다. 대화에서 나온 수업은 질문을 던지고 관련 내용을 살피며(인터넷이나 어딘가에서 얻은), 정보를 요약하고 비평한 뒤 다른 질문을 던지는 방식이었다. 우리는 이 정도는 할 수 있겠다고 마음먹고 바로 그날 아침, 지금은 비글러닝Beagle Learning이라고 이름을 바꾼 회사 하나를 설립하기로 했다. 온라인 플랫폼을 구축해서 규모에 맞는 교육 서비스를 제공하는 회사였다. 터너가 CEO로 나서서 이 회사를 설립했고, 이제 5년째 우리는 공동 설립자인 캐럴린 비커스와 매주 함께 일한다. 우리는 학생들의 가려운 곳을 긁어주는 서비스를 제공하고 그들이 스스로 문제를 해결할 자신감을 북돋을 수 있도록 노력하고 있다.

나는 수학과 과학을 가르치는 전통적인 방법이 전기 충격 목줄을 사용해서 개를 훈련시키는 것과 같다는 생각을 했다. 학생은 부정적인 교정 방식(성적과 혹평)을 포함하는 여러 시험을 겪는다. 나는 이런 환경에서 공부하면서, 여기서 성공하지 못한다면 내 인생이 실패하는 것과 같다고 생각하곤 했다. 그건 성공을 거둔 다른 사람들에 비해 내가 더 약하고 가치가 떨어진다는 뜻이었다. 나는 MIT에서 그렇게 느꼈다. 교육 시스템 속에서 계속 평가받으며 살아남기에 급급했고 거의 격려받지 못했다. 그 세계에서는 나 자신에게 주어질 미래의 역할을 상상할 수 없었다. 내가 학계를 오래 떠났던 것도 그런 이유 때문이었을 것이다.

그 시스템에서 성공하지 못한다고 인생이 실패하지는 않는다. 물론 권위적인 교정과 위계 안에서도 잘해 나가고 진보하는 사람들이 있다. 그러나 그러지 않는 사람이라 해도 더 약하고 가치가 떨어지는 건 아니다. 고도로 구체화된 징벌적인 훈련 환경은 그 시스템에서 시키는 대로 정확하게 수행하고, 멈추거나 지나치게 생각하지 않으며, 새로운 행동과 아이디어를 제안하지 않는 사람들에게 잘했다고 격려한다. 최대한의 창의성과 폭넓은 아이디어를 얻기 위해서는 때맞춰 충격을 주는 전기 목줄 따위를 없애야 한다. 그 대신 학생이 다음에는 더 나은 질문을 할 것이라 여기고, 지금 당장의 모든 새롭고 순진하며 형편없는 질문들을 가치 있는 기여로 받아들여야 한다. 학생이 처음 던진 질문을 탐색하도록 격려하는 여유가 없다면, 다음 질문은 나오지 않을 것이다.

STEM, 즉 과학, 기술, 공학, 수학 분야 특유의, 시험 중심의 계층적 문화는 이 분야에 다양성이 부족해지게 된 중요한 요인일지도 모른다. 특히 누군가가 조직에 소속감을 느끼지 못하고 동료들의 지지도 거의 받지 못한다면 이런 보상과 처벌 문화를 감내하기가 훨씬 더 어렵다. 이런 문화는 여성이 그 안에서 버티지 못하게 위협하고, 또한 개인이 전투하는 군인 같은 자아를 갖추지 못하면 생존이 어려울 만큼 위협한다. 누구든 더 환영받고 소속감을 느끼며 성공을 거둔 경험이 있는 곳으로 가고 싶어 한다.

미국에서 학습이란 강의에서 전달되는 내용을 맹목적으로 받아들이고 시험에서 같은 정보를 줄줄 적는 과정을 의미하게 되었다. 나도 고등학교 때와 학부 때, 오늘날 성과가 좋은 학생들이 그러하듯 이 기준에서 얼마나 성취했는지로 나 자신을 규정했다. 그리고 나는 이 시스템이 사람들을 걸러내 쫓아내는 모습을 지켜봤다. 그들이 주어진 자료를 제대로 습득하지 못했거나, 이미 믿을 수 없을 만큼 수준이 높은 엘리트 대학에서 평균에 못 미친다는 이유에서였다. 때로는 학생 자신이 학업에 실패하거나 소속감을 느끼지 못하기도 했다. 그것이 사실이든 아니든 상관없이 말이다. 나 역시 이 패러다임에 의문을 제기하지 않았다. 그러다 애리조나주립대학교로 직장을 옮기고 나서 마이클 크로 총장에게 이런 이야기를 들었다. 우리가 항상 우수한 학교로 자리를 지키려면 하위 95퍼센트가 입학하지 못하게 막으면 된다. 하지만 그 나머지 95퍼센트의 사람들은 전 세계 인구 대부분을 차지하고 있으며 그들 또한 교육에 접근해야 하고 교육이 제공하는 이점을 필요로 한다. 크로 총장은 대학에 갈 준비가 된 모든 이가 교육에 접근할 수 있어야 한다고 주장했다. 그리고 그들을 성공으로 이끄는 데 우리의 책임이 있다고 말했다.

질문 던지기는 이러한 혁신의 핵심 요소이다. 오늘날에는 교사가 학생들에게 질문을 던지는 모습을 흔하게 볼 수 있다. 하지만 세상이 더 나아지려면 학생들이 질문을 해야 한다. 그리고 우리 모두가 학생인 만큼, 우리 모두가 질문을 해야 한다. 학부생으로 강의실에 앉아 있을 때는 물론이고 나이가 더 들어 대학원을 다닐 때도 나는 부당함을 느끼곤 했다. 어느 날 MIT의 18.086번 강좌인 '컴퓨터 과학과 엔지니어링 II' 수업에서 길버트 스트랭 교수는 학생들에게 내가 보기에 합성곱(하나의 함수가 두 번째 함수의 형태를 어떻게 변화시키는지 알아내는 수학적 연산)에 관한 것으로 보이는 질문 하나를 던졌다. 나는 그 답을 알 것 같았지만, 사람들 앞에서 질문에 대답하는 데 많은 이들이 느끼는 익숙한 두려움이 덜컥 들었다. 나는 교수가 답을 알고 있으며 사실상 강의실에서 던진 질문은 공개적인 시험 문제와 같다는 사실을 깨달았다. 제대로 답을 할 수 있을까, 혹시 틀리지는 않을까? 나는 손을 들었고 교수는 즉시 나를 호명했다. 하지만 내 답은 완전히 틀렸다. 교수가 설명하면서 합성곱이 아닌 다른 개념에 관해 말했지만 나는 그게 무엇인지 몰랐다. 교수는 잠깐 잠자코 있다가 다른 학생을 호명했다. 굴욕감을 느꼈다. 그것이 내가 그 큰 강의실에서 마지막으로 손을 든 날이었다.

나중에 연구회나 세미나 형식의 수업에서 나는 모두가 질문할 수 있고 대답할 수 있다는 기쁨을 경험했다. 모두가 힘을 합쳐 가능한 한 많은 것을 이해하려 노력하는 모습이 훨씬 더 진실했고 내게 동기를 부여했다. 그래서 교수가 되고 나서, 어떻게 해야 그런 수업을 꾸릴 수 있을지를 고민하기 시작했다. 또한 성적에 관해서도 생각했다. 성적은 내가 받아야 한다고 스스로 생각하는 등급보다 낮았지만, 내 수행에 대한 최종적인 판단처럼 보였다. 나는 성적이 일종의 소통 수단이 될 수 있다고 생각한다. '여기까지 달성하느라 수고 많았습니다. 이제 여러분이 도전하고 더 발전하는 데 도움이 될 몇 가지 다음 단계가 있습니다'로 시작하는 대화이다.

우리는 어째서 대학원생이 되어서야 공부하는 방법을 배우게 될까? 왜 학부생들에게는 꼼꼼하게 엄선한 교과서와 함께 강의에서 모든 답이 제시될까? 현실 세계에서 학습은 더는 그런 방식으로 이뤄지지 않는다. 정보는 큰 바다에 잠긴 채 우리 주변에 널려 있다. 더 이상 뭔가를 배우기 위해 대학에 진학할 필요는 없으며 그 대신 스스로 배움의 주인이 되어야 한다. 그리고 이런 학습은 대학원에 간 소수의 학생뿐만 아니라 학부생부터 수행할 필요가 있다.

애리조나주립대학교에서 나는 동료인 에브게냐 슈콜니크와 함께 교수 과정의 원칙, 학습 관련 서비스, 공부와 삶에서의 준비도readiness와 관련하여 하나의 통합 전공을 만들 계획을 수립했다. 에브게냐와 나는 몇 년 동안 이러한 탐구 수업을 함께 진행해 왔던 데다, 에브게냐는 M형 항성 주위를 도는 행성에 관해 알아내기 위한 SPARCS 프로젝트의 수석 연구원Principle Investigator, PI(수석 연구원은 프로젝트의 리더로, 임무 성공이나 취소와 관련하여 결정권을 쥐고 나사에 서명하는 담당자다)이었다. 이런 우주 관련 프로젝트를 이끄는 여성과 함께 일하는 것은 내게 큰 선물이었다. 그를 보며 학교의 교육 시스템과 과정에 변화를 주어야겠다는 동기를 얻었다. 변화를 만드는 과정은 어려웠지만 에브게냐의 영민한 지성과 언제나 준비된 너그러운 웃음 덕에 결국 교육이 나아갈 길을 바꾸기 위한 다음 단계로 '기술 리더십'이라는 새로운 학부 전공이 생겼다.

2학년 학부생이 "우리가 무언가를 안다는 걸 어떻게 알 수 있을까요?"라는 질문을 던진 수업에서, 우리는 배움으로 나아가는 관문으로 '질문 던지기'를 매우 중요하게 여기고 있었다. 수업에서는 여러모로 답변보다 질문이 더 중요했다. 답은 거의 언제나 불완전하거나 경고, 또는 의견 불일치를 동반하곤 했다. 모호한 답을 다루려면 더 많은 질문이 필요했다. 비록 옛말에 바보 같고 어리석은 질문이란 없다지만, 우리 수업의 목표로 더 직접적으로 이끌고 주제의 모호성을 더 명확하게 드러내는 질문들은 분명히 존재했다.

그 학기와 다음 학기 내내 좋은 질문이 지닌 공통된 특징이 무엇인지 곰곰이 생각했다. 터너, 제임스와 함께 이에 관해 연구했고, 학생들의 질문을 평가하고 기준표를 바로잡도록 도와준 에브게냐를 비롯한 다른 사람들도 이 문제를 고민했다. 한 질문이 더 생산적이거나 그렇지 않다고 판단할 수 있는 어떤 기준이 있을까? 과학, 정치, 예술 분야에서 더 나은 '연구용' 질문을 만들어 내는 요인은 과연 무엇일까?

어느 날 저녁 제임스와 나는 뒷마당의 메스키트 나무 아래에서 학생들의 질문에 처음으로 점수를 매기고 있었다. 제임스는 수학자여서 행성과학 분야의 전문 용어를 잘 알지는 못했지만 나를 도와 '행성의 거주 가능성' 수업에서 학생들이 제기한 질문들을 채점하는 것을 도왔다. 우리는 각자 자기 분야의 전문가로서 훌륭한 연구용 질문이 무엇인지에 관해 상식적인 기준이 있었고, 그 상식이 분야의 장벽을 뛰어넘을 수 있다는 가설을 세워두었다. 우리는 질문의 규모(범위가 너무 작지 않은지, 적당한지, 너무 커서 대답할 수 없는 것은 아닌지)와 명료성(명확하고 문법에 맞으며 구체적인지)을 기준으로 모든 질문을 채점했다. 다행히 우리가 매긴 점수는 거의 일치했다. 물론 과학적으로 엄밀한 실험은 아니었지만, 이를 통해 다음 단계로 나아갈 힘과 아이디어를 얻었다.

우리는 이후 한 팀을 이루어 '질문 생산성 지수'를 개발했다. 내 수업의 '자연에 대한 다음 질문'에서 다룬 아이디어가 더 큰 목표로 가는 밑거름이 되는지가 채점 기준이었다. 예컨대 더 방대한 프로젝트의 목표에 부합하는지, 또는 질문에서 다뤄지는 주제를 더 폭넓게 이해하는 데 도움이 되는지가 그런 큰 목표였다. 강의에서 주고받았던 질문들은 과학 분야의 연구와 같이 새로운 지식을 창출하기 위한 연구용 질문이 될 수 있다.

세 부분으로 구성된 질문 생산성 지수의 첫 번째 고려 요인은 '가치'이다. 질문에 답하는 것은 학생들이 자신이 품은 목표에 대한 답을 얻는 데 얼마나 가치가 있을까? 만약 어느 학생의 '자연에 대한 다음 질문'이 이후의 더 큰 목표를 달성하는 데 꼭 필요하다면, 그 질문은 가치 항목에서 5점 만점에 5점을 받는다. 반면에 목표를 이루는 데 필요한 정도가 낮다면 질문은 이 항목에서 낮은 점수를 받는다. 학생들이 호기심 때문에 어떤 질문을 하는 것인지, 아니면 그것이 정말로 그들의 더 큰 목표로 이어지기 때문인지는 이 요인을 고려하면서 더 명확해졌다. 물론 호기심이어도 괜찮다! 호기심에서 비롯한 질문들을 따라가면 우리는 전문 분야의 무한한 세계로 점점 이끌려 갈 수 있고, 그러지 않더라도 즐거운 취미를 찾는 경험이 될 수 있다. 하지만 그 질문을 하는 시점이 언제인지, 지금이 목표를 향해 더 효율적으로 나아가야 할 때인지에 대해서는 확실히 고민하는 것이 좋다.

두 번째 고려 요인은 '규모'이다. 질문은 여러분이 어떤 논문을 읽으면서 부분적으로나마 답을 얻고, 다른 사람과 약 한 시간에 걸친 대화를 이끌어내기에 적절한 수준인가? 우리 수업에서는 이 정도 규모의 질문을 던지는 것이 목표이다. 한 단계 정도만 나아가는 것. 학생들이 던지는 질문 가운데는 너무 크고 야심 찬 질문이 많다. 사실 그것들은 그 자체로 '목표 질문'이 될 만하다. 반면에 너무 사소하고 작은 질문도 있다. 그런 질문에 대한 답은 구글에서 찾아보면 된다.

마지막 세 번째 고려 요인은 '구체성'이다. 해당 집단의 모든 구성원이 그 질문을 오해 없이, 같은 의미로 이해할까? 질문이 명확하고 자세하며 실행 가능한가? 주관적으로 정의된 용어나 문법적인 오류가 있지는 않은가? 이 요인은 어떤 질문이 실제로 답을 찾을 수 있는 질문인지 파악하는 데 핵심적이었다. 앞서 언급한 수업에서 '우리가 거주할 수 있는 조건을 제공하는 더 나은 항성이 있을까?'라는 질문에 답할 때 학생들은 '더 나은'이라는 단어를 정의해야 했는데, 그 모습에서 머릿속 전구가 반짝 켜졌다. 학생들은 그 질문이 명확한 대답을 얻을 만큼 충분히 구체적이지 않다는 사실을 알았다. 질문자의 의도에 맞고 '구체성' 항목에서 더 높은 점수를 받을 수 있는 질문은 다음과 같을 것이다. '여러 항성 가운데 에너지 역학과 생활사 측면에서, 물을 보유한 근처 행성들이 가능한 한 오랫동안 물을 보유할 수 있도록 하는 항성 유형은 무엇인가?' 이런 질문도 있다. '물을 보유한 암석 행성이 포함된 행성 시스템을 가장 흔하게 형성하는 항성의 원소 조성은 어떤 것일까?' 한 주가 지나고 매 학기가 지날수록 학생들은 좀 더 좋은 질문을 하게 된다. 그리고 다른 수업과 직장 생활, 그리고 남은 평생에 그 기술을 가져가 활용할 것이다.

⋆ ⋆ ⋆

어린 시절의 어느 날 이서카 집 소파에 앉아 짐과 고등학교 수학에 관해 이야기를 나눈 적이 있다. 당시 고등학생이었던 나는 다음 해에 어떤 수업을 들어야 하는지 오빠에게 조언을 구했던 것 같다. 정확한 대화 내용까지 기억나지는 않지만 내가 수학 교과서를 유심히 바라보던 장면은 생각난다. 교과서는 우리가 블록을 보관했고 지금은 소파의 보조 테이블 역할을 하는 오래된 팔각형 나무 상자 위의 값싸고 화려한 금속 램프 옆에 놓여 있었다. 그 끔찍한 램프의 금속 장식 하나하나에서 먼지를 털어내던 기억이 난다.

그때 짐은 내게 이렇게 말했다. “글쎄, 여름에 그 주제에 대해 더 배우면서 1년 치 교과 과정을 그대로 따라가보지 그래? 독학해도 돼. 책 한 권을 구해서 읽고 공부하며 깨우치는 거야. 결국 그냥 고등학교 과정일 뿐이잖아.”

그 말에 마치 절벽 끝에서 내려다보는 것처럼 현실에 대한 감각이 뒤바뀌는 기분이었다. 아니, 내가 독학할 수도 있는 거였어? 누군가의 가르침을 받으며 다음번에 뭘 해야 할지 이야기를 듣지 않아도 되는 거야? 갑자기 세상이 확 트이듯 넓어지는 바람에 현기증도 약간 났다. 짐은 고등학교 수학은 누구든 배울 수 있는 최소 공통분모일 뿐이라고 말했다. 그러니 나도 공부할 수 있었다. 오빠는 스스로 통제권을 쥐고 공부하라고 말하는 거였다.

이것이야말로 내가 모두와 나누고 싶은 가치다.

사회에 나와 보면 사람들이 받는 교육이 불충분하다는 사실을 알게 된다. 너무도 많은 학생이 제대로 공부하지 않아 일에 필요한 준비를 마치지 못하며, 읽기나 덧셈을 제대로 배우지 못하는 이들도 있다. 물론 교육 연구자들은 학생들이 어떻게 해야 가장 효과적으로 학습하는지 알고 있다. 비록 교사와 학교 관리자들이 이런 지식을 교육 시스템에 적용하지 않지만, 좋은 학습법이 무엇인지에 대한 연구는 이미 수십 년 전에 나왔다. 학생들은 수동적인 방식보다는 능동적인 방식으로 가장 효과적으로 학습한다. 수동적인 학습이란 그저 앉아서 강의를 듣는 것이다. 여기서 조금 더 나아간 적극적인 학습은 강의를 들으며 필기를 하는 것이다. 2인 1조가 되어 강의 내용을 토론한 뒤 토론에서 얻은 결론과 질문을 발표하는 것은 한 단계 더 높은 방법이다. 그리고 가장 좋은 학습은 강의 주제를 스스로 연구해 관련 내용을 학습한 다음 자기만의 강의 내용을 만드는 것이다. 무언가를 배우는 가장 좋은 방법은 그것을 가르치는 것이기 때문이다. 짐이 제안한 것은 바로 이것이었다.

사실 교육은 대부분 수동적으로 이루어지기에 안정적이고 지루하다. 하지만 우리는 더 잘 가르치고 배우는 방법을 알고 있을 뿐 아니라, 수동적으로 듣기만 한 뒤 들은 지식을 시험에서 쏟아내는 기술이 직장이나 인생에 요긴한 기술이 아니라는 사실도 알고 있다.

학생들은 처음부터 내 수업에는 중간고사도 없고 기말고사도 없다는 점을 안다. 그러니 그저 멍하니 졸다가 교과서를 벼락치기로 보아서는 학점을 받을 수 없다. 사실 교과서 자체가 없기도 하다.

학생들은 통과 학점을 받으려면 매주 과제를 해서 연구에 대한 요약본과 '자신만의 다음 질문'을 만들어야 한다. 그러면 나는 학생들에게 '완료 점수'를 부여하는데 학생들은 과제를 제출만 해도 점수를 얻고, 수업에 참석만 해도 동일한 점수를 받는다. 이렇게 하면 학생들이 시도하고 노력한 바에 대한 동정적인 점수를 집계하는 것이 아니라 과제 자체에 대해 정해진 기준에 맞춰 더 자유롭게 점수를 줄 수 있다.

그리고 우리 수업의 가장 중요한 특징이 있다. 학생들이 한 학기 동안 과제 점수를 향상시키면 추가 학점을 받는다는 것이다. 학기 초에 낙제점을 받아 미리부터 그 학기 성적을 망치고, 공부를 이어 가는 것을 단념시키는(내 경우에는 유기 화학이 어려워서 생물학 과목을 포기한 적이 있다) 기존의 평가 체계를 생각해보라. 우리 수업에서는 시간이 지나면서 학생들이 해당 주제에 관해 탐구하고 알아낸 바에 대해 보상을 한다. 제임스에 따르면 요리사가 마침내 레몬 수플레 만드는 법을 배웠다면 이제 수플레라는 요리에 대해서는 인정을 받은 셈이기 때문이다. 즉, 학생들이 과거에 실패한 경험이 있다 해도 그건 과정의 일부이며 그들에게 불리하게 작용하지 않는다. 진정한 학습은 원래 그런 식으로 이뤄진다. 그러면 결국 학생들은 자신이 목표로 삼은 질문을 쭉 탐구하기 때문에 거의 항상 자신의 호기심에 따라 학습의 동기를 얻게 된다.

우리 수업에서는 이런 식으로 학부생들에게 질문하기, 연구하기, 종합하기, 의견 내기의 기술을 효과적으로 가르치고 있다. 보통은 대학원에 진학해야 배우는 기술들이다. 하지만 이런 기술은 정보화 시대를 살아가는 모든 이에게 필요하다. 학부생도 이런 기술을 배울 수 있고, 심지어 고등학생도 배울 수 있다. 인류라는 종의 미래를 위해서도 이런 기술을 가르치는 게 좋을 것이다.

과정 말미에 학생들에게는 각자 그 학기에 배운 모든 것을 발표하는 4분의 발표 자리가 주어진다. 모든 내용을 4분 안에 발표하려면 학생들은 자신이 배운 바를 분석하고 몇 가지 주제로 종합해야 한다. 매주 했던 활동을 순서대로 암송할 수는 없으니 말이다. 이런 강의 방식은 학생들의 뇌를 엑스레이로 촬영하는 일과 비슷하다. 모든 학생에게 동일한 시험 문항을 억지로 욱여넣는 대신, 학생들이 자기가 배운 모든 것을 정리해 보여주도록 하는 것이다. 이 자리에서 모든 학생은 각자 다른 내용을 발표하는데, 서로 다른 것을 배웠기 때문이다. 듣는 사람들도 마찬가지다. 같은 발표를 들은 두 사람이 있어도 반드시 같은 반응을 보이는 것은 아니며, 발표 내용 중 개선이 필요한 부분에 대해 똑같이 기억하지도 못한다. 일단 이렇게 개인 차원으로 내려가면, 어떤 사람도 동일한 생각을 하지 않으며 의사소통은 반드시 불완전할 수밖에 없다. 이 단계에서, 우리 모두는 완전히 다르다.

또 우리 수업에서는 배움의 과정에 관해서도 끊임없이 서로 이야기를 나눈다. 예컨대 우리는 이런 질문을 던진다. 그 정보를 얻은 출처가 얼마나 괜찮았는가? 그것을 어떻게 찾았는가? 당신은 그 정보(자료)에 따라 결론을 발견하고 각각의 결론을 지지하는 것에 관해 어떻게 생각하는가? 집단 토론은 얼마나 효과적으로 이루어졌는가? 어떻게 하면 토론을 더 잘할 수 있을까? 이 모든 질문은 이른바 '메타 인지'이다. 우리가 하고 있는 일을 왜 그렇게 하고 있는지 분석하는 과정이다. 그에 따라 우리는 어떤 것의 구조와 과정을 개선하는 변화를 어떻게 일구어 나갈지 상상해본다. 이것이 문명이고 진보이다.

10장

영웅이 되지 않는 것에 대해

아버지는 학계에 있는 학자는 아니었지만 코넬대학교 교수진 가운데 친구가 꽤 많았다. 아버지는 다독가였고 문학, 예술, 과학에 관해 학자 친구들과 지적인 대화를 즐겼다. 말년의 아버지에게 좋은 친구였던 사람 중에는 코넬대학교 지질학과 명예 교수인 데이비드가 있었다. 어느 날 아버지는 피오르의 속성과, 산맥이 둘러싼 스칸디나비아의 지형과 바다로 통하는 좁은 만에 관해 데이비드와 즐겨 나누던 대화를 나에게 글로 남겼다. 개성 있는 필체로 대문자로만 쓴 글이었다.

아버지의 글을 옮기면 이렇다. "피오르는 매우 좁고 가파르단다. 나는 물밑의 바닥이 편평한지 V 자 모양인지 궁금했지. 여기에 대해 데이비드보다 더 잘 아는 사람이 누가 있을까! 그래서 곧장 데이비드에게 전화했어."

이런, 왜 나에게 전화하지 않으셨지? 나는 그 당시 MIT 지질학 교수였다. 당신의 딸이 지질학 전문가라는 사실이 어째서 아버지의 머리에 떠오르지 않았던 걸까? 아버지가 나에게 묻지 않았기에 나는 그 대화에 우아하게 끼어들 방법이 없었다. 그저 아버지가 친구와 나눈 즐거운 대화를 공유해준 데 고마워하고, 아버지에게 지적 호기심을 나누고 모험을 함께할 흥미로운 새 친구들이 있다는 사실에 기뻐할 뿐이었다.

어린아이였을 때 어머니는 가끔 내 유머 감각이 저속하다며 꾸짖곤 했다. 나는 예의 바르게 굴어야 했다. 어머니는 여자아이가 남자아이를 지배해서는 안 된다고 말했다. 하지만 동시에 어머니는 당신의 아버지가 아들들을 편애하고 당신을 무시한 데 치를 떨었다. 나는 오빠들과 각각 여덟 살, 열 살 차이가 났기 때문에 그들과 맞먹을 수 있는 위치가 아니었다. 그 대신 속사포 같은 유머로 친밀감을 쌓았다. 유머는 시끄럽고, 터무니없고, 재치 있고, 빠를수록 더 좋았다. 어느 날 아침 겨울 방학을 맞아 오빠들이 둘 다 대학에서 집에 돌아왔을 때였다. 톰이 아래층으로 내려와 아침을 먹으려고 식탁에 앉았는데 짐과 나는 이미 열띤 우스갯소리로 '발진'한 상태였다. 톰은 잠이 덜 깨 흐릿한 눈으로 우리 이야기를 듣기만 했다. "좀 천천히 말해! 난 지금 막 일어났다고!" 톰이 간청했다.

하지만 이런 요란하고 빠르고 신랄한 유머는 사회에서 크게 인정받지 못한다. 여성은 언제나 시끄럽거나 자신만만하면 안 되었고, 전문가여서도 안 되었다. 나는 피오르 일화에서 아버지가 나를 결코 전문가로 본 적이 없다는 사실을 깨달았다. 그래서 나는 전문가로 여겨지는 사람들이 어떻게 말하고, 다른 사람들은 전문가의 말을 어떻게 듣는지 지켜보기 시작했다. 그런 다음 이런 전문가다운 행동들을 아직 전문가가 되지 않은 여성들의 행동들과 비교했다. 특히 나는 여성들이 어떤 식으로 말하고, 회의 자리에서 어떤 식으로 포함되거나 배제되는지를 분석하기 시작했다.

예전에 현장에서 일할 때 내가 관찰한 바와 완전히 모순된 결과가 나오면 그다음에 어떤 일이 벌어졌는지 떠올렸다. 내가 옳기도 하고 틀리기도 했지만 그 순간들은 언제나 뭔가를 배우기보다는 지배하고 당하는 것과 관련되어 있었다. 나에게 도전하는 사람들은 자신의 생각을 표현할 때 질문하거나 반론하는 대신 주장으로 전달했다. 이런 상황을 겪은 사람은 나만이 아니었다. 선배 과학자들은 보통 후배의 의견을 지지하면서 합리적인 추론으로 틀린 점을 우회적으로 지적하기보다는 단호한 말로 교육한다. 나도 이제 경력을 꽤 쌓은 과학자였기 때문에 다른 사람들에게 내 의견을 단호하게 주장하고 싶었지만 그런 유혹을 이겨내야 했다. 노골적이고 단호한 주장은 그 진술을 뒷받침하는 수고를 피하는 일종의 지적 게으름이다. 때때로 우리는 그런 게으름을 피우고 싶어진다.

나는 브라운대학의 지구물리학 연구 그룹을 떠올렸다. 여기서는 서로의 연구를 돕도록 질문에 정보를 담아 대화를 나누는 것이 원칙이었고 구성원 모두는 그렇게 함께 배웠다. 이들은 어떻게 이런 문화를 만들고 지속시켰을까?

* * *

프시케 프로젝트를 진행할 수 있었던 것은 나와 동료들의 연구 덕분이었지만 내가 이들을 좀 더 효과적으로 이끄는 리더가 되려면 우주선을 둘러싼 공학 지식을 더 많이 습득할 필요가 있었다. 다행히 나는 이전에 고압 실험실에서 일했고, 건축에 관해 배운 적이 있으며, 40시간 동안 금속 가공 기술을 익혀 자격증을 땄고, 박사 과정에서는 재료의 특성을 연구한 적이 있다. 이 모든 경험이 프로젝트 진행을 더 쉽게 만들었다. 나는 계속해서 질문했다.

우주선을 설계하고 제작하는 과정에서는 즉각적으로 이루어지는 작업과 과업에 대한 그룹 회의부터 시작해, 팀 전체가 수행한 작업을 검토하는 회의를 포함한 정기 회의가 이어진다. 때때로 검토 위원회가 이러한 검토를 이끌고 평가하는데, 위원은 나사 본부가 선임하고 급여를 지불한다. 때때로 나는 나사가 주도하는 주요 검토 과정보다 한 단계 낮은 검토 단계에 위원으로 참여하기도 했다. 한번은 과학자로서 프시케 프로젝트의 전력 시스템을 검토하는 작업을 하고 있었다. 프로젝트의 과학적 기반을 위태롭게 하는 공학적인 결정을 미연에 방지하는 것이 나의 역할이었다. 그때 점심시간에 한 동료 위원이 다가와서 말을 건넸다. "사람들이 무슨 말을 하는지 전혀 모르는데 하루 종일 회의실에 앉아 있다니 정말 고생하시네요. 얼마나 지루하실지!" 그 말에 몸에 아드레날린이 돌듯 화가 치솟았지만 간단히 대꾸할 수밖에 없었다. "짐작하시는 것보다는 훨씬 아는 게 많을 거예요." 점심 식사 자리에서 나누는 잡담에 가까운, 즉흥적이고 배려 없이 일어난 그 동료의 논평 때문에 괴로웠다. 그의 얕은 감상은 그런 생각을 당연하고 정상으로 보이게 하는 뿌리 깊은 편견에서 온 것이다. 과연 내가 남성이었어도 공학에 관해 아무것도 모를 것이라 가정했을까?

나는 타인이 무지할 거라는 이런 주장과 반박, 잔소리, 대담한 단언은 에고 경제ego economy로 귀결된다는 것을 깨달았다. 지난 1000년 동안, 학계는 각 학문 분야별로 선배 학자 한 사람을 모델로 삼아 지식을 생산하고 큐레이션했다. 이런 리더 아래에는 사람들과 자원이 피라미드 같은 가상의 산으로 존재했고 사람들은 그 위로 올라서거나 아래로 떨어졌다. 이런 '영웅 모델'에서 각각의 연구 분야는 서로 분리되어 있다. 각 분야의 선임 교수들은 새로 등장하는 유망한 후배들로부터 자기의 산꼭대기를 보호하기로 선택하고, 그 분야의 주요 주제를 중심으로 물적 영역을 점진적으로 더하는 새로운 연구 결과를 내놓는다. 이렇게 집단 문화가 구성되며 집단 내부의 괴롭힘이나 추행, 특정 집단의 배제, 다양성 부족을 포함한 모든 병폐는 수십 년 동안 도전받지 않고 이어진다.

학자로서 우리는 연구하는 전문 분야에 대한 모든 배경을 안다고 가정되며, 편안하고 자신 있는 방식으로 아이디어를 전달하는 법을 배운다. 문장 끝에 물음표가 아닌 마침표를 찍어서 말하는 것이다. 때로 우리는 강의한다. 하지만 이런 전달 방식은 사람들이 우리에게 귀 기울이게 해서 그들이 의심을 보류한 채 전문가들을 믿게 한다. 전문가가 그런 권위와 자신감을 가지고 이야기한다면 말이다.

학계에도 에고 경제가 존재하는 것이다. 존경과 신뢰의 대상이 되는 것은 과학자로서 성공적인 경력을 쌓는 데 거의 전제 조건이다. 16세기 초 독일에서 대학 교수들은 명성과 환호, 카리스마로 성공을 얻었다. 이것들은 정확성이나 전문성과 일치하는 자질은 아니다. 최악의 경우 사람들에게 해당 분야를 널리 알리는 권한을 가지는 것에 매달리면서 존경과 신뢰에 집착하게 될 수도 있다. 이는 과학계에서도 학자들이 분야 이외의 것에 집중하게 하는 문화를 만든다. 과학적 경력을 뒷받침하고 발전시키는 데 도움이 될 명성을 스스로 관리하고 쌓기 시작하는 것이다.

그러다 보면 이런 상황도 생긴다. 명성 있는 한 사람의 말은 법처럼 떠받드는 반면 다른 사람의 말은 전혀 귀담아듣지 않는 것이다. 이것은 연구가 최선의 진보를 거두는 것과는 반대되는 상태지만 많은 저항과 비난에도 불구하고 과학계는 이런 구조를 강화하고 있다.

투셰로스에서 일할 때, 나는 파트너인 댄과 함께 새로운 고객이 된 한 야금회사의 설립자인 피터를 만나러 갔다. 피터는 우리를 원탁이 있는 작은 회의실로 안내했다. 피터와 댄은 얼굴을 마주하고 생산적인 대화를 나누기 시작했다. 그러나 내가 대화에 끼어들 틈은 없었다. 여러 남성 상사가 자리한 곳에서 나는 여성이고 하급자였다. 내가 그 회의에 참석하게 된 것은 내게 야금학 지식이 있기 때문이었다. 그럼에도 나는 그날 오후 내내 발언할 기회를 얻지 못했다.

내가 사람들의 눈에 띄기 시작한 건 내가 속한 집단이 제대로 돌아가고 있을 때였다. 기여할 것이 있는 사람에게 자신이 지닌 것을 드러낼 순간이 주어지고, 나머지 사람들은 전부 경청할 때였다. 이 조직에서는 모두가 자신의 전문 지식으로 평가되었다. 나는 편안함을 느꼈다. 프시케 프로젝트의 초반 회의에서도 몇 번 비슷한 일이 일어났다. 할 말이 있는 사람은 누구나 나서서 이야기할 수 있었다. 곧 우리는 우리 팀의 비공식 모토를 만들었다. 나쁜 소식은 일찍 전해주면 가장 좋은 소식이 된다는 것이다.

⋆ ⋆ ⋆

대학 시절부터 나는 정기적으로 퀘이커 예배 모임에서 활동했다. 아들 터너가 태어났을 때도 메릴랜드주 아나폴리스에서 열린 퀘이커 모임에서 세례와 비슷한, 사랑스러운 탄생 환영식을 열었다. 그 의식은 작은 사과 과수원과 초원 등지에서 열렸는데, 나중에 모임에 돈이 충분히 모이자 사람들은 그곳에 회당을 지었다. 그날은 달콤한 봄풀의 상쾌한 내음이 가득했다. 퀘이커 교도들은 우리 각자가 신과 관계를 맺고 있으며, 아무도 그 관계를 따로 해석하거나 그 사이를 가로막아서는 안 된다고 믿는다. 내가 참석하던 퀘이커 모임에서도 관리자라기보다는 행정 절차를 관장하는 사무원이 있었는데 그 사람은 참가자들의 영적 경험에 대해 참견하거나 명령하지 않았다.

이후 제임스와 나는 매사추세츠주 액턴에서 열린 퀘이커 모임에서 결혼식을 올렸다. 결혼 몇 달 전에는 명료화 모임clearness committee 사람들과 각자 따로 만났다. 이 모임의 목적은 우리에게 결혼 여부를 지시하는 것이 아니라, 우리가 결혼하기로 한 생각과 결정이 완전히 명료하고 투명한지 확실히 하는 데 도움을 주려는 것이었다. 퀘이커교의 이런 측면이 누군가에게 명령받고 싶지 않아 하는 내 마음에 들었고, 나는 믿음에 관해 퀘이커 교도들과 절대 받아들일 수 없을 만큼 의견이 다를지도 모른다는 두려움을 잠재울 수 있었다.

퀘이커 교도들은 수백 년 동안 더 공평한 세상을 만들고자 노력해 왔다. 같은 상품에 가격이 제각각으로 책정되는 것이 불공평하다는 이유로 가격표를 발명한 것도 이들이었다. 퀘이커 교도들의 회의에서는 모든 사람이 돌아가며 최소한 한 번씩 말하기 전까지는 누구도 두 번 말하지 않는 것이 관례이다. 나는 이 규칙을 강의실뿐만 아니라 내가 일하는 팀원들에게도 적용하는 것이 어떨지 생각했다. 그 원칙을 다음처럼 정리했다.

- 리더들은 자신이 바라는 팀의 문화에 관해 자주 이야기하자.
- 어떤 사람이 팀에서 목소리를 낼 수 없다고 느낀다면, 그럴 만한 이유가 있다. 그러니 한 사람이 의견을 낼 만한지 아닌지에 대한 편견과 선입견을 지우고, 모두가 말하도록 참여시키자. 모든 목소리에 귀를 기울이자.
- 모두가 좋은 의도로 참여한다고 여기자.
- 다른 사람의 성공을 진심으로 기뻐하는 법을 배우자.
- 사람들을 구분 짓지 말고 모든 이를 한 팀으로 유지하자. 팀 내 하위 집단을 둘러싼 울타리가 높으면 그 구성원들은 마치 작은 마을의 주민인 것처럼 행동하게 된다. 그들은 다른 집단과 경쟁하고, 울타리 밖의 사람을 동료가 아닌 '타인'으로 볼 것이다. 어떤 학과 내에서 하위 분야 사이에 존재하는 이런 울타리는 특히 해롭다.
- 해결할 문제와 과제가 생기면 팀원 전체에게 공유하고, 함께 해결할 사람들을 모으자. 문제를 혼자서 해결할 필요는 없다.
- 모든 것을 실험으로 생각하라. 실패해도 괜찮다. 이렇게

이야기하는 이유는 실수를 허용하기 위해서이다. 실수를 허락하지 않는 것은 사람들을 불안하게 만들어 역효과를 낳는다. 나사의 부국장 토마스 추르부헨은 이렇게 말했다. "우리의 목표는 실수를 전부 잡아내는 것이다. 우리는 인간이기 때문에 실수를 계속 저지를 테지만, 한 팀이 되어 힘을 모으면 실수를 잡아낼 수 있다."

나는 팀을 어떻게 운영해야 하는지에 관해 나만의 아이디어를 쌓기 시작했지만, 학계는 여전히 영웅 모델로 작동되고 있었다. 영웅은 가장 큰 목소리를 내는 사람이자 결정권자이고 행위자다. 하지만 '보통 사람이 도달할 수 없는 경지'라는 영웅에 대한 관념은 잘못되었다. 이제는 더 이상 한 사람이 인류 전반에 영향을 끼치는 지식을 발견할 수 없다. 우리에게는 다양한 목소리에서 나오는 폭넓은 아이디어가 필요하다. 그리고 우리는 사람들이 아이디어를 떠올리는 것보다 더 빠르게 움직여야 한다. 어느 개인의 평판을 가장 중요하게 생각하는 팀에서 진정한 변화나 진보를 이루기란 어렵다. 나는 개인의 자아가 아니라 질문을 중심으로 사람들을 한데 모으고 싶었다.

항공우주 분야에서 새로운 형태의 영웅 모델을 본 적이 있다. 항공우주 기갑 부대라 할 만한 조직이었다. 발사일이 다가오는데 비행 프로젝트가 늦어지고 오류가 수정되지 않아 모든 것이 위태로울 때, 이들은 마치 질주하는 기병처럼, 엔지니어 팀원들을 동원해 문제를 돌파했다. 이 팀원들은 프로젝트에 끼어들어 기존 엔지니어들로부터 일을 넘겨받아 일하며 겉보기에 확실히 패배로 여겨지는 상황에서도 영웅적인 승리를 끌어냈다. 이런 영웅 기갑 부대의 한 사례가 최근의 화성 탐사 프로젝트에서도 나타났다. 당시 장비 중 하나를 제작하는 팀이 하드웨어를 제대로 만드는 데 어려움을 겪고 있었고, 테스트가 연달아 실패해 부품이 점점 파손되면서 일정은 계속 뒤로 밀렸다. 추가 작업과 하드웨어 비용이 발생하고 프로젝트에 대한 부담이 늘면서 일은 수포로 돌아가는 분위기였다. 바로 그때 기갑 부대가 등장했다! 나사 센터 중 한 곳이 문제가 된 장비를 해결하고자 상당한 추가 비용을 들여 세계 최고의 전문가들로 이루어진 팀을 짰다. 이 기갑 부대는 곧 장비가 제작되는 장소로 이동해 기존의 실패자들을 효과적으로 밀어내고 목표했던 작업을 성공적으로 완수했다.

이런 팀원들은 한 사람 한 사람이 영웅이다. 기존의 영웅 모델에서 이야기하는 영웅에 비해 100배는 더 대단하다. 그들은 곤경을 해결해주었다! 하지만 반면에 그 과정에서 사람들을 지치게 하고 많은 비용을 들였으며 다른 팀원들이 실패를 겪게 했다는 점에서 피해는 엄청나다. 그래서 나는 결코 스스로 영웅이 되지 않는 것, 영웅을 불러들일 상황도 만들지 않는 것을 목표로 삼았다. 즉, 처음부터 일을 잘하는 것이 목표다.

* * *

2017년 1월 말, 애리조나주립대학교 강당에는 50명이 모였고 나만의 새로운 리더십 기술을 시험해볼 날이었다. 나는 맨 앞에 서서 강당 좌석을 내다보았다. 마이클 크로와 내가 공동 의장을 맡고 있던 행성 간 이니셔티브Interplanetary Initiative의 창립총회에 사람들이 많이 와주어서 다행이었다. 앞에는 다소 삐뚤빼뚤하게 강당 의자가 줄지어 놓였고 나는 쨍한 형광등 불빛 아래서 벽면 전체를 차지하는 텅 빈 화이트보드를 뒤로한 채 서 있었다. 나는 이 자리에 애리조나주립대학교 캠퍼스를 비롯해 지역 사회의 명사들을 초대했다. 출장 서비스를 불러 차린 커피와 빵, 그리고 화이트보드 마커와 포스터 종이를 보면서 나는 파티 전의 불안함을 느꼈다. 누가 오긴 할까? 그러다 이제 사람들이 왔다는 사실을 확인하고 머릿속에는 다음 걱정이 떠올랐다. 화이트보드라는, 그야말로 공항 활주로 같은 텅 빈 공간을 나만의 아이디어로 잘 채울 수 있을까?

다들 자리를 잡고, 우리는 서로 강당을 오가며 간단한 자기소개를 했다. 그들은 과학 및 예술 통합 학부의 학장, 전기공학과 대학원생, 심리학과 교수, 지구과학을 전공하는 학부생, 공중 보건 분야 연구자, 지역의 자선 사업가 등이었다.

"우리의 문제는 시간을 너무 낭비한다는 겁니다." 참가자들을 한 사람씩 소개하고 난 뒤 내가 이야기를 꺼냈다. "학술 연구자로서 우리는 이미 완성된 작은 단계를 확장하거나 우리의 아이디어를 새로운 맥락에 적용하는, 뻔한 질문에 답하고 있습니다. 점진적으로 나아가는 데에 지나치게 많은 시간을 쓰는 겁니다. 하지만 우리에게는 그렇게 서서히 쌓아 갈 만한 시간도, 자금도 없죠. 그래서 오늘 우리는 점진주의 대신 변혁을 실천에 옮길 겁니다."

그런 다음 나는 인류 모두에게 우주 과학의 긍정적인 미래를 위해 우리가 목표로 삼아 답을 찾아야 하는 가장 큰 질문들이 무엇인지 물었다. 이것은 행성 간 프로젝트의 중심 목표였다. 바로 공학이나 과학, 과학 소설 작가들의 이야기에 그치지 않고 모든 분야를 통합하는 것이다. 우리는 사회학자, 심리학자, 산업계 리더, 정책 전문가가 필요했다. 또 우리는 이 프로젝트가 사회와 연결 고리를 갖기를 바랐고, 모두가 각자 발 디딘 곳에서 위를 올려다보고 우주에서 우리의 위치를 살피기를 바랐다. 생각만 해도 신이 났다.

우리 중 누구도 혼자만의 힘으로, 각자의 연구소에서, 다음 해에 당장 답할 수 있는 질문을 추구하지 않았다. 우리는 긍정적인 미래를 향한 진정한 열쇠가 될 질문을 찾을 필요가 있었다. 나는 사람들 앞에서 이렇게 말했다. "여러분이 던질 질문이 마치 창처럼 저 멀리 언덕까지 날아가 떨어진다고 상상해 보십시오. 이 프로젝트에서 우리가 하려는 일은 연구 팀을 구성해 그 질문을 향해 나아가고, 우리가 그 대답에 얼마나 가까이 다가갈 수 있는지 확인하는 것입니다."

먼저 교수 몇 명이 자신 있게 질문을 내놓았다. 그러자 질문이 나오는 속도가 빨라졌다. 점점 더 많은 사람이 아이디어를 내놓았고 화이트보드가 조금씩 채워졌다. 그 자리에 참가한 학생들이 목소리를 높였고, 지역 사회에서 온 사람들도 목소리를 냈다. 우리는 브레인스토밍과 비슷한 방식으로 참가자들이 이야기하는 모든 질문을 비평하거나 편집하지 않고 그대로 적어 나갔다. 질문 목록이 점점 늘어났다.

- 어떻게 해야 우주에 대한 경험과 데이터를 대중에게 제공할 수 있을까?
- 지구 생명체의 삶을 개선하기 위해 근 지구near-Earth 위성과 관련해 어떤 프로젝트가 필요할까?
- 우주가 대리전이 이루어지는 공간이 아니라 사람들이 협력해 모험을 펼치는 공간이 될 수 있을까?
- 어떻게 해야 로봇의 탐색과 인간의 탐사를 더 잘 연결할 수 있을까?
- 화성에 식민지가 있다면 지구 구성원들은 그곳을 하나로 합칠 것인가, 아니면 조각낼 것인가?
- 과거의 탐사 결과는 미래의 탐사에 어떤 교훈을 주는가? 우리는 과거의 실수를 어떻게 바로잡을 것인가?
- 우주에서 태어난 첫 번째 아기에게 지구인들은 어떤 반

응을 보일까?

- 인류의 우주 탐험을 관장하는 법적, 정치적, 사회적 규범이 존재하는가?
- 지구 밖에서 생명체가 발견되면 인류는 어떻게 반응할까?
- 우리가 우주에서 심리적인 안정을 찾으려면 무엇을 준비해야 할까?
- 우리 모두는 미래에도 똑같은 인류일까?
- 우리가 우주에서 생존하려면 어떤 종류의 사회 구조가 필요할까?
- 우주에서 민주주의가 가능할까?
- 어떻게 해야 지구의 지속 가능성과 우주 탐사를 서로 어우러지게 할 수 있을까?
- 새로운 세대의 우주 탐험가들을 어떻게 교육하고 길러내야 할까?
- 행성 간 탐사를 위한 비즈니스 모델은 무엇인가?
- 어떻게 해야 우리는 멀리 떨어져 있어도 계속 연결될 수 있을까?
- 어떻게 해야 우리는 우주를 계속 탐험하면서도 포용력을 갖춰 국가 간 격차가 커지는 것을 막을 수 있을까?
- 여러 국가, 여러 세계에 걸쳐 펼쳐질 인간 사회를 어떻게 통치해야 할까?

- 그러한 통치를 위해 공공/민간 지원을 활성화하려면 어떻게 해야 할까?
- 발전하는 기술을 더 큰 도약과 혼란 앞에서 어떻게 열어두어야 할까?
- 우주 탐사용 하드웨어를 개발할 때 현대적인 사용자 경험 디자인이 필요한 단계는 무엇인가?
- 우리는 왜 이런 일을 하고 있는가?

강당 전면의 화이트보드가 질문으로 가득 채워졌다. 참석자들은 뒤로 물러났고 잠시 침묵이 흘렀다.

"자, 이제 투표합시다." 내가 말했다.

나는 대부분이 전통적인 학자인 참석자들을 그들이 편안한 구역에서 벗어나도록 밀어내고 있었다. 질문을 던지고 강당을 둘러보며 나는 모든 사람과 계속 눈을 마주쳤다. 그들이 이 게임에 계속 참여할 수 있도록 진실한 인간관계를 쌓고 싶었다. 많은 사람이 나와 눈을 마주치고 미소를 지었지만, 몇몇은 그대로 물러앉았다. 그들이 자기 검열을 하고 있는 건 아닌지 걱정했다. 나는 아슬아슬하게 줄타기를 하고 있었다. 만약 누군가가 프로젝트를 폄하하거나 자리를 떠나면 사회적 자본이 사라지며 다른 연구 프로그램을 시작할 때 어려움을 겪을지도 몰랐다. 지금 같은 브레인스토밍은 스타트업 기업을 비롯해 회사에서는 흔히 볼 수 있지만 학계에서는 낯설었다. 학계 사람들은 종종 그들의 아이디어나 질문을 혼자 점검한다. 연구 방향에 대해 투표를 하는 건 전례 없는 일이었다.

그래도 나는 내 수업에서 활용했던 방식으로 일 인당 세 표를 주어 투표를 진행했다. 그 결과 다음 여덟 개 질문이 상위권에 올랐다.

- 어떻게 해야 우주에 대한 경험과 데이터를 대중에게 제공할 수 있을까?
- 어떻게 해야 로봇의 탐색과 인간의 탐사를 더 잘 연결할 수 있을까?
- 우주 탐사용 하드웨어를 개발할 때 현대적인 사용자 경험 디자인이 필요한 단계는 무엇인가?
- 과거의 탐사 결과는 미래의 탐사에 어떤 교훈을 주는가? 우리는 과거의 실수를 어떻게 바로잡을 것인가?
- 인류의 우주 탐험을 관장하는 법적, 정치적, 사회적 규범이 존재하는가?
- 어떻게 해야 지구의 지속 가능성과 우주 탐사를 서로 어우러지게 할 수 있을까?
- 새로운 세대의 우주 탐험가들을 어떻게 교육하고 길러내야 할까?
- 행성 간 탐사를 위한 비즈니스 모델은 무엇인가?

거의 두 시간에 걸쳐 질문을 추렸지만 아직 두 시간을 더 해야 했다. 사람들은 다음 단계를 기대하며 자리를 지켰고 강당을 떠난 이는 거의 없었다.

나는 남은 참석자들에게 말했다. "이제 우리는 우리끼리 팀을 만들 겁니다. 옆방에 가면 테이블이 있고 각 테이블 가운데에 있는 커다란 용지에는 지금 뽑은 질문들이 쓰여 있어요. 각자 자신이 가장 관심 있게 여기는 질문이 쓰인 테이블에 앉으세요. 이렇게 즉석에서 만들어진 조에서는 이제 한 시간 동안 다음 사항을 의논하고 결정하게 될 겁니다. 다음의 큰 질문을 해결하려면, 앞으로 1년 동안 어떤 중요한 단계들을 거쳐야 할까? 우리에게 필요하지만 지금은 팀에 부족한 전문 분야는 무엇일까? 마지막으로 이 프로젝트에서 발견한 지식을 강의 현장에 어떻게 통합할 수 있을까?"

참석자들은 서서 무리 지어 이야기를 나누다가 문 쪽으로 걸어가기 시작했다. 몸이 싸해지는 듯한 두려움을 느꼈다. 다들 계단을 따라 움직이다 건물 밖으로 나가는 건 아닐까? 이중 몇 명이 옆방으로 가서 이 독특하고 이상한 실험을 계속할까? 나와 귀뚜라미만 남는 건 아닐까? 하지만 사람들이 옆방으로 옮겨 가 테이블 앞에 자리 잡는 모습에 두려움은 사라졌다. 우리는 장애물을 하나 넘었다. 이제 이 새로운 참석자들이 무언가를 창조할 수 있을까?

테이블마다 자리가 꽉 찼고 왁자지껄한 대화가 이루어졌다.

나는 각 테이블을 돌며 사람들이 나누는 이야기에 귀 기울였다. 6조는 다음 세대를 우주에 어떻게 준비시킬 것인지에 관해 토론하고 있었다. 이들은 위험 감수, 적응력, 모호함을 품는 관용의 중요성에 관해 이야기하고 있었는데 미국의 표준 교육 과정에서 가르치지 않는 것들이었다. 그리고 1조는 인간과 로봇을 통합하는 프로젝트를 개발할 수 있을지를 논의하고 있었다. 이 테이블에 앉은 학생과 교직원, 교수진은 온갖 설계자들(건축가, 예술가, 심리학자)을 한데 모아 사람들이 정말로 무엇을 원하는지 그 핵심적인 필요를 기존의 개념에 제약받지 않고 논의하고 있었다. 그리고 7조에서는 일정 기간 동안 우주에서 사회적 단위를 유지하기 위해서는 어떤 사회 구조와 관행이 필요할지에 관해 신나게 토론했다. 이들은 사람들이 우주에서 어떻게 상호 작용할지를 결정하는 데 필요한 가치를 개발하는 문제를 이야기하고 있었다. 또 사람들이 어떻게 행동하는지, 그리고 그들의 행동이 무엇에 영향을 받는지를 살피기 위해 게임을 만드는 것에 관해서도 논의하기 시작했다.

그날 마이클 크로 총장도 각 조에서 어떤 토론이 진행되는지 보러 왔다. 사람들은 조별로 각자 제안서를 발표했고 학생들을 어떻게 참여시킬 것인지, 다른 팀원은 누가 필요한지 등을 말했다. 몇몇 조는 교수들이 발표했고 교직원이 발표하는 조도 있었다. 한 조는 신입생 한 명이 멋지게 발표했다. 그날 밤 나는 잘되리라는 확신을 품고 편하게 잠들었다.

몇 주가 지났다. 일부 조는 착수 지원금을 받을 수 있는 계획 단계까지 도달하지 못했지만 진도가 나간 몇몇 조는 5월에 지원금을 받았다. 학기가 끝나면서 나는 가을까지는 프로젝트가 진전되었다는 소식이 들리지 않을 거라 짐작했다. 하지만 내 생각은 틀렸다. 무척 흥분되게도, 참석자들은 이 프로젝트에 크게 동기 부여가 되어 더 큰 규모의 다학제 간 프로젝트에 특별한 관심을 보이고 있었다. 그렇게 그들은 이듬해 9월 동료 검토를 거친 첫 번째 논문을 발표했다. 논문은 다음과 같은 질문을 다루었다. '지구 밖의 다른 행성에서 생명체가 발견되면 인류는 어떤 반응을 보일까?' 이에 대해 한 심리학자를 포함한 조는 외계 생명체 발견을 보도한 몇 년 동안의 언론 기사에 대한 대중의 반응을 분석했다(새로운 데이터가 나와 기존의 발견이 무효화되면서 각 언론이 보도를 철회하는 동안 대중이 보인 반응에 대한 분석이었다. 이 책을 쓰는 시점에 인류는 아직 지구 밖의 생명체를 발견하지 못했다). 논문에 따르면 그 외계 생명체가 지나치게 덩치가 크거나, 똑똑하거나, 송곳니 같은 게 있지 않은 한 사람들은 인류라는 존재에 영향을 끼칠 이런 전면적인 패러다임의 변화를 두고 꽤 행복하고 흥미로워했으며 긍정적인 반응을 보였다.

그에 따라 지구 밖에서 인류가 어떻게 상호 작용할지를 살펴보는 게임을 만들자는 아이디어를 낸 7조는 연구에 탄력을 받게 되었다. 조장인 랜스 개러비는 전문 게임 디자이너, 예술가, 사회 과학자로 구성된 팀원을 더 모았고 '화성의 항구Port of Mars'라는 게임을 개발했다. 화성 정착민들은 살아남으려면 힘을 합쳐 행동해야 했다. 첫 번째 게임 테스트에 대한 랜스의 트위터 게시물에 따르면, 테스트는 성공했지만 게임에서 정착민들이 거둔 결과는 암울했다. "다들 죽고 말았다." 그러는 사이에 이들은 게임으로 수집한 데이터에 대해 동료 검토를 거친 논문을 발표했고, '마스 매드니스Mars Madness'라 불리는 연례 토너먼트 시합을 개최하기 시작했으며, 외부 보조금을 타 와 우리 프로젝트의 착수 지원금에 200퍼센트의 수익을 제공했다. 그리고 첫 4년 동안 지원금을 받았던 시험 프로젝트들은 800퍼센트의 수익을 창출했다.

한 조는 애리조나주립대학교와 외부 회사 간 소규모 파트너십으로 프로젝트를 시작했지만, 진행 과정에서 대학의 지원은 빠지고 외부의 지원만 남았다. 그래서 이 프로젝트는 재정상 어려움을 겪기도 했다. 이러한 도전 과제가 생기면서 우리는 초기부터 교훈 하나를 얻었다. 외부의 협력 파트너가 아무리 훌륭하다 해도 대학의 강력한 지원은 언제나 필요하다는 것이었다. 그래서 지금은 연구로 발전시킬 질문에 대한 브레인스토밍 시간이 끝나면, 대학 측의 담당 리더를 선정하고 2주에서 3주 정도를 주어 연구 목표, 예산 등을 세우도록 한다. 이렇게 하면 프로젝트를 제대로 검증할 수 있어서 더 강력한 팀을 출범시키는 데 도움이 된다.

그리고 우리는 처음부터 각 조가 프로젝트 관리를 받도록 해서 기존 학계의 관행을 확장했다. 우리의 프로젝트 매니저인 애비게일 웨이벨은 이 모든 실험을 받아주었고, 우리는 매년 전보다 더 많은 조가 성공할 수 있도록, 무엇이 효과가 있고 진행 과정은 어떻게 개선해야 할지 끊임없이 재평가하는 중이다.

우리가 처음 4년 동안 시작한 26개의 시범 프로젝트 가운데 4년 차 말까지 열 개가 완전히 독립적으로 자금을 조달하는 데 성공을 거뒀다. 또 다른 열한 개는 아직 진행 중이며 계속 진전을 보이고 있다. 조를 해산한 프로젝트는 다섯 개뿐이다. 우리는 한 사람이 진두지휘하는 영웅 모델이 아니라 해결해야 할 큰 질문을 던져 프로젝트를 이끌어 가는 방식을 개발했다. 또 우리는 제대로 작동하는 학제 간 팀을 구성하는 투명한 방법을 만들어냈다. 그리고 학교로부터 착수 지원금을 받다가 외부 지원금으로 성공적으로 이행하는 모델을 만들었다.

학계에서 영웅 모델을 포기하는 것에 관한 나의 견해는 『과학과 공학 이슈Issues in Science and Technology』에 기고했던 글에서 비롯했다. 글이 발표되자 한 동료는 나에게 메시지를 보내 자신이 그동안 대학원에서 영웅 모델을 배웠으며 학과장 자리에 오를 때까지도 그 관점을 고수했다고 말했다. 그러나 그는 이 글로 모든 것이 잘못되었음을 깨달았다고 했다. 나 역시 그처럼 성장했다. 팀이나 자원이 피라미드 형태로 구성된 영웅 모델은 팀원들에게는 불투명해 보이지만, 꼭대기의 관리자가 되면 실제로 어떤 일이 일어나고 있는지 많은 것이 보인다. 그뿐만 아니라 내가 지켜본 바, 관리자는 어떤 교수의 학생들이 고통받고 있는지, 어떤 연구자의 작업이 인류의 지식을 실질적으로 증가시키고 있는지, 그리고 누가 후배들을 지원하고 있고 누가 그러지 않는지 알 수 있다. 학과장이 된 그 동료는 학계를 다르게 바라보게 되면서 모든 것이 마치 댐에서 물이 터져 흐르는 것처럼 명료해졌다고 했다.

11장

매일 벽돌 한 장 쌓기

발사 전에 쓰는 글이지만, 지금 프시케 프로젝트가 없던 일이 된다면 어떻게 해야 할까? 만약 소행성으로 가는 도중에 실패한다면? 실패를 추스르고 계속 나아가는 기분은 어떨까? 2014년 9월 우리가 1단계 제안서를 제출하고 다른 28개 팀과 경쟁하던 즈음, 평범한 수술을 받았다가 의사가 내가 난소암에 걸렸다고 전화했을 때 느꼈던 기분과 아마 조금은 비슷할 것이다.

나는 애리조나주립대학교의 지구 및 우주 탐사 학부의 학과장으로 새롭게 일을 시작했고, 그로부터 6주 전에 제임스와 함께 애리조나로 이사 왔다. 나는 교수 60여 명과 500명에 달하는 학생, 급여를 받는 교직원 350여 명, 관련 장비가 일곱 개 건물에 걸쳐 운용되는 큰 학부를 관리하는, 크고 복잡한 일에 뛰어들었다. 매일 각종 회의에 교수진 의견 청취, 사업체 운영 프로세스

숙지, 기존에 이 모든 것을 해 온 직원들까지 파악하느라 정신이 없었다. 저녁에 침대에 누웠을 때 아랫배에 작은 혹이 하나 있다는 게 가끔 생각나 더듬어보면 손으로 느껴져서 계속 걱정스러웠다.

애리조나에 도착해 집을 마련하고 새로운 직장에 새 사무실로 이사하면서 출발선을 박차고 나온 나는 의사와도 가능한 한 빨리 약속을 잡았다. 의사가 좌골 신경통을 치료해 주었으면 했다. 지독한 신경통 때문에 왼쪽 다리를 제대로 쓸 수 없었다. 하지만 의사는 이렇게 말했다. "좌골 신경통을 치료할 수는 있지만, 지금 당장은 환자분 배에 있는 혹이 훨씬 더 문제 되는 상황이에요. 일단 초음파 검사를 해봅시다." 좌골 신경통은 아직 차례를 기다려야 했다.

초음파 검사 후 의사는 내게 난소에 낭종이 있다고 말했는데, 흔한 일이었다. 이런 낭종은 종종 수술하지 않고 치료하기도 하지만 나의 경우에는 약간 컸기 때문에 의사는 수술로 잘라내는 게 좋겠다고 말했다. 그리고 초음파 사진을 가리키며 말했다. "크기가 큰 난소 낭종 중에 1~2퍼센트 정도만이 암이죠. 그런데 여기에 보이는 것처럼 낭종 내부의 액체에 간섭 패턴이 보이면 이것은 암과 관계가 있습니다." 의사가 희미한 잔물결로 뒤덮인 격자 판을 가리키며 말했다. 그런 말에도 심장이 두근거리거나 혈압이 치솟거나 하지는 않았고 위장이 쿵 내려앉는 느낌도 없었다. 암에 걸린다는 것은 아예 논외의 일처럼 여겨졌기 때문이었다. 나는 침착하게 집에 갔고, 낭종 제거 수술을 해야 한다는 현실을 받아들였다. 당시 내가 가장 두려워한 것은 팔에 링거 바늘을 꽂는 것이었다.

* * *

수술 당일 제임스와 나는 개인 병실에서 담당 수술 팀을 기다렸다. 나는 옷을 갈아입고 따뜻한 담요를 두른 채 침대에 누웠다. 따뜻한 담요라니 호사처럼 느껴졌다. 찾아온 간호사와 마취과 의사에게 이전에 수술을 받았다가 예외적인 메스꺼움과 구토 증세를 보였다는 이야기를 전했고, 그들은 증상에 도움이 될 약을 주겠다고 제안했다. 나는 이런 보살핌을 받을 수 있다는 것이 얼마나 큰 특권인가 하는 생각이 들었다.

링거를 맞는 것은 예상 가능한 공포였다. 경험이 많은 간호사는 수련 중인 간호사에게 나를 대상으로 실습을 시키려 했고 그 수련생은 매 단계마다 진행 상황을 말로 읊었다. 그에 따라 정맥의 판막, 주사 각도, 주사 구멍이 어떤지 귀에 들어오는 바람에 기절할 것 같았고 메스꺼웠다. 하지만 결국 그 과정도 끝나고, 나는 마취에 빠져 스르르 잠이 들었다. 그리고 얼마 지나지 않아 그렇게 심하게 메스꺼운 증상 없이 회복된 채로 깨어났다. 의사는 낭종이 깨끗하게 제거되었으며 이것이 암이라는 증거는 없었다고 말했다. 그리고 내가 자궁 내막증이 무척 심해서 애초의 계획보다 수술이 몇 시간은 더 걸렸다고 덧붙였다. 아랫배 전체에 자궁 바깥쪽으로 자라난 조직을 전부 제거해야 했기 때문이었다(한 시간이 걸릴 예정이었던 수술이 네다섯 시간이 걸려 제임스는 대기실에서 초조하게 기다려야 했다). 의사는 내가 오랜 시간 고통과 이상 증상을 겪었을 것이며 그게 내가 지닌 가장 큰 건강 문제였을 거라고 말했다. 하지만 그동안 그런 특이한 이상 증상을 겪지는 않았다. 단지 자궁 내막증 때문에 임신하기가 더 어려웠던 것은 아닌지 궁금해졌을 뿐이었다.

수술 사흘 뒤, 집에서 회복 중이던 나에게 담당 외과 의사의 전화가 왔다. 의사는 수술 후 표본을 검사한 결과 낭종에서 암을 발견했다고 말했다. 수화기를 귀에 댄 채 나는 아무 말도 못 했다. 의사는 즉시 내원해 추가 수술을 받아야 한다고 덧붙였다. 여기에는 자궁 절제술과 양측 난소 제거술, 그리고 암이 몸 전체에 퍼졌는지 알아보기 위한 림프절 생검이 포함되었다. 제임스에게 소식을 전했고, 우리는 서로를 바라보고 서 있었다. 이 여정의 다음 단계로 넘어가기 위해 마음을 다잡아야 했다.

터너에게 전화했다. 스피커폰으로 터너에게 소식을 전하는 동안 제임스는 옆에서 듣고 있었고, 그래서 우리는 다 함께 있다고 느꼈다. 터너의 목소리는 차분했다. 나는 지금 인생을 바꾸는 무언가를 경험하고 있었고, 그 사실을 인지하고 있었다. 내가 혹시 당황하거나 과민 반응하고 있는지, 제대로 행동하고 있는지 계속 확인했다. 나는 평소와 크게 다르지 않았다. 주마등처럼 훌러가는 감정 속에 얼어붙은 듯 머물러 있었던가? 그것도 아니었다. 주변에서 일어나는 모든 일과 들리는 모든 말을 과민하게 의식했지만 동시에 현실적인 기분이었고 앞으로의 도전에 대비할 준비가 되어 있다고 느꼈다. 귀가 윙윙 울리고 보이는 모든 색채가 지나치게 밝게 느껴지기는 했다. 하지만 그럼에도 나는 여전히 그 자리에 있었고 모든 걸 완전히 느끼고 관여했다.

나는 난소암 환자의 5년 생존율이 대략 40퍼센트에 불과하다는 사실을 알게 되었다. 하지만 내 암은 초기 단계였고 그렇게 공격적이지도 않았다. 내 경우에는 생존율이 평균보다 훨씬 높을 것이라 짐작했다. 나는 내가 괜찮을 거라는 생각에 집중했다. 괜찮으리라는 것은 단순한 생각이 아니라 확실한 미래일 것이다. 나는 괜찮아질 것이다. 터너도 침착했다. 터너의 목소리만 듣고서는 그 애가 이 문제를 어떻게 받아들이는 건지 알 수 없었다. 무슨 일이 닥치든 그저 받아들이려는 건지 아니면 제대로 반응할 만큼 공감하지 않는 건지도 알 수 없었다. 어쨌든 나는 터너와 제임스에게, 암과 싸워야 한다면 분명 가장 긍정적이고 결연한, 최고의 싸움을 할 거라고 말했다. 그 말을 듣자 터너는 웃음을 터뜨렸고 모두 내 말에 동의했다.

위기란 내가 이해할 수 있는 어떤 상태이다. 지난 몇 년 동안 내가 침착하게, 집중력을 발휘해 사건에 대처했던 모습을 떠올렸다. 나는 이런 마음가짐이 어린 시절의 학대 경험에서 비롯된 거라고 생각했다. 위기는 어린 시절부터 내가 살아가는 하나의 방식이었고 나는 위기에서 벗어나 살아남기로 결심했다. 위기는 이제 익숙하다. 위기에 대한 친숙함은 거의 위로가 된다. 더 이상 최악의 상황을 두려워할 필요가 없었다. 최악의 것은 바로 여기에 있고 이제 우리는 그것과 대놓고 싸울 수 있다. 그리스의 스토아학파 철학자 에픽테토스는 이런 말을 남겼다. "합리적인 존재에게 견딜 수 없는 대상은 비합리적인 존재뿐이다. 그 밖의 다른 합리적인 대상은 견딜 수 있다." 그렇다면 내가 어떤 조치를 취해야 하는지가 분명한, 잘 알려진 위기는 나에게 합리적이고 견딜 수 있는 대상이다.

나는 모든 것이 괜찮아질 것이라는 사실을 알았지만 그 과정에서 삶의 질이 크게 떨어질 수 있으며 목숨을 잃을 가능성도 있었다. 그래서 지금까지 인생에서 후회하고 두려워했던 일들을 되돌아봤고 그러면서 우리가 매 순간 인생에 어떤 비전과 의미를 부여하는지가 중요하다고 확신하게 되었다. 일의 모든 단계와 매일의 노력은 그 자체로 진정한 진보를 이루기 위한 가치 있는 조각이었고, 나는 지금까지 살면서 한 번도 시간을 헛되게 보내지 않았다. 그래서 앞으로도 시간을 낭비하지 않으려고 계속 노력했다.

두 번째 수술을 받고 몸을 회복해 애리조나주립대학교로 돌아갔다. 그 과정에서 훌륭한 종양학과 의사를 알게 되었다. 그는 내가 앓는 암의 종류와 현재 병기를 다룬 단 두 건뿐인 의학 학술 논문을 보내주었다. 그리고 두 번의 수술을 받은 데 더해 이어지는 업무에 지칠 대로 지쳤을 때, 세라 콜리나는 새로 나온 연구 논문을 읽고 통계와 연구 결과를 요약해주었다. 친절함과 순수한 우정이 담긴 행동이었다. 세라가 보내준 몇 가지 연구 결과에 따르면 나는 항암 화학 요법을 받을 때 생존율을 더 높일 수 있었다. 그러나 암이 재발하면 생존할 가능성은 거의 없었다.

항암 치료의 영향은 받는 사람마다 다르다. 내가 받았던 항암 치료는 부작용이 거의 없다고 했지만, 신경을 감싸 보호하는 미엘린 수초를 조금씩 녹일 수도 있었다. 또 안개가 낀 듯 머리가 맑지 않고 피곤을 느낄 수도 있다. 그건 내가 겪은 증상이기도 했다. 나는 매주 클리닉에 가서 팔에 장착한 케모포트로 항암 약품을 맞았다. 명료하게 사고하고 일을 할 만한 에너지가 있는 시간은 점점 짧아졌다. 그래도 나는 하던 일을 끝마쳐야겠다고 결심했다.

제임스는 최선을 다해 나를 도왔다. 그는 장을 보고 요리를 도맡았고 나는 매일 출근했다. 며칠은 직접 운전해서 출퇴근을 했지만 어느 날에는 화학 요법에 따르는 메스꺼움을 없애기 위해 복용하던 프로클로르페라진의 부작용을 겪기도 했다. 사무실에 앉아 있자니 주위 사물들이 멀어지는 듯한 거리감이 느껴졌는데, 마치 현실 세계와 단절되고 물러나는, 거의 환각에 가까운 부작용이었다. 그리고 갑자기 팔에 기운이 확 빠졌다. 팔을 가까스로 키보드에 올렸다. 턱에는 힘이 꽉 들어갔다. 몇 마디 말을 해보려 했지만 웅얼거리듯 흘러나왔다.

클리닉의 담당 간호사에게 전화했다. 간호사는 항암 치료를 하면서 일하려고 했냐며 나를 꾸짖고는 집에 가서 쉬어야 한다고 덧붙였다. 나는 내 몸에 벌어진 일이 걱정스러웠지만 동시에 화도 났다. 사무실에서 만나기로 약속한 사람은 의사이기도 한 우주 비행사 스콧 파라진스키였다. 이야기를 나누기 전, 스콧은 친절하게도 지금 기분이 어떠냐고 물었다. 내가 겪은 일을 털어놓자 스콧은 이렇게 말했다. "아, 그건 근긴장이상증이라고 불리는 부작용이에요. 그 약을 투약하는 사람들 일부가 그런 일을 겪죠. 제 딸도 그 증세를 겪은 적이 있어요. 근긴장이상증은몸의 근육이 부분적으로 마비되는 증상을 동반해요. 곧 지나갈 거예요. 오늘 남은 시간 동안 마음을 편히 내려놓는 게 좋겠어요." 안심한 나는 스콧에게 감사 인사를 전했다. 이 부작용은 두어 시간이 지나자 정말 아무렇지도 않게 사라졌지만 그날 이후 몇 달 동안 제임스는 나를 학교까지 차로 태워다주었다.

짐과 올케인 마거릿은 일주일 동안 나와 시간을 보내주었고 세라와 앤디, 앤디의 남편 팀, 터너는 한동안 나를 돌보느라 바빴던 제임스가 잠쉬 쉬고 출장을 갔다 오는 동안 나와 함께 지냈다. 일주일의 시간을 내 누군가를 돌보는 것은 무척 친절한 행동이다. 나를 위해 기꺼이 그렇게 해준 여러 친구와 가족이 있다니 나는 정말 운이 좋았다. 어시스턴트인 카미 스키바와 연구·운영 담당자인 테리사 로비넷은 비록 안 지 몇 달 되지 않았지만 나를 믿고 지지해주었다. 가족과 친구들이 내게 보내준 친절은 그때 내가 맡은 두 가지 중요한 프로젝트를 계속 끌고 나갈 힘을 주었다. 바로 애리조나주립대학교의 학과장직과 프시케 프로젝트였다.

정신이 그나마 명료한 하루 몇 시간 동안 나는 프시케 프로젝트의 관련 자료 집필을 이끌었고, 218페이지에 달하는 프로젝트의 1단계 제안서를 나사에 제출하기 위해 팀 전체와 함께 작업했다. 제안서 표지에는 두 미행성이 충돌하면서 녹은 내부의 열이 바깥 우주 공간에 드러나 찬란한 빛이 폭발하듯 터져 나오는 장면을 전문 삽화가의 도움을 받아 그려 넣었다. 그리고 기술적인 전문 정보를 외부에 유출하거나 유통하면 안 된다는 엄중한 경고를 표기하고는 프로젝트 관련 과학 지식과 우주선, 연구 팀에 관한 이야기를 그래픽과 함께 두 페이지에 걸쳐 실었다. 제안서 본문은 우리의 조사 제안으로 시작해 핵심 측정을 위해 비행이 가능한 장비와 우주선이 어떻게 작동하는지, 그것이 얼마나 많은 데이터를 재전송할 수 있는지, 소행성 주위를 어떤 모양의 궤도로 돈다고 가정할 것인지, 우주선 설계와 제작을 시스템 엔지니어링 접근 방식으로 어떻게 분석할 수 있는지, 우리에게 필요한 새로운 기술이나 연구 팀 관리 방법은 어떤지를 서술했고, 그 뒤로 비용이 얼마나 들고 그것을 어떻게 산출했는지에 대한 긴 설명이 이어졌다. 지금도 이 제안서를 보면 그때가 생각나서 마음 깊이 어떤 감정을 느낀다.

우리 팀은 2015년 1월에 나사에 이 제안서를 제출했다. 그때

쯤 내 증상은 극에 달해 손발이 마비되고 몸에 기운이 크게 빠졌다. 항암 치료로 손상된 신경이 더 벗겨져 좌골 신경통도 재발했다. 하지만 대학 구성원들이 최선을 다해 프로젝트를 진행하고 새로 맡은 일을 성공시키도록 지원하기 위해, 나는 말할 수 없을 만큼 불편한 몸을 이끌고 계속 앞으로 나아갔다. 밤에 뒤척일 때면 손을 짚고 몸을 굴려야 했다. 침대에 오르거나 내려오는 단순한 동작도 등과 왼쪽 다리 아래쪽에 심한 통증을 일으켰다.

하룻밤 사이에 늙은 기분이었다. 어떤 날은 아침에 옷을 입는 것만으로도 한계라고 느꼈으며 스테로이드 약물을 쓴 탓에 부어오른, 방금 화장을 한 창백한 뺨 위로 피로에 지친 눈물이 흘렀다. 그래도 나는 이 중 어느 것도 영원하지 않다고 확신했다. 앞으로는 더 나아질 거라고 믿어야 했다. 그것이 지속하기 불가능할 만큼 얽힌 일상을 견뎌내는 유일한 힘이었다. 머리카락은 다 빠졌다. 거울로 퉁퉁 부은 몸에 머리카락이 없는 내 모습을 마주하기가 속상했다. 물론 일시적으로 머리카락이 빠지는 건 그렇게 대단한 문제가 아닐지도 몰랐다. 하지만 나는 충격 탓에 내 얼굴도 알아보지 못할 정도였다.

⋆ ⋆ ⋆

2015년 9월, 기력이 돌아왔을 즈음 우리 팀은 2단계로 진출한 5개 팀 중 하나가 되었다. 우리는 놀라움에서 비롯한 순수하고도 황홀한 기쁨에 젖었다. 어떤 상을 탔을 때 순간 느껴지는 모호한 만족감과는 달랐다. 상을 탄 다음 날 우리는 새로운 목표가 없는, 여전히 같은 사람이며 영혼에 진정한 변화도 생기지 않는다. 하지만 지금 우리에게 이 승리는 공허한 결말이 아니었다. 우리는 이 성취를 우리가 아무나 참가할 수 없는 마라톤에 특별히 뽑힐 만큼 무척 훌륭하다는 평가처럼 느꼈고 '짜릿한 시작'이라는 의미에서 계속 이어지는 기쁨을 경험했다. 이제 시작을 알리는 총성이 들리고 우리는 출발한다. 우리가 용감하게 맞서 싸워야 할 새롭고 거대하며 기나긴 도전이 앞에 있었다. 이것은 살면서 한 번쯤 경험할 만한 가치가 있는 승리였다.

팀원 중 몇몇은 나사의 프로젝트를 처음 경험하는 사람들이었다. 11월에 열린 첫 회의에서 우리는 아무것도 모르는 채로 마음 편하게 "2단계에서는 어떤 일이 일어나나요?"라고 질문을 던졌다.

제트추진연구소JPL의 태양계 과학 탐사 임무 프로그램의 매니저인 브렌트 셔우드는 "이제 8월까지 앞으로 9개월 동안 여러분은 1단계에서 제출했던 제안서에 대해 검토자들이 체크한 우려 사항을 해결해야 하고, 그에 따라 콘셉트 연구 보고서를 작성해야 합니다."라고 설명했다. 내가 아는 사람 중 가장 집중력이 뛰어나고 정확하고 전략적으로 사고하며 불도그처럼 강인하고 진지한 사람인 브렌트는 2011년으로 거슬러 올라가 우리의 최초 아이디어에서 프로젝트의 콘셉트를 가져와 보여주었다.

"콘셉트 연구 보고서가 뭐죠?" 우리가 물었다.

그러자 JPL의 행성 간 비행 시스템 국장인 젠트리 리가 코웃음을 쳤다. 젠트리는 JPL이 지금까지 진행한 모든 행성 간 비행 프로젝트를 아는 것 같았다. 그는 아서 C. 클라크와 함께 책을 썼고, 클라크는 칼 세이건과 협력했다. 야구 모자를 쓰고 나타나는 젠트리는 활짝 웃거나 아니면 나쁜 예감이 들게 하는 찡그린 표정을 지었고 결코 중간이 없었다. 젠트리가 하는 말은 극적이고 권위가 있었으며, 나중에 그는 우리의 특별한 친구이자 프시케 프로젝트의 후원자가 되었다. "그건 여러분이 이미 작성한 제안서와 같지만 세부적인 문제가 해결되고 필요한 지원을 받은 상태의 보고서죠. 1단계 제안서와 다를 바 없지만 규모가 몇 배 커진 거예요." 젠트리가 대답했다.

담당자들은 문답이 끝나자 현장을 방문하러 갈 차례라고 말했다. 테이블에 둘러앉은 팀원들의 진지한 표정에 나와 똑같은 의문이 드러나 있었다. 현장 방문이라니?

"콘셉트 연구 보고서를 제출한 뒤에 나사의 전문가 검토 위원회 앞에서 발표를 할 겁니다. 발표 예행연습을 일찌감치 시작해야 해요." 브렌트가 설명했다.

젠트리도 동의했다. 다음 해 11월에 나사에서 방문할 예정이었기에 젠트리는 우리가 앞으로 몇 주 안에 발표 계획을 세워야 한다고 말했다. 시스템 책임 엔지니어이자 전략 담당자인 데이비드 오와 나는 서로의 표정을 살폈다. 우리 둘 다 이런 과정을 처음 겪었다. 발표가 내년 가을인데 왜 벌써부터 예행연습을 시작해야 하지? 프로젝트에 대한 우리의 발표는 이미 매끄럽게 잘 준비되었는데?

젠트리에 따르면 발표 직전, 우리는 나사 쪽에서 암호화된 이메일을 받을 예정이었다. 이 이메일에는 우리가 답변서를 어떤 형식으로 작성해야 하는지, 언제까지 어떻게 제출해야 하는지에 대한 지침과 함께 전문가 패널이 검토하는 데 필요한 질문과 답변 목록이 포함될 것이다. 우리가 이 질문에 답할 수 있는 시간은 5일이었다. 데이비드와 나는 미소를 지으며 다시 마주보았다. 5일 정도면 프로젝트에 관한 어떤 질문이라도 답변을 준비할 수 있다.

하지만 우리는 곧 그 질문들이 218페이지에 달하는 1단계 제안서나, 결국 1053페이지까지 늘어난 콘셉트 연구 보고서에서도 답이 나오지 않은 질문들이라는 사실을 깨달았다.

어쨌든 우리는 프로젝트의 2단계 진행 비용으로 300만 달러를 지원받았다. 브렌트는 다시 웃음기가 가신 표정으로 나를 보며 이렇게 말했다. "지원금은 충분하지 않아요. 해야 할 일을 다 끝내려면 적어도 500만 달러는 필요해요."

그 말에 데이비드와 나는 이들과 프로젝트를 하면서 어떤 한 해를 보내게 될지 처음으로 조금 감을 잡았다.

* * *

JPL은 우리에게 팀원들이 모여 일할 수 있는 '작전 회의실'을 내주었다. 복도를 따라 내려가 문을 거쳐 계단 몇 개를 오르면 다음 복도의 끄트머리에 창문도 없는 우리 회의실이 있었다. 회의실 문 비밀번호는 팀원들만 알 수 있었는데, 우리가 벽 여기저기에 붙이고 화이트보드에 적어놓은 모든 자료가 '경쟁에 민감한' 내용이기 때문이었다. 방에는 널찍한 회의용 테이블이 놓였고 여기에는 항상 팀원들이 앉아 노트북으로 작업을 했다. 보고서의 최신판 초고를 출력할 수 있는 프린터도 있었고 엄청난 양의 사탕을 포함한 간식도 구비되었다.

그 방에는 1년 내내 매일 팀원들이 와서 함께 일을 했다. 우리는 콘셉트 연구 보고서의 초고 전체를 게시판으로 사용하는 벽의 왼쪽 상단에서 시작해 타일을 붙이듯 죽 이어 붙였다. 수정이 반영된 새로운 초고를 예전 초고 위에 붙이는 식으로 진행 상황을 기록했고 그렇게 변경 사항을 실시간으로 여러 명이 검토할 수 있었다.

JPL 프로그램 사무소는 제안서에 대해 나사가 요구하는 사항을 자세히 살핀 뒤 우리에게 몇 쪽에 걸친 목록을 건네주었다. 그리고 다른 부속 팀들은 제안서의 다른 부분에 대한 작업을 시작했다. 데이비드는 몇몇 모델을 운영하기 위해 엔지니어링 팀을 꾸렸고 우주선 제작에 관해 설명하는 장을 쓰기 시작했다. 데이비드와 브렌트, 나는 우리 연구의 과학적 원리를 서술하는 장을 위해 '스토리 작업'을 시작했다. 우리는 전체적인 그림을 설명하는 데 어떤 이미지와 그림이 필요할지 아이디어를 얻기 위해 이 프로젝트에 얽힌 과학 이야기를 서로에게 거듭해서 들려주고 들었다. 우리는 초안을 인쇄해서 벽에 붙였고 제대로 된 이야기가 만들어질 때까지 다시 정리했다. 그러면서 나는 제안서 초고를 쓰는 작업에 돌입했다.

우리는 화이트보드의 여러 곳을 활용해 제안서의 각 장에 대한 주요 주장과, 그 주장을 뒷받침하는 내용을 적으면서 초고를 구성해 나갔다. 예컨대 과학 장비의 경우 우리는 우리의 질문, 연구 주제에 답하기 위해서는 세 가지 장비가 필요하다고 주장했고, 각각의 목표를 달성하기 위해 필요한 측정치가 무엇인지, 이런 측정치를 얻는 데 어떤 계측기가 필요할지, 선택된 계측기가 어떻게 측정을 할 것인지 서술했다. 그리고 장비에서 얼마나 많은 데이터를 생성할 것인지, 해당 데이터를 지구로 전송하는 데 얼마나 오래 걸리는지, 측정을 할 때 같은 과정을 얼마나 되풀이해야 하는지, 얼마나 여유를 두고 측정해야 하는지를 기술했다. 그런 다음 우리 팀에서 얼마나 많은 구성원이 각각의 장비를 제작할 예정인지, 각 팀원은 각각 어떤 경험이 있으며 각 장비를 만드는 데 필요한 일정을 어떻게 조율할 것인지에 대한 설명도 이어졌다. 그 외에도 이와 비슷한 수십 가지 복잡한 주제에 대해서도 설명했다.

나는 매일 피닉스에서 원격으로 일했고, 나중에는 매주 또는 격주로 직접 팀에 합류하기 위해 비행기를 탔다. 그리고 우리는 현장 방문을 준비하기 시작했다. 나는 전문 스피치 코치를 고용해 발표 연습을 준비했다. 팀원들이 발표 연습을 하는 동안 모두가 주의 깊게 지켜봤고, 현장 방문 당일에 누가 발표 담당자가 되는 게 좋고 누구는 좀 곤란할지를 결정했다. 발표자들은 코치로부터 청중과 눈을 마주치고 개방적인 제스처를 활용하는 법을 배웠으며, 우리의 연구 아이디어를 반복적으로 등장하는 세 가지 주요 요점으로 정리하는 법을 익혔다. 또 연단 위 바닥에 조명과 전망이 가장 좋은 곳을 표시해 그곳까지 걸어가 발표하게끔 정했다. 다들 평소 입는 것보다 좋은 옷을 샀다. 우리는 제안서의 어떤 부분이 가장 관심을 끌 것 같은지 그 분야 전문가들에게 초점을 맞추어 전략을 짰다. 그런 다음 모의 현장 방문 계획을 세웠다.

팀원들은 실제 현장 방문일로부터 6주 전에 캘리포니아 팰로앨토에 있는 호텔에서 묵기로 했다. 이 지역에서 현장 방문이 이루어질 예정이었고 우주선의 섀시와 전력 시스템을 제작할 협력사인 스페이스시스템스/로럴(현 맥사테크놀로지스)사의 본사도 여기에 있었다. 우리는 위성을 제작하는, 거대하고 높은 작업 구역으로 가득한 로럴사가 얼마나 인상적인 회사인지 우리 프로젝트의 검토자들이 제대로 지켜봤으면 했다. 왜냐하면 이 회사는 지구 궤도 선회 우주선을 주로 제작했고 심우주 프로젝트를 경험한 적이 없었으며 나사의 잠재적인 협력사로 일하는 것은 처음이었기 때문이다. JPL의 운영진은 검토 위원들을 고용했고 우리는 첫날부터 여러 질문이 담긴 이메일을 받았다. 팀원들은 스프레드시트로 질문을 분류하고 각 질문마다 몇 초 동안 어떻게 대답할지 정리한 다음 팀 전체가 그걸 확인했다. 그렇게 실제 현장 방문과 똑같이 40명이 질문에 대한 답변을 준비했다.

7일째에 우리는 모의 검토 위원 앞에서 발표했다. 위원이 트집을 잡고 공격해 왔지만 우리는 침착하고 명료하게 답변하기 위해 최선을 다했다. 한 검토 위원은 나에게 이렇게 물었다. "이 일을 맡을 만큼 팀을 이끈 경험이 있나요?" 나는 카네기과학연구소와 애리조나주립대학교에서 관리직으로 일한 경험과 산업계에서의 경험을 들어 자신 있게 답했다. 하지만 그는 내 대답에 만족하지 않았는지 더 따져 물었다. "그런 경험 중 어느 것도 여기서 할 일과 관련이 없어요. 이 프로젝트는 더 많은 돈이 들어가고 성공해야 한다는 압박도 큰 데다, 당신은 우주 비행 하드웨어를 제작하는 데 관여한 경험도 없죠. 이런 부족한 부분을 어떻게 보완할 수 있나요?"

나는 이 프로젝트의 예산을 다른 나사 디스커버리 프로젝트의 예산과 비교하는 한편 우리 팀에 나의 경험을 보완할 기술이 있는 구성원들이 있다고 대답했지만, 검토 위원은 질문이 완전히 개인적인 것으로 느껴질 때까지 공격을 계속했다. 목적에서 벗어난 인신공격이었다. 나는 그들의 목표가 우리가 발표 연습을 하도록 돕는 것이 아니라 우리를 공격하는 것임을 깨닫기 시작했다. 우리는 끔찍한 기분으로 모의 연습을 끝냈다. 이제 6주 뒤면 똑같은 일을 다시 해야 했고 이번에는 연습이 아니라 진짜였다.

* * *

현장 방문 일주일 전, 맥사는 구내식당에 페인트를 다시 칠하며 벽에 그들이 새로 맡을 프시케 프로젝트에 관한 그림을 걸었다. 우리 팀 중 40명은 그 주에 실제 행사가 치러질 현장으로 이동했다. 우리는 콘셉트 연구 보고서 표지 그림을 거대한 현수막으로 만들어 건물 전면 전체에 걸었는데 거리에서 보면 그 모습은 꽤 인상적인 광경이었다. 좌석 배치를 고민했고 창문 블라인드를 조정해 참석자의 얼굴에 햇살이 몰려 눈부시지 않도록 했다. 그러던 2016년 11월 1일 월요일 아침에 우리는 질문으로 가득 찬 암호화된 이메일을 받았다.

질문들은 우리가 예상하지 못한 내용이었다. 우리는 프시케의 원소 조성을 측정하는 기구인 감마선 및 중성자 분광계가 모든 과학적 문제에 대한 답을 줄 것으로 예상했다. 이 기기의 담당자인 데이비드 로런스도 발표 현장에 참가할 준비가 되어 있었다. 하지만 모든 질문은 영상 장치(망원경 카메라)와, 자기장을 측정하는 자력계에 관한 것이었다. 자력계 연구를 담당한 벤 와이스가 발표해야 했다. 얼마나 놀랐을까! 영상 장치 담당자인 짐 벨에게도 전화를 걸었다. 짐은 그 주의 개인적인 계획을 전부 접고 다음 날 일찍 여기 도착하기 위해 급하게 비행기를 예약했다.

우리 40명은 매일 아침 모여서 질문 각각에 대한 답변이 어떻게 정리되고 있는지 검토했다. 우리는 모의 현장 방문 때 우리가 얼마나 지독한 공격을 당하고 발표를 망쳤다는 기분에 젖었는지 되새기려 애썼다. 우리는 모델을 만들고 연구를 진행했으며 제안서의 초고를 첫 번째, 두 번째로 읽어줄 독자들을 찾았다. 저녁이면 우리는 호텔로 돌아가 저녁을 같이 먹거나 함께 일을 하고, 때로는 스트레스를 풀기 위해 산책을 했다. 매일 질문에 대한 더 많은 대답이 만들어져 문서 작성자들에게 전달되었고, 그들은 원고를 퇴고한 다음 발표 형식에 맞게 완벽하게 정리했다.

프로젝트를 따내려면 마지막 날 검토회에서 얼마나 성과를 내느냐가 매우 중요했다. 그 한 번의 발표에 수백만 달러가 달렸다. 2단계 작업에도 수백만 달러가 들었지만 우리가 프로젝트를 따낸다면 앞으로 수억 달러는 왔다 갔다 할 것이다. 그리고 여러 해를 함께할 수백 명의 일자리가 달려 있다. 우리는 그 사실을 뼈저리게 느꼈다.

검토 위원이 도착하기 전날인 6일째 맥사 측은 삐걱거리는 소리마저 나지 않도록 회의실의 모든 의자에 기름을 칠했다. 그리고 전원 콘센트가 전부 이상 없는지 살폈다. 우리는 바닥에 붙인 테이프 위에 서서 질문에 답하는 연습을 했다. 그리고 전문 스피킹 코치의 조언을 되새겼다. 또 조명이 잘 들어오는지, 영상 장비가 잘 작동하는지 확인했다. 파워포인트 프레젠테이션도 준비를 마쳤다. 이제 현장 팀원은 140명으로 늘었는데, 발표 중에 새로운 질문이 나올 것에 대비해 전문 지식을 갖춘 사람을 중복 배치한 '레드 팀'이었다. 심지어 레드 팀의 사무실과 발표자들의 사무실 사이를 오가며 잔심부름을 하는 팀원도 있었다. 모두가 각자의 위치에서 해야 할 일을 알고 있었다.

프시케 프로젝트를 담당하는 JPL의 매니저인 헨리 스톤과 데이비드 오는 서로의 팀원들과 대화를 나누며 우리가 여기까지 도달했다는 데 감사와 놀라움을 전했다. 나는 두 사람의 말을 들으며 이들과 함께 일하게 되어 정말 다행이라고 생각했다. 그리고 다음 날 검토 위원들을 앞에 두고 발표 자리에 서는 모습을 상상했다. 팀원 140명 중 몇몇은 앉아 있고 몇몇은 창가에, 몇몇은 뒤편에 모여 있을 것이다.

"지금 우리가 겪고 있는 과정을 경험할 수 있는 사람은 극히 드물 겁니다." 내가 팀원들에게 말했다. "프시케 프로젝트를 중심으로 팀을 꾸릴 수 있는 사람도 매우 적을뿐더러, 우리가 지금 경험하는 높은 단계의 결정을 내릴 팀도 극소수겠죠. 나사의 대규모 현장 방문 같은 인생을 바꿀 만한 경험을, 다시 말해 우리를 더 강하고 나은 사람으로 만들고, 수준 높은 일을 한다는 것이 무엇인지 깊이 이해하게 만드는 이런 도전과 시험을 겪을 수 있는 사람은 거의 없습니다. 우리는 대단한 특권과 엄청난 압박의 순간을 함께 지나고 있어요. 우리는 그동안 인류가 관찰하지 못한 천체를 탐사하는 계획을 완벽하게 짜기 위해 다 함께 노력했습니다. 수천 년 동안 인류가 추구한 기술의 정점을 활용해서 말이죠. 항상 호응을 얻거나 예상할 수 있는 결정은 아니었지만, 우리는 스스로 옳다고 믿는 결정을 내렸습니다.

우리는 함께 최선을 다해 이야기를 만들고 계획을 짰습니다. 이 사실을 우리가 제대로 느껴야만 내일 발표라는 놀라운 기회를 제대로 가치 있게 누릴 수 있어요. 결과가 어떻든 우리는 함께 멋진 결과물을 만들어냈고, 내일은 우리 모두가 언제까지고 함께 나눌 인생의 중요한 경험이 될 겁니다.

저는 우리 팀과 함께 일하게 되어 정말 좋았습니다. 여러분 모두를 알게 되고 함께 뭔가를 만들어낸 경험은 저에게 선물과도 같습니다."

회의실에 모인 모든 사람의 따뜻하고 열렬한 감정이 느껴져 뺨 위로 눈물이 흘렀다. 다른 팀원들도 눈물을 흘렸다. "여러분 모두가 그동안 쉴 새 없이 일하며 열정적으로 노력해주셔서 진심으로 감사드립니다. 이제 돌아가서 저녁을 먹고 잠을 좀 자고, 내일 잘해봅시다!"

* * *

다음 날 새벽 5시, 나는 아이폰의 알람이 울리기 전에 어둠 속에서 번쩍 눈을 떴다. 오늘이 바로 그 중요한 날이다. 검토 위원들이 오고 있었다. 머릿속으로는 침대에서 펄쩍 뛰어내렸지만, 아직 몸이 따라주지 않는 바람에 살며시 옆으로 몸을 굴린 다음 절뚝거리며 샤워기로 가 뜨거운 물을 맞았다. 정신이 확 들었다. 나는 샤워실에 가지고 온 옷 두 벌을 두고 곰곰이 생각했다. 어떤 걸 입을까? 그건 오늘 내 몸의 컨디션이 어떤지에 달려 있었다. 일단 검은 스타킹을 신으려고 침대에 앉았다. 하지만 스타킹을 신으려 몸을 구부리는 게 불가능했다. 휴, 이 엉망인 몸을 어쩐다. 그동안 빙하가 움직이듯 아주 조금씩 몸이 나아졌기 때문에 가끔은 괜찮아지고 있나 보다 생각하기도 했지만 사실 고통과 기능 장애는 여전했다. 어쨌든 지금은 그런 생각을 할 시간이 없었다.

나는 검은색 스커트에 민소매 블라우스를 입고 붉은 와인색 블레이저를 걸쳤다. 흰색 블레이저를 입을지 붉은색을 입을지 고민했지만 검은색 블라우스이니 역시 붉은 색이겠지. 머리카락은 갓 다듬어 짧았고 이제 자연스러운 회색과 은색을 띠었다. 이제 오늘을 위해 특별히 나 자신에게 주었던 행운의 선물인 검은색 에나멜 앵클부츠를 신을 차례였다. 낮은 부츠 뒤꿈치 쪽에 직사각형의 흰색 보석이 박혀 있었다. 지금껏 산 신발 중 가장 비쌌다. 게다가 나는 '행운'이라는 게 존재한다고 믿지도 않았다. 다만 나 자신이 강한 사람이라고 느끼게 하는 소품의 힘을 믿을 뿐이었다.

조용한 호텔 아래층으로 내려가 주차장에 가서 렌터카를 타고 어두운 거리를 지나 맥사에서 배정받은 주차 공간으로 향했다. 우리는 당일에 주차를 누가 어디에 해야 할지도 세심하게 짜 놓았다. 행사 시간이 가까워져 급박해지면 검토 위원들이 가장 편리한 주차 장소로 갈 수 있도록 안내하는 사람과 안내판이 배치될 예정이었다.

건너편 건물 전면에는 우리의 1단계 콘셉트 연구 보고서 표지 그림이 걸렸다. 미행성 두 개가 불꽃을 뿜으며 충돌하는 모습이었는데 미행성 하나는 기다란 파란색 줄무늬와 함께 멀어지고, 다른 하나는 산산조각이 난 암석 파편과 함께 눈부시게 밝은 액체의 금속 핵을 드러내고 있었다. 그리고 그 아래를 '프시케'라는 글자가 가로질렀다. 나는 내 이름표를 가지고 안으로 들어갔다. 거기에는 검토 위원 모두의 이름표가 놓인 안내 데스크가 설치되어 있었다. 데스크 건너편에는 맥사에서 만든 2미터 높이의 소행성 모형이 놓였고 그 주변에는 소행성 프시케의 이야기를 보여주는 스미스소니언박물관 국립 컬렉션의 운석이 받침대 위에 올려졌다. 운석은 금속과 암석, 반짝이는 녹색 감람석과 휘석 결정으로 이루어져 있었다. 이 프로젝트의 과학 관련 공동 조사원 중 한 명이자 컬렉션 큐레이터인 팀 맥코이가 전시물을 지키는 중이었다. 팀과 나는 간단하게 "안녕하세요" 하고 한마디 인사만 건넸다. 달리 또 할 말이 없었다.

건물은 쥐 죽은 듯 조용했다. 팀원들은 6시 45분이 되어서야 한 사람씩 도착했다. 나는 계단을 올라 작은 로비를 지났는데, 그곳에는 이미 스크린에 프시케 소행성이 어떻게 생겼는지에 대해 화가가 해석한 그림과, 우주선이 소행성을 통과하는 모습을 컴퓨터로 합성한 영상이 틀어져 있었다. 담당 화가인 피터 루빈과 나는 과학과 예술이 뒤섞인 이 작품을 만들기 위해 1년 넘게 일요일마다 만났다. 그리고 회의실로 통하는 긴 복도에는 벽을 따라 오렌지색과 보라색이 섞인 장식으로 '프시케'라는 글자를 감싼 표지판이 길게 드리워져 있었다. 이 프로젝트와 소행성에 관한 영상과 그림, 프시케라고 적인 표지판은 화장실과 탕비실, 구내식당, 회의실에서도 계속 보였다.

나는 그 순간을 느끼며 길고 조용한 복도를 걸어갔다. 이제 곧 쇼타임이 올 참이지만 지금 당장은 고요했다. 회의실 문을 열었다. 여전히 아무도 없었고 나 혼자였다. 화면과 가장 가까운 U 자형 테이블의 왼쪽 상단 가로 걸어갔다. 팀 리더는 발표자와 가장 가까운 자리에 앉을 예정이었다. 이사회 구성원들은 테이블의 맞은편, 팀 리더를 지켜보는 자리에 배치되었다. 모든 자리에는 물과 유리컵, 프시케 로고가 새겨진 이름표가 완벽하게 준비되어 있었다. 이 이름표는 우리가 각 참석자가 앉기를 바라는 위치를 정확하게 표시했다. 사실 팀 리더와 검토 위원들을 어떻게 앉힐지를 두고도 우리끼리 오랜 시간 대화를 나눴다. 모든 의자와 마이크, 타이머, 창문 블라인드, 물병이 우리가 계획한 곳에 정확히 있었다.

나는 노트북을 꺼내고 휴대폰과 충전 케이블, 펜 등 필요한

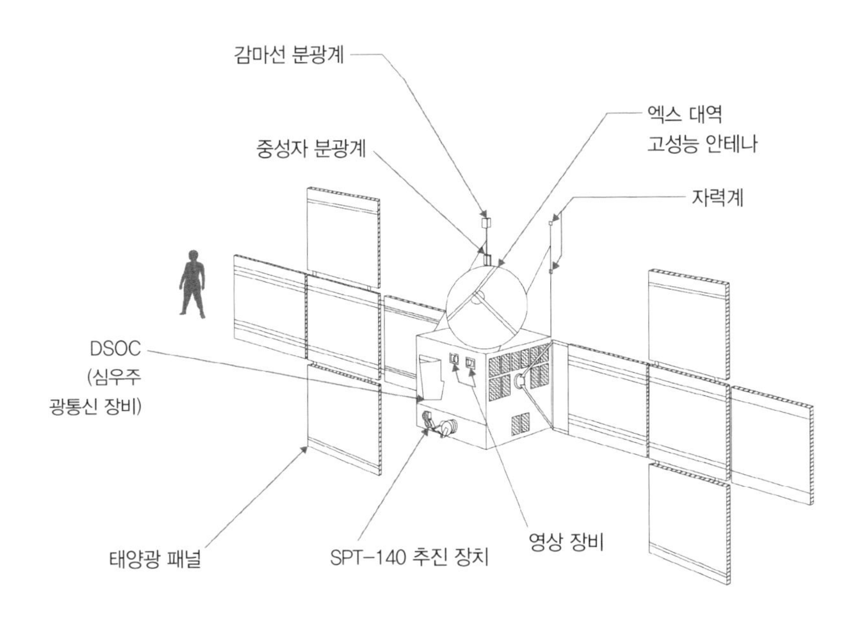

프시케 프로젝트 우주선의 각 부분별 명칭

물품을 준비했다. 애리조나주립대학교에서 함께 일한 멋진 동료인 카미 스키바가 챙겨준 완벽한 현장용 준비물 주머니에는 목을 개운하게 해주는 약뿐만 아니라 사탕과 연필도 들어 있었다. 이제 책상을 정리하고 하루 종일 앉아 있을 준비를 한 다음 화장실에 얼른 다녀왔다가 커피도 마셔야 했지만 열린 노트북 화면으로 한 통의 이메일이 보였고 이제 나에게는 그것만이 중요한 전부였다. 검토 위원들이 이틀 전에 우리가 보낸 자료를 읽으며 생긴 질문을 담은 암호화된 이메일이었다. 나는 두근거리는 마음으로 메일을 열었다.

나는 그동안 줄곧 검토 위원회가 우리에게 보내는 '질문'에 관해 언급해 왔다. 하지만 그건 사실 질문이 아니라 '우리의 잠재적인 중대 약점'이었다. 즉, 우리가 제대로 보완할 수 없다면 프로젝트를 망칠 가능성이 있는 문제들이었다. 현장 방문 1일차에 우리는 질문 31개를 받았다. 열 개는 현장 방문 이틀 전에 서면으로 응답해야 했고 아홉 개는 현장 방문 당일 아침에 서면으로 답해야 했으며, 나머지 열두 개는 현장 방문 중에 검토 위원에게 직접 답해야 했다. 우리가 그 주 내내 고민했던 한 질문은 프시케 소행성의 자기장이 주변 우주 공간에 미칠 수 있는 영향과 효과에 대한 것이었다.

15번 질문:

콘셉트 연구 보고서(이하 '보고서')에서는 프시케 소행성에 자기권이 존재한다고 예상했지만, 관련 에너지 하전 입자가 잠재적으로 총전리선량Total Ionizing Dose, 변위손상방사선량Displacement Damage Dose, 최대 하전 입자 흐름 요구량이 제안했던 수치보다 상당히 높아지는 현상에 따르는 위험은 언급하지 않았다. 보고서에 따르면 "프시케 소행성은 심우주 탐사선이 근접 거리에서 마주친 행성 중 가장 자성이 강한 천체가 될 것이다(리히터Richter 외., 2012에서 발췌. 프시케의 자기장은 지구의 절반에 이를 정도로 클지도 모른다). 또한 프시케는 지금껏 탐사선이 마주한 소행성 가운데 자기권을 만들어낼 수 있는 최초의 소행성이 될 것이다." 하지만 보고서는 그에 따른 태양풍-자기권 상호 작용에서 생성될 수 있는 에너지를 가진 입자들의 영향이나 자기권 여자energization 과정의 영향, 프시케와 그 자기장이 예상되는 국부적 하전 입자 환경에서 일으킬 모든 우주 방사선 환경과의 상호 작용에 관해서는 논의하지 않았다. 비록 보고서에서 방사선 효과에 관한 논의를 포함하기는 했지만, 이러한 추가적인 잠재 요인들이 과학적인 원리나 프로젝트 수행에 미치는 영향에 관해서는 다루지 않았다. 그러므로 장비와 비행 시스템 전반에 걸쳐 방사선 내성 부품의 사용을 포함해 주요 하드웨어 재설계가 필요할 수 있으며 과학적인 목표를 달성하기 위해 전체 프로젝트를 재설계해야 할 수도 있다. 이 결과는 개발 과정 중 제한된 비용에 대한 영향을 받을 가능성이 있는 것으로 평가되는 예산 문제를 드러낸다. (섹션 E.2.2.1; 그림 F.4-2, 섹션 F.3, G.2 및 G.3)

우리는 프시케 소행성이 발생 초기의 활발하던 자기장을 유지할 가능성에 관해 다뤄 콘셉트 연구 보고서에 양념을 더했다. 태양이 아닌 프시케 스스로의 자기장이 이 소행성 주변의 영역을 지배하며 그것을 자기권이라고 한다. 실제로 프시케는 강력한 자기장을 가질 가능성이 있다. 어쩌면 자기장은 작거나 아예 없을 수도 있지만, 검토 위원들은 소행성이 강한 자기장을 갖고 있다면, 그 자기장이 태양풍에 의해 대전된 입자를 가속시킬 수 있고 그 입자가 우주 탐사선을 손상시킬 수 있다고 지적했다. 우주선은 이렇듯 가속된 입자 사이에서 효과적으로 비행해야 했다. 이 미지의 소행성이 지닌 역시 미지의 측면들은 그곳을 탐험해야 할 설득력 있는 이유이기도 했지만, 여기에 그치지 않고 갑자기 우리의 프로젝트에 위험 요인이 되었다. 우리는 이 자기권 관련 위험 요인을 해결하기 위해 일주일 내내 계산식과 모델을 수립하며 열심히 연구했다.

그리고 이제 다행히도 이 이메일에서 지적하는 프로젝트의 나머지 주요 문제점은 세 가지뿐이었다. 나는 현관에서 인사를 나누는 사람들이 복도를 따라갔다가 넓은 계단을 내려와 프시케의 거대한 모형과 스미스소니언박물관에서 온 운석이 전시된 로비로 들어오는 소리를 들었다. 팀원들도 속속 도착하며 서로에게 아침 인사를 하기 시작했다. 이 모든 일이 상상 속의 미래였던 시간은 끝났고, 잠깐 이어졌던 고요한 아침도 여기까지였다. 갑자기 시간이 부족해져서 서둘러야 했다. 프로젝트 부책임자인 밥 메이스가 나를 찾아왔고 우리는 새로 던져진 세 가지 질문을 어떻게 팀원들에게 할당해서 다룰지 간략하게 논의했다. 주요 답변자는 루크 두보드, 마이크 러빈, 브라이언 존슨으로 정해졌다. 우리는 자료의 첫 번째 검토자로 두 명을, 각 질문의 두 번째 검토자로 한 명을 정해 일을 나눴다. 이날 오후의 발표는 마크 브라운, 짐 벨, 헨리 스톤이 맡았다. 이 모든 사항은 지도부와 레드 팀 모두가 접근할 수 있는 스프레드시트 파일에 입력되었다. 그리고 밥과 내가 새로운 사항에 대한 업데이트를 마칠 무렵 팀원 모두가 회의실로 우르르 들어왔다. 이제 재킷의 옷매무새를 다듬고 팀원들을 맞이할 시간이었다.

그때쯤 팀 전체 회의가 이루어졌지만 어떤 내용이었는지는 기억이 나지 않는다. 이메일이 도착하고 15분 뒤에 검토 위원들이 도착했다. 나는 이제 많은 사람이 오가는 긴 복도를 따라 걸었다. 그리고 특별한 흥분과 기쁨 속에서 동료들을 맞이했고, 이윽고 계단을 올라오는 검토 위원들을 지켜보기 시작했다.

우리 업계는 꽤 좁아서 이 검토 위원 중 상당수가 서로 친구거나 다른 팀원들과 친구였기에 마치 운동 시합 전과 같은 숨 막히는 분위기는 일단 중단되었다. 나는 우주선 탑재 화물 장비 관리자인 칼리아니 수카트메와 함께 말없이 복도를 걸으며 지금이 순간이 얼마나 중요한지 받아들이는 듯 미소를 지었다. 전날 칼리아니와 나는 미용실에서 몇 시간 동안 함께 휴식을 취했다. 이제 결전의 날이었고, 나는 칼리아니가 세계 최고의 기술력을 가졌으며 조금 뒤에 멋진 발표를 보여줄 것이라는 사실을 알았다. 팀 내 전문가들이 든든하게 버티고 있었다. 내가 문제라면 걱정할 수 있지만 이들에 대해서는 걱정할 필요가 없었다.

계단 꼭대기에서 운석 모형이 설치된 로비를 내려다보니 팀 맥코이가 검토 위원들에게 운석 컬렉션을 소개하며 우리가 제안하는 탐사의 중요성, 그리고 탐사를 통해 밝혀야 할 아직 알려지지 않은 모든 지식에 관해 설명하고 있었다. 팀이 보여주는 강한 확신에는 전염성이 있어서 나도 모르게 에너지와 열정이 솟아올랐다. 사람들이 웃으며 질문하는 모습을 보고 있자니 시작이 좋다고 느껴졌다. 회의실로 갔고 곧 사람들이 가득 찼다. 검토 위원들은 서로 인사를 나누며 자신의 이름표를 찾아 앉았다. 이윽고 시작 시간인 8시가 되었고 모든 위원은 진지한 표정이 되었다.

산업계에서라면 이렇게 8억 달러가 오가는 계약보다 더 중요한 것은 찾기 힘들 것이다. 반면 내가 속한 학계에서는 이렇게 흥미와 진지함을 품고 덤벼드는 치열한 경쟁을 거의 경험하지 못한다. 자료들은 '경쟁에 민감한' 것으로 여겨지고, 단순한 경쟁을 위해 수백만 달러가 기꺼이 투자되는 업계 말이다.

헨리 스톤은 회색 머리를 빗어 넘기고 새로 다림질한 흰색 셔츠에, 두툼하고 무거운 질 좋은 직물로 만든 멋진 정장을 입었다. 그는 앞에 서서 소형 마이크를 옷에 차고 사람들을 맞이하고 있었다. 헨리는 우리 모두를 약간 뒤로 기대앉게 하고는 무슨 일이 벌어지고 있는지 느낄 수 있는 느긋하고 규칙적인 어조로 행사가 시작될 것임을 알렸다. 맥사의 담당자 제프 마셜은 건물의 구조와 출입구 위치, 보안, 탕비실과 화장실의 위치를 설명했다. 그런 다음 이사장인 와시토 사사모토는 우리가 오늘 거칠 과정에 대해 설명했다. 와시토가 이야기하는 동안 나는 소형 마이크를 옷에 달았다. 우리는 발표 차례가 오기 훨씬 전부터 발표자들의 마이크가 연결되어 있는지 살폈고 그들이 발표를 마치면 마이크를 껐다.

이윽고 내 차례가 왔다. 나는 바닥에 마스킹 테이프로 X 표시를 한 곳까지 걸어갔다. 이 표시는 발표자가 프로젝터를 가리지 않는 동시에 모든 검토 위원이 발표자를 볼 수 있는 위치에 붙인 것이다. 여기 있으면 검토 위원들이 앉은 테이블 바로 앞 바닥에 설치된 모니터가 보였고, 검토 위원들로부터 등을 돌리지 않은 채 내 뒤의 스크린에 띄운 슬라이드를 볼 수 있었다. 이렇게 하면 흐름을 끊지 않고 위원들을 계속 마주할 수 있었다. 나는 위원들을 둘러보았고 모두의 시선이 나에게 꽂혔다. 그런 다음 나는 위원들을 지나쳐 회의실 뒤편을 가득 메운 팀원들을 바라보았다. 제대로 살아 숨 쉬는 멋진 기분이었다.

"안녕하세요, 여러분. 저는 프시케 프로젝트의 수석 연구원 린디 엘킨스탠턴입니다."

애리조나주립대학교의 부학장과 JPL의 소장, 맥사의 부사장도 한 사람씩 손님들을 환영하는 인사를 했다. 그런 다음 나는 다시 이 프로젝트의 과학적 원리에 관한 소개를 시작했다. 나는 회의실 앞쪽에 서서 내가 강하게 믿고 있는 것, 즉 새로운 세계를 탐험하는 일이 주는 영감과 그 긴요함에 관해 이야기하면서 편안함을 느꼈다. 회의실 내부의 열기를 높이고 모든 참석자의 마음을 우주로 돌려 우리가 다가와 발견하기를 기다리는 이 금속으로 이루어진 천체에 관심을 쏟게 하는 건 쉬웠다. 나는 우리 팀과 팀의 구조를 소개하고 회의실 이곳저곳에 자리한 핵심 팀원들을 한 사람씩 가리켰다(나는 검토 위원들 뒤쪽에 줄지어 놓인 의자에 각각

누가 앉을 것인지 위치를 기억해 두었다). 사람들은 미소를 지으며 고개를 끄덕였다. 내 반짝이는 구두가 나에게 꽤 잘 어울리는 기분이 들었다.

그러다가 8시 35분이 되어 나는 짐 벨과 함께 질문에 답하기 위해 준비한 발표를 시작했다(만약 필요하다면, 그리고 관련 기관이 지원한다면 프시케 프로젝트를 위해 우리의 노력을 100퍼센트 쏟을 수 있다고 덧붙였다). 내 발표가 끝났다. 하지만 모의 검토 위원들이 그랬던 것처럼 내가 리더십을 발휘해 무언가를 이끌었던 경험에 대해 캐묻는 질문은 없었다. 다만 검토 위원들은 내가 이 프로젝트에 뛰어들 시간이 충분히 있는지 확인하고자 했다. 나는 그렇다고 대답했다. 그리고 감사를 표하며 테이블 뒤편으로 돌아가 앉고 데이비드 오가 시스템 엔지니어링에 관해 발표하도록 했다. 나는 심호흡을 하면서 커피를 마셨고 데이비드의 훌륭한 발표 내용을 들으면서 미소를 짓고 고개를 끄덕였다. 질문에 답하는 동시에 발표자가 지식이 풍부하고 신뢰할 수 있는 전문가라는 점을 정서적으로 안심시키는 방식으로 보여주는 것은 정말 대단한 기술이라는 생각이 들었다.

곧 위원들이 질문을 던졌고 발표자는 질문에 답하기 위해 그 내용을 전문가인 팀원들에게 전달했다. 때로는 나중에 답하기 위해 질문에 대한 답변을 보류해도 괜찮을지 요청했다. 그런 경우에는 레드 팀이 질문을 가져가 해결하기 위해 작업했다. 회의실에 있는 팀원들과, 복도를 따라 걸어오는 레드 팀 팀원들은 휴대폰으로 메시지를 계속 주고받았다. 이들은 오늘 아침 첫 번째 질문과 비교할 때 오후의 발표는 얼마나 잘 준비되었는지, 더 검토해야 할 사항은 무엇인지 묻고 답했다.

오전 10시 30분 즈음이 되자 벤 와이스가 프시케 소행성의 자기권에 관한 질문에 답변하고자 일어섰다. 우리는 그 주에 답변을 작성하면서 꽤 간단한 내용이라고 생각했었다. 서면 답변은 세 페이지에 불과했고 다음은 그것을 요약한 내용이다.

> 프시케 소행성 주변에 에너지 수준이 높고(약 1MeV 이상) 그 자리에 머무르는 입자들이 존재하는 경우에만 우주 탐사선과 이곳에서 수행할 측정 과정이 위험에 처할 수 있다. 하지만 이런 일은 프시케 소행성이 에너지 수준이 높은 자기권을 가진 경우에만 일어날 수 있다. 이런 자기권의 존재에 영향을 미치는 요소는 세 가지인데 표면의 자화, 자기장의 기하학적 성질, 물체의 크기가 그 요소들이다. 프시케 소행성은 철로 이루어진 운석처럼 자성을 가질 수 있지만 이 소행성이 가질 가능성이 높은 자기장의 기하학적 성질, 소행성의 크기를 함께 고려하면 이 소행성이 에너지 수준이 높은 해로운 환경을 조성할 가능성은 극히 낮다. 그렇기 때문에 주요 하드웨어나 프로젝트 전반의 재설계가 필요하지는 않다.

그러자 벤이 전에 지적한 대로 검토 위원들 사이에서 동요가 일었다. 그리고 몇 가지 소소한 질문과 대답이 이어진 뒤 한 위원이 결정적인 질문을 던졌다.

"전하를 띤 입자가 자기권에 갇힐 가능성에 대한 계산은 얼마나 정밀하게 이루어졌나요? 여기서 언급하지 않은, 모든 가능한 에너지 수준에 대해 검토하지 않았다는 점이 걱정됩니다." 이 질문에 대한 답을 제시하려면 회의실 밖에서 더 많은 계산을 해야 했기 때문에 답변은 오후로 연기되어야 했다.

갑자기 우리는 프시케 소행성 주변, 에너지 수준이 높은 자기권의 위협에 관해 적극적으로 검토하며 우려하기 시작했다. 프시케 주변의 가상적인 자기권은 아직 탐사되지도 않았고 소행성 자체의 특성도 드러나지 않은 상태였다. 하지만 만약 우리가 이러한 가상의 요인을 다루지 못한다면 아예 소행성에 방문하지 못할 것이다.

점심시간 동안 우리는 모두 휴게실에 모여 접시에 음식을 담은 채 벽에 걸린 화이트보드 주변에 둘러섰다. 이 작은 화이트보드 하나에 크리스, 벤 와이스, 마리아 주버를 비롯한 우주 물리학 분야의 드림 팀이 모여 작은 소행성 주변에 형성된 자기권과 그 자기장이 태양풍과 어떻게 상호 작용하는지에 관한 기초 지식을 우리에게 설명했다. 앞에 있는 사람들은 뒤에 선 사람들이 칠판을 볼 수 있도록 웅크려 앉았다.

크리스는 태양풍에서 온 하전 입자가 자기장을 지닌 소행성과 충돌하는 것과, 자기장선이 주변을 회전하여 갇히는 모습을 그리며 설명을 시작했다. "태양풍에서 비롯한 입자가 갖는 에너지의 범위는 얼마나 됩니까?" 한 팀원이 물었다. 크리스와 마리아가 화이트보드에 대략적인 값을 적었다. 그러자 또 한 팀원이 물었다. "소행성이 가질 수 있는 자기장의 크기는 어느 정도죠?" 벤이 일련의 수치를 화이트보드에 썼다. 몇몇 팀원이 이 문제를 다른 사람들에게 설명하고 문제와 답에 관해 이야기하는 동안 뒤편에서 웅성대는 소리가 들렸다. 벤과 마리아는 태양풍 입자 위에 힘 벡터force vectors를 그렸다. 그리고 우리는 소행성 주변의 자기장을 나타내는 선이 어떤 형태가 될 수 있는지 논쟁하기 시작했다. 지식과 정보의 큰 격차가 드러나기 시작했다. 이후 마리아와 벤, 크리스는 노트북과 종이, 연필을 가지고 작은 회의실로 들어갔다. 그들이 과학적인 해답과 그것을 설득력 있게 제시할 수 있는 방식을 생각해내는 데 약 두 시간이 더 걸렸다.

점심을 먹은 뒤 나머지 팀원들은 이 세 사람을 떠나 프시케 프로젝트의 듀얼 카메라 세트인 다스펙트럼 감응성 영상 장치에 관한 발표에 참석하려 회의실로 돌아갔다. 현장 방문 하루 전까지도 이 영상 장치에 관한 질문이 있을 거라고는 전혀 예상하지 못했다. 영상 장치의 제작과 과학적 조사를 이끌었으며 전체 프로젝트의 부주임 조사관을 맡은 짐 벨은 카메라를 활용한 과학 연구 분야에서는 세계 최고의 전문가일 것이다. 이런 우주 탐사 프로젝트에서 '과거의 유산'이라는 개념은 중요하다. 만약 어떤 장비가 이전에 성공적으로 우주를 비행했으며 우리가 같은 장비를 제작해 사용할 수 있다면 기술적 위험도는 무척 낮아진다. 우리가 사용했던 카메라는 예전에 몇 가지 비행 프로젝트에 사용했던 기기와 거의 같은 방식으로 만들어진 유서 깊은 종류였다. 하지만 그럼에도 우리는 이 영상 장치에 대해 많은 질문을 받았다.

짐은 첫날의 질문에 답하고자 준비한 발표를 했다. 이제 검토 위원들이 오늘 제시한 후반부의 질의응답을 해야 할 때가 왔다. 현재로서는 현장에서 답변할 준비가 되어 있지 않은 질문들이었다. 나는 그중 프시케 소행성의 자기권에 대한 여섯 번째 질문에 집중하고 있었다. 하지만 내가 답변하기 전에 먼저 짐 벨이 일련의 추가 질문에 답해야 했다.

몇 년 동안 함께 일하며 나는 짐에 대해 꽤 잘 알게 되었다. 그는 최고의 전문가이자 발표 경험도 무척 많으며 차분하게 마음을 잘 다잡는 성격이었다. 어느덧 짐은 답변을 거의 끝냈고 검토 위원 중 한 사람으로부터 놀랄 만큼 전문적이지 않은 순진한 질문을 받고 있었다. 어느 순간 데이비드 오가 나에게 다가와 몸을 수그리더니 물었다. "저 질문이 논리적으로 말이 되나요? 애초에 성립되는 질문인가요?" "아니죠." 내가 대답했다. "수학적으로 유효하지도 않아요." 짐은 생각에 잠긴 듯 아래를 내려다보며 위원들 앞을 왔다 갔다 했다. 나는 짐이 이 질문에 대해 과연 어떻게 생각하고 있을지 궁금했다. '정말이지 말도 안 되는 질문이라 답변을 할 수가 없어. 하지만 그 사실을 지적하면 질문자를 적으로 만들고 말 거야.' 아마도 이런 생각이 머릿속을 맴돌았을 것이다. 그러다 마침내 짐이 말했다. "제가 당신의 질문을 완전히 이해했는지 잘 모르겠네요. 다른 방식으로 다시 한 번 질문해 주시겠어요?" 그렇게 질의응답은 계속되었다.

회의실 뒤쪽에 앉아 있던 애리조나주립대학교의 동료들은 나중에 나에게 짐이 더 참지 못하고 그가 여러 해 동안 직접 찍은 사진이 담긴 『사이언스』와 『네이처』지의 논문들을 그 검토 위원에게 읽어보라고 마구 내던질 것이라는 데 50달러를 걸었다고 말했다. 물론 짐은 그렇게 하지 않았고 우리 모두는 살아남았다.

이제 벤 와이스가 까다로운 자기권 관련 문제에 관한 우리 측의 답을 제시할 순간이 되었다. 자기의 영향은 얼마나 클지, 우주 탐사선이 위험에 빠질 것인지가 관건이었다. 벤은 그의 배우자가 다정하게도 페덱스를 통해 보내준 정장을 갖춰 입고 발표 구역으로 나왔다. 우리는 곧 발표하려는 벤을 보며 긴장된 마음에 심장이 쿵 내려앉았다.

벤의 첫 번째 슬라이드는 우리가 답변하려는 질문에 관한 것이었다. 바로 소행성의 자기권에 입자가 갇힐 가능성에 관한 좀 더 상세한 계산이었다. 그리고 벤은 다음 슬라이드로 넘어갔다. 그 슬라이드의 제목은 '고高에너지 입자는 프시케 소행성의 자기권에 갇힐 수 없다'였고 바로 아래에는 '그 이유는 다음과 같다'라고 적혀 있었다. 먼저 벤은 소행성의 자기장이 균일하고, 가장 강력한 최악의 경우에도 자기장의 공간적 크기가 아주 작기 때문에 특정 에너지 수준 이상의 양성자는 갇히지 않는다는 계산 결과를 보여주었다. 이제 에너지 수준이 그보다 낮아 갇혀 있는 양성자가 자기장에 의해 충분히 에너지를 공급받아 탐사선을 손상시킬 수 있을지에 관한 질문에 답해야 했다. 벤은 다시 한 번 프시케 소행성이 지닐 것이라 예상되는 자기권은 크기가 작아 그런 양성자의 가속을 제한한다는 사실을 보여주었다.

그다음은 마지막 슬라이드였고, 제목은 '갇혀 있는 전자라 해도 에너지 수준이 높아질 수 없다'였다. 회의실의 모든 사람은 정신이 바짝 든 채 발표를 듣는 데 열중하고 있었다. 만약 벤이 우리가 점심시간에 했던 새로운 계산 결과를 제시하면서 우주 탐사선이 가속된 입자로부터 안전할 것이기에 임무를 수행하는 데 문제가 없다는 사실을 위원들에게 납득시킬 수 없다면, 검토 위원들은 그것만으로도 프로젝트를 취소시킬 수 있었다.

벤은 회의실을 걸으며 슬라이드에 적힌 세 개의 계산 결과를 설명하기 시작했다. "먼저, 소행성의 자기권은 태양풍과 다시 연결되기에는 너무 작습니다. 그리고 태양풍의 압력은 페르미 가속*을 일으키기에는 너무 약하죠." 그리고 이제 마지막 요점을 설명할 차례였다. 벤은 방정식을 가리키며 베타트론 가속** 역시 위

* 하전 입자가 우주 공간의 자기장이 센 영역에서 충돌을 일으키며 가속되는 것.

** 시간에 따라 세기가 변하는 자기장의 전자 유도 기전력에 따른 하전 입자의 가속.

협이 되지 않는다고 말했다. "자기권의 초기 크기와 최종 크기의 비율을 세제곱하면 최종 에너지와 초기 에너지의 비율과 같습니다. 그러니 역세제곱 관계죠. 자기권의 크기를 압축하면 전자의 에너지가 감소합니다." 하지만 그 마지막 설명은 틀렸다. 벤은 감소가 아닌 '증가'라고 말했어야 했다. 그때까지 모두가 벤의 설명을 가까이서 지켜보며 따라가고 있었던 만큼 상당수가 즉시 '증가'라고 정정해서 외쳤다. 마리아를 비롯한 프시케 프로젝트의 팀원들뿐 아니라 검토 위원들 역시 올바른 답을 큰 소리로 말했다. 그 순간만큼은 모두가 같은 편이었다.

그러자 벤은 두 손을 머리에 대고 잠시 쪼그려 앉아 끙끙거리더니 이내 벌떡 일어나며 "증가하죠!"라고 선언했다. 그런 다음 벤은 그에 따라 전자가 가질 수 있는 최대한의 에너지가 얼마인지 보여주었다. 그리고 그 수치가 아주 작기에 우리의 우주 탐사선을 위태롭게 하지 못한다는 사실을 증명했다.

마침내 회의실이 조용해졌다. 나는 짐 벨과 함께 후반부에 도착한 질문에 전부 답변했다. 우리가 이 프로젝트를 따낼 확률은 이제 100퍼센트일지도 모른다. 밥 메이스는 프시케의 그림자가 우주선을 가로지르는 데 얼마나 오래 걸릴지를 계산하는 데 대한 질문에도 대답했다. 검토 위원들은 의자에 등을 기대고 앉기 시작했다. 오후 4시 30분이 되어서야 질의응답이 전부 끝났다. 나는 마지막으로 끝맺는 말을 하려고 일어섰다. 그러자 나사 본부의 디스커버리호 프로젝트 책임자였던 마이클 뉴가 물었다.

"그런데 린디, 당신이 쓰는 그 로고는 어디서 났나요? 우리가 쓰는 보통 로고랑은 많이 다르네요." 나는 잠시 당황해서 아무 말도 못했다. 하지만 곧 마이클이 로고에 관한 질문을 할 만큼 느긋한 기분이라는 사실을 깨달았다. 그만큼 오늘 우리는 성공을 거둔 셈이었다.

나는 대답했다. "마이클이 만들었어요. 우리는 샌프란시스코에서 일하는 마이클 테일러라는 재능 있는 젊은 브랜드 디자이너를 고용했죠. 어두운 우주 공간을 날아다니는 기계 장치 같은 우중충한 로고 말고, 좀 밝고 사람들의 마음을 끄는 로고를 만들기 위해서였답니다. 우리는 모든 사람이 참여한다는 의미를 담은 로고를 원했어요. 로고 이미지는 미행성 핵이 암석층에 싸여 있는 모습을 추상적으로 형상화했고, 이 색상은 이번 모험을 하는 동안 우리 모두의 에너지와 감정을 나타내는 거예요."

이렇게 우리 팀의 현장 방문은 끝났다. 우리는 성대한 저녁 파티를 즐기고 각자의 집으로 날아간 다음 차분히 최종 결정을 기다렸다.

* * *

대다수 우주 프로젝트는 과학자들 대부분, 그리고 그 밖의 사람들 대부분이 익숙하지 않은 장기간의 헌신을 필요로 한다. 그 시간의 규모는 엄청나서 제안서를 통과시키기까지 우리처럼

6년이 걸릴 수도, 16년이 걸릴 수도 있으며 그렇게 시간을 들이고도 선정되지 않을 수 있다. 이후로 프로젝트는 비행 계획 단계에서 준비, 탐사와 연구에 이르기까지 쭉 이어지며 일단 흐름을 타면 아폴로호 달 탐사 프로젝트처럼 짧으면 몇 년이 걸리지만, 명왕성 너머를 탐사하는 뉴호라이즌스호처럼 수십 년이 걸릴 수도 있다. 그리고 이제 우리 태양계 밖으로 날아가 여전히 지구와 연락하며 비행 중인 보이저호 탐사 프로젝트처럼 반세기가 걸릴 수도 있다.

게다가 탐사 프로젝트는 예상치 못한 예산 감축이나 중요한 부품의 고장 등으로 탐사선이 발사되기 전에 언제든 취소될 수 있다. 발사대에서 탐사선이 폭발할 가능성도 있다. 그러면 몇 년, 더 나아가 수십 년간 이어진 힘든 작업과 감정적인 투자가 한순간에 물거품이 되고 만다.

그런 종류의 좌절에 우리는 어떻게 대비할 수 있을까? 실패할 수 있다고 의식적으로 아는 것만으로는 결코 충분하지 않다. 친구 하나는 나사가 주관하는 대규모 프로젝트 경쟁 선발에 참가해 몇 년 동안 일하며 최종 선발 조에 들어갔지만 결국 다른 팀 프로젝트가 선정되었고 팀은 순식간에 해체되었다.

몇 년 동안 어깨를 나란히 하고 일하던 사람들이 다른 프로젝트로 옮겨 갔고, 매일 아침 일과처럼 몸에 배어 있던 작업 패턴도 갑자기 멈췄다. 친구는 그 정도의 헌신적인 노력을 퍼붓고도 겪어야 했던 상실감과 좌절이 너무 고통스러워 다시 반복하고 싶지 않다고 털어놓았다. 다시는 이런 프로젝트에 참여하지 않겠다고도 덧붙였다.

이런 엄청난 좌절을 감수할 수 있는 개인의 역량은 어떤 것일까? 요즘 사람들은 '과정을 즐기라'라든지 '이 순간에 몰두하라'며 쉽게들 이야기한다. 어렸을 때 나는 아버지로부터 이런 몇 가지 교훈을 배웠다. 우리는 매일 아침 정원을 둘러보며 전보다 나팔꽃이 더 많이 피었는지 기록을 살피곤 했다. 그런 다음 우리는 좋아하는 간식을 먹으며 뉴욕자이언츠의 미식축구 경기를 즐겁게 관람했는데 그 팀은 고통스럽고도 길게 이어지는 아무 소득 없는 시간을 겪고 나면 반드시 패배했기 때문에 응원하는 우리의 긴박감은 점차 줄어들곤 했다.

하지만 어른이 되고 나서 나는 다른 측정 기준을 개발했다. 만약 우리가 우리만의 가치와 비전에 확신을 품는다면 일의 모든 소소한 부분과 매일의 노력은 그 자체로 진정한 진보이며 그 나름의 의미가 있을 것이다. 나도 일의 작은 부분 하나하나를 즐기고 몰두하면 좋겠다. 그렇지만 그 일이 의미가 있었으면 하는 바람도 있다. 더 길게 보아 하나의 잎이 되는 것만으로는 충분하지 않다. 오늘날 우리가 살아가는 세상에는 해야 할 일이 너무 많다.

암과 싸우며 애리조나주립대학교에서 학과장 일을 새로 막 시작한 동시에, 프시케 프로젝트 팀을 이끌어 1단계 제안서를 작성하는 당시 나를 이끈 주문이 바로 이것이었다. 나는 이제 죽더라도 후회하지 않으리라는 것을 알았다. 내게 주어진 시간을 낭비하지 않았기 때문이었다. 나는 매 순간 최선을 다해 몰두했다. 그 당시에도 이미 나는 뒤를 돌아보며 무언가 만들어졌다는 것을 깨달았다. 이 일 자체, 길 위의 벽돌 한 장, 하나하나의 인간관계가 모두 가치가 있었다. 계속 발전하고 뭔가를 만들어내려는 추진력이 나를 집중시켜 앞으로 나아가게 했다.

그렇기에 현장 방문이 끝나고 나서도 나는 지금껏 우리가 해온 모든 과정 때문에 비록 우리가 선발되지 않더라도 모든 것이 가치 있다는 사실을 깨달았다. 어쨌든 그렇게 우리는 잠자코 결과를 기다렸다.

12장

마라톤 끝에서 전력 질주하기

2017년 1월 2일 오후 4시 8분 매사추세츠주 서부, 이웃 앨리스와 폴의 소유지인 서쪽 언덕 뒤편으로 해가 지고 있었다. 구름은 노랗고 하늘은 파랬으며, 그 밖에도 주로 흰색과 회색으로 이루어진 겨울 풍경에는 꽤 다양한 색깔이 보였다. 그날 저녁은 마치 일요일의 끝자락처럼 느껴졌다. 수년 전 일요일 저녁마다 아버지와 함께 다가오는 월요일을 피하기라도 하듯 차를 마시고 밤새 영화를 본 기억 때문이었다.

다음 주가 되면 나를 비롯해 나사 디스커버리 프로젝트의 다른 네 수석 연구원은 어떤 프로젝트가 탐사 비행에 선정되었는지 알게 될 것이다. 선정된 프로젝트는 하나일 수도, 둘일 수도 있었다. 어쩌면 목성과 화성 사이의 금속 소행성을 연구하기 위한 우리의 프로젝트가 그중 하나가 될지도 몰랐다.

내가 이 프로젝트를 시작한 지는 5년 반밖에 되지 않았다. 경쟁자 중 몇몇은 이전에 같은 아이디어로 이 과정을 거쳤으며 10년 동안 그들이 계획한 탐사선을 우주로 보내기 위해 노력했다. 그래도 그 이후로 5년 반이 더 필요했다. 지금까지 약 150명이 나와 함께 이 프로젝트를 연구했다. 1단계와 2단계 제안서를 비롯해 그 사이에 나사에서 보낸 질문들에 대한 모든 서면 답변, 편집과 수정을 거쳐 정식으로 발표된 답변서를 다 합치면 약 2000쪽에 이르렀다. 우리는 금속이 풍부한 소행성 프시케에 도달하는 방법을 비롯해 이 소행성에 가면 무엇을 찾고 얻을 수 있는지, 그리고 그 결과물을 측정해서 지구로 정보를 보내고 그것을 해석해 이해하려는 노력 덕분에 우리는 프시케에 대한 기술과 모델, 영상, 새로운 과학적, 공학적 결과를 얻었다.

우리의 진심이 온통 이 프로젝트에 쏠려 있었다고 말하는 것만으로는 충분하지 않다. 그건 쉽게 던질 수 있는 진부한 말이다. 그동안 우리는 살아 숨 쉬는 기분을 느꼈다. 팀원들은 서로를 잘 알고 애정을 품었으며 서로의 가족에 대해서도 알았고, 언제 농담을 하고 언제 조용히 할지를, 그리고 언제 최고조의 좌절을 딛고 묵묵히 일해야 하는지를 알았다. 우리는 수많은 검토 작업을 함께하며 땀을 흘렸고, 우리가 여기까지 올 수 있게 해준 중간 단계의 성공과 거의 막바지의 성공을 거쳐 마침내 결과 전화를 기다릴 수 있는 특권을 누리게 된 데 대해 수많은 케이크와 저녁 식사로 서로를 축하했다.

그 전화는 매사추세츠주의 우리 집 유선 전화기를 통해 나에게 걸려 올 예정이었다. 나는 수십 년 동안 이서카의 부모님 집에 있던 이 전화기로 그 소식을 들을 것이다. 이번 주 중에 좋은 소식이든, 나쁜 소식이든 팀원들에게 전할 수 있다.

* * *

하늘을 올려다보니 밖은 이미 어두워졌다. 2017년 1월 4일 저녁 8시 무렵이었다. 날이 이미 저물었다. 하루가 이미 증발되었다.

그동안 나사의 최종 프로젝트에 오른 다섯 개 후보를 위해 수백 명이 노력해 왔다. 베리타스, 다빈치+, 루시, 네오캠, 그리고 프시케 프로젝트가 그것이었다. 프로젝트를 따내기 위해 경력의 전부를 바친 사람도 있었다. 오늘 한바탕 슬픔이 휩쓸고 지나갔다. 선발되지 않은 나머지 프로젝트 셋도 훌륭했다. 이번이 지금껏 가장 치열한 디스커버리 프로젝트 심사 중 하나였다는 말을 나사 관계자에게 들었다. 나는 프로젝트가 선정되지 못해 속상한 나머지 이 모든 과정을 다시 겪을 수 없다고 이야기한 수석 연구원 하나를 알고 있다. 그래서 나는 이번에는 다른 프로젝트의 수석 연구원 중 누구도 그렇게 느끼지 않기를 바랐다. 프로젝트는 위험 부담이 큰 작업이었다. 다른 탐험처럼 말 그대로 목숨을 걸어야 하는 건 아니었지만 우리의 진심 어린 마음이 걸려 있었다.

휴대폰이 울렸을 때 나는 깊이 잠이 든 채였다. 전날 저녁 소셜 미디어에서 긴장을 푸는 방법에 관한 여러 훌륭한 조언을 접했지만(대부분은 알코올을 활용하는) 나는 기분 좋게 침대에 가서 잠시 책을 읽다가 한밤중에 농부가 긴 자갈길을 청소하는 소리에도 깨지 않을 정도로 푹 잠들었다. 제임스는 우리가 선발되지 않았다는 사실을 알게 되면 어떻게 될지 그 주에 나와 몇 시간이나 함께 고민했다. 나는 내가 모든 사람을 실망시킬까 봐 두려웠다. 우리 팀의 과학자들과 JPL의 엔지니어들, 그리고 특히 맥사의 팀원들이 실망할 것이다. 이 회사는 전에는 이런 경쟁 과정을 겪은 적이 없었고, 이번에 정말로 열정적으로 몰두해 그들의 자원을 쓰며 모든 것을 바쳐 일했다. 그렇다면 우리는 정말 최선을 다했을까?

나는 정말 그랬다고 생각했다. 우리는 어려운 결정을 회피하거나 시간이 필요한 사안을 가볍게 넘어간 적이 없다. 물론 나는 우리가 정말 괜찮다고 생각하는 제안서를 제출하는 건 사치일지도 모른다고 느꼈는데 그것은 우리 팀이 약체였기 때문이다. 나는 우리가 프로젝트를 따낼 수 없을 것이라고 생각했다. 그랬던 만큼 나는 마케팅적인 측면에 기대기보다는 우리가 정말 최고라고 여기는 프로젝트에 관해 제안서를 작성하는 방향으로 팀을 성공적으로 이끌 수 있었다. 내가 수석 연구원으로 일한 것은 처음인 데다 이 제안서가 경쟁 심사를 거친 것도 처음이었던 만큼 우리는 나사 프로젝트로 선발되지 않을 가능성이 높았다. 보통 이런 제안서는 심사 위원들이 선정할 수 있는 단계로 발전되기까지 여러 해에 걸쳐 수차례의 검토와 개선을 거친다.

게다가 맥사는 나사의 주요 파트너로 처음 참여했다. 이 회사는 지구 궤도를 도는 우주선만을 위한 동력 시스템과 섀시를 제작한 경험이 없었다. 하지만 맥사는 그동안 다른 개발 경험이 많아서 우주 탐사선을 제작하는 데 얼마가 드는지, 탐사선의 무게가 얼마나 나갈지, 탐사 과정이 얼마나 오래 걸릴지 정확히 알고 있었고 그 덕분에 우리에게 확실하게 고정된 제작비를 제시할 수 있었다. 이런 방식은 항공 우주 업계에서 일반적으로 통용되는 원가 가산법*과는 달랐다. 그렇지만 프로젝트 파트너로는 처음 접하는 회사이기에 나사는 맥사를 대상으로 추가 조사를 할 것이다. 이 회사가 탐사선을 예상보다 훨씬 낮은 가격에 제작할 수 있다고 주장했던 만큼 그 조사는 더 세세하게 이루어지고 그만큼 우리가 선정될 확률은 떨어질지도 모른다.

그리고 우리 프로젝트의 목표도 마찬가지였다. 우리는 프시케 소행성을 방문하자고 제안했지만, 업계의 모든 사람은 지금이 금성 탐사 계획을 선정할 때라고 말했다. 이런 이유로 그날 밤 나는 매우 편안하게 잠자리에 들었다. 다음 날 나는 선정되지 않았다는 소식을 듣게 될 것이고, 다시 10여 년에 걸쳐 나사가 제안서를 요청해 오기를 기다렸다가 오랫동안 경쟁을 벌여야 할 것

* 재화나 서비스의 생산 원가에 일정 이익률을 고려해서 가격을 결정하는 방식.

이다.

이토록 중요한 많은 것이 전화 한 통에 달려 있었기에 당연히 깨어 있다가 전화를 받아야 했다. 그래서 곤히 잠들어 있다가 아침 8시에 핸드폰 전화벨을 듣고 일어난 나 자신이 부끄러웠다. 나사 부국장인 토마스 추르부헨은 수화기 너머에서 이렇게 말했다. "혹시 제가 깨운 건가요? 그랬다면 당신은 기뻐해야 할 거예요!" 아침잠을 깨우는 멋진 방법이었다. 하지만 곧 전화가 불통이 되었다. 내가 사는 곳이 매사추세츠주의 구릉 지대였기 때문이다. 토마스는 다시 전화했지만 이번에도 연결은 되지 않았다. 그가 또 한 번 전화한 다음에야 나는 겨우 한마디 할 수 있었다. "유선 전화로 걸어요!" 토마스는 유선 전화로 다시 걸었다.

프로젝트를 따내기를 언제나 간절히 바랐지만 어쩌면 실패할지도 모른다는 마음의 준비를 지나치게 많이 했는지도 몰랐다. 통화를 마친 뒤 나는 아래층으로 내려가 화목 난로에 신선한 목재를 넣고 커피를 마시기 위해 주전자를 올렸다. 그러면서 이제 남편에게, 아들에게, 오빠에게 전화하고, 우리 팀원들에게도 전화해야겠다고 생각했다. 헨리 스톤, 짐 벨, 벤 와이스, 데이비드 오, 데이비드 로런스, 캐럴 폴란스키를 비롯해 여러 팀원이 떠올랐다. 그런 다음에는 마이클 크로와 JPL 연구소장 마이크 왓킨스, 맥사의 사장 폴 에스티에게 전화해야 한다. 하지만 일단 나는 주전자를 내려놓고 난로 연통을 닫은 뒤 장화를 신고 숲속으로 걸어갔다.

밤사이 비가 내려 얼어붙었는지 쌓였던 눈은 보송보송해졌고 나무줄기는 빗물에 흠뻑 젖어 어두운색이 되었다. 여느 때처럼 눈밭을 밟는 내 장화 소리에 귀를 기울이며 동물의 발자국을 찾았다. 코요테 한 마리, 여우 한 마리, 다람쥐 한 마리, 들쥐 한 마리, 사슴 두 마리의 발자국이 보였다. 나는 두 언덕 사이의 기슭으로 걸어가 정적 속에서 나무들을 바라보며 우뚝 서 있었다. 여기 오면 항상 나무에 호저가 있나 찾아보지만 직접 본 적은 없었다. 봄이면 호저들이 땅 위를 기어가는 모습이 이곳 숲에서 목격되지만, 겨울에 이 동물은 나무껍질을 먹기 위해 나무 위로 올라간다. 지금처럼 잎이 모두 떨어진 계절에는 호저가 눈에 띌 법해서 항상 두리번거리며 찾지만 막상 발견한 적은 없다. 오늘 아침에도 보지 못했다. 나는 집으로 돌아가 사람들에게 전화를 돌리기 시작했다.

그날 통화 서른 번, 인터뷰 다섯 번, 나사 언론 행사 한 번, 500통은 될 듯한 이메일, 페이스북 게시물, 트윗, 문자 메시지 세례를 겪으면서 나는 우리가 정말로 소행성 프시케에서 프로젝트를 수행할 거라는 사실을 3퍼센트쯤 실감하기 시작했다. 우리는 정말로 그 소행성을 보러 떠날 것이다. 가슴이 벅차올랐고 지나치게 감상적이 되어서 조금은 난처한 기분마저 들었다. 정말 모두에게 너무 감사하고, 감사하고, 감사했으며 이 모험을 모든 이와 나누고 싶은 열망이 들었다.

그날 아침 내가 전화로 전해 받은 것은 일종의 청신호였다.

어떤 상도, 회원 자격도 아니었지만 훨씬 더 깊고 풍부한 경험, 즉 정말 큰일을 시도할 수 있는 기회를 얻었다. 우리는 탐사선을 설계하고 제작하는 데 5년이 걸렸고, 우리가 이후 일을 제대로 해낸다면 로켓을 통해 탐사선을 발사할 기회가 있다. 그리고 만약 발사가 성공하고 탐사선이 제대로 작동한다면, 우리는 기기를 조작해 화성을 지나 소행성 프시케까지 어둠과 추위 속에서 3년 여의 여정을 거쳐 그 소행성의 진정한 정체가 무엇인지 알아낼 수 있을 것이다.

나중에 알게 된 바에 따르면 검토 위원들과 나사 본부 담당자들은 우리 팀이 합이 좋고 일을 잘한다는 사실을 알아챘다고 한다. 우리 팀은 리더들만 입을 열려고 하지 않고 적절한 전문가에게 질문을 전달해 답을 얻었다. 발표자가 일어서서 발표를 할 때도 우리는 비판적으로 팔짱을 끼고 앉아 있거나 비아냥거리며 군말을 하는 대신 서로를 지지했다. 그런 만큼 우리 팀은 단순히 탐사선을 제작하도록 선택받으려 애쓰는 데서 벗어나, 어려운 선택을 올바르게 하기 위해 노력하고, 좋은 사람들을 데려와 그들의 말을 귀담아들으며 서로에게 친절하게 대하는 것이 중요하다는 점을 증명했다.

* * *

신발 바닥에 남은 먼지나 흙을 제거하기 위해 솔과 진공청소기가 달린 기계에 양쪽 발을 차례로 넣고, 끈적거리는 매트 위에 얼른 발을 디뎠다. 이 끈적거리는 매트는 안쪽 방으로 들어가는 문 앞에 놓여 있었다. 신발을 청소하는 공간보다 더 깨끗한 이 방에서 나는 아이폰을 청소했다. 가져가서 탐사선 사진을 찍기 위해서다. 그런 다음 나는 신발 덮개, 머리 덮개, 지퍼를 턱까지 올리도록 된 길고 튼튼한 비닐 가운, 수술용 마스크를 덧씌운 N95 마스크, 용수철같이 생긴 와이어로 전기 접지 플러그가 부착된 손목 스트랩을 몸에 걸친 채 수술용 장갑을 손목까지 끌어 올렸다. 이런 과정을 거치는 목적은 외부 이물질 파편FOD이 작업 구역에 들어가지 않게 하기 위해서였다. 탐사선의 연결 장치와 회로가 전도성 먼지에 의해 손상되어서는 안 된다. 그걸 막기 위해 작은 모래 하나도 들어가지 않게 단단히 막아야 했다.

이런 개인 보호 장구를 착용하는 일의 아이러니한 점은 우리가 무려 백신을 맞으며 코로나19 팬데믹에서 살아남았지만 이제는 먼지 한 톨을 걱정할 여유가 생겼다는 사실이었다.

나는 접지 플러그를 특수 콘센트에 꽂고 전도성 막대에 손가락을 대 내 몸을 접지시켰다(사람의 몸과 의복은 몇 킬로볼트나 되는 정전기를 실어 나를 수 있어서 그 상태에서 전기가 탐사선을 거쳐 지면으로 통한다면 그 충격으로 회로가 손상될 가능성이 있다). 이제 가장 첨단 기술처럼 보이는 과정인 에어 샤워를 거칠 차례였다. 나는 조금 부끄러울 만큼 이 의식을 즐겼다. 끈적이는 신발 매트를 하나 더 거쳐서 두 개의 문이 달린 밝고 하얀 전화 부스 같은 작은 방으로 들어가야 했는데 이곳의 벽과 천장에는 노즐이 달려 우묵하게 들어가 있었다. 나는 지시받은 대로 손을 들고 팔을 몸에서 뗀 채 발을 위아래로 움직이며 사방에서 불어오는 바람을 맞고 빙글빙글 도는 '에어 댄스' 동작을 했다. 정해진 시간이 지나 에어 샤워 바람이 꺼질 때까지 이런 동작을 하면 두 번째 문이 열렸고 하이베이high bay 작업 구역으로 들어갈 수 있었다.

이 널찍하고 깨끗한 공간은 넓이가 약 6.5제곱미터였고 너비에 비해 층고가 높았으며 무척 청결했다. 이곳은 청정도 1만을 달성했다는 인증을 받았는데 이것은 공기 부피 1세제곱미터당 0.5미크론 정도이거나 그보다 큰 입자가 1만 개 미만이라는 뜻이었다. 공기 필터가 정말 잘 작동하는 셈이었다. 아무리 실외 공기가 깨끗한 날이라 해도 1세제곱미터당 2.5미크론 크기의 미세먼지가 70만 개는 있을 수 있다. 하지만 이곳에서는 필터 덕분에 그런 입자가 거의 걸러진다. 그리고 그보다 더 큰 입자는 아예 사라진다.

나는 아무것도 만지지 말아야 한다는 사실을 알았고, 받침대나 바닥에 있는 테이프를 넘어가지도('프시케 프로젝트 자기 청정 구역'을 표시하는) 말아야 한다는 사실을 알고 있었다. 그날 아침에도 그 커다랗고 멋진 탐사선은 나와 똑같이 방진복을 입고 마스크, 장갑을 낀 채 접지 과정을 거친 연구원 다섯 명이 수리하고 있었다. 그날 연구원들은 탐사선의 컴퓨팅 요소('두뇌'에 해당하는)의 전원을 켜고 통신 패널을 설치할 준비를 하고 있었는데 이 과정을 거치면 불과 몇 주 뒤 프시케 탐사선은 움직일 준비를 마치게 된다.

이 모든 과정을 거치는 이유는 우리가 지금 '조립과 테스트, 발사 가동ATLO' 단계에 있기 때문이었다. 이제 발사까지 마지막 단계가 남았다. 하루하루, 한 주의 속도와 리듬이 빨라졌다. 우리 팀에는 놀라운 일도 많이 생겼고 긴장감도 분명 더 높아졌다. 약 한 달 전에 맥사로부터 우주선 섀시가 JPL로 배달되었고, 내가 오늘 청결한 이 하이 베이 구역에서 보고 있는 게 바로 그것이다.

거대한 정육면체 모양인 프시케 탐사선은 한 면에 붙은 1미터 너비의 어댑터 링으로 연결되어, 바퀴가 달린 돌리 트레일러에 실려 있다. 이 돌리는 탐사선을 지면에 고정시키고 선체를 기울이거나 회전시켜 엔지니어들이 조립과 수리에 필요한 모든 부위에 도달할 수 있도록 한다.

나는 몸이 떨리는 경이로움을 느꼈다. 도구들로 가득한 이 눈부신 공간, 지금까지의 경과와 도표를 띄운 커다란 모니터들, 철제 테이블, 비전도성 비닐봉지 속 부품이 가득 든 플라스틱 통, 사다리와 계단, 사람들이 보이는 지금으로부터 약 10년 전, 모든 상황이 그렇게 좋지 않았던 과거가 순간적으로 폭발하듯 기억 속에 떠올랐다. 이 모든 것이 가망이 없으며 너무나 멀고 막연한 꿈에 지나지 않았던 때였다. 우리는 어떻게 여기까지 왔을까? 내가 우주 탐사선과 한 공간에 있다는 사실이 도통 실감이 나지 않았다.

우주 탐험의 긴 여정에서 겪어야 할 많은 이정표가 그렇듯, 이 과정 역시 더 치열한 실질적인 단계를 밟기 위한 관문이었다. 그 단계란 바로 발사를 성공시키고 탐사선을 작동시켜 프시케 소행성까지 비행하도록 하는 것이다. 발사되고 나면, 그때부터 우리는 탐사선을 만질 수도 없고 물리적으로 아무것도 수리할 수 없으며, 우리가 설계한 모든 코드와 명령을 소프트웨어를 사용해서만 통신할 수 있다. 우리는 마침내 그 순간에 이르는 마지막 해에 도달했다. 모든 것을 완성하고 성공해내야만 하는 한 해였다.

* * *

발사를 앞두고 이제 15개월 동안 우리는 조립과 테스트, 발사 가동 단계를 거치기로 계획했다. 나는 다시 애리조나에 있는 집으로 돌아왔고, 오늘은 코로나19 봉쇄 기간 중 끝도 없이 이어지던 수많은 수요일 가운데 하루다. 1년 동안 매일이 수요일처럼 느껴졌다. 나는 녹색 에나멜을 칠한 금속 책장에 앉아 창밖으로 가시가 돋은 부채선인장과 그 아래 새 모이 한 덩이를 바라보았다. 사막솜꼬리토끼 한 마리와 갬벨메추라기 한 쌍, 그리고 참기 힘들 만큼 귀여운, 버터색과 초콜릿색 줄무늬의 갓 태어난 새끼들로 이루어진 가족도 보였다. 하지만 이제 바깥 풍경은 그만 보고 내 일정에 신경 써야 할 때였다. 하루가 막 시작되고 있었고,

프시케 탐사선이 발사되기 전까지 모든 날이 그렇겠지만, 이날도 긴 하루일 것이다.

구글 캘린더로 일정을 확인해보니 그날은 오전 7시 30분부터 오후 6시까지 끝도 없는 회의가 이어지는 날이었다. 물론 꼭 이렇게 할 필요는 없었다. 아무리 프시케 프로젝트를 이끌어 가야 한다 해도 과도한 일정을 피할 수도 있었다. 하지만 애리조나주립대학교의 행성 간 비행 프로젝트와 비글러닝, 프시케 프로젝트에 동시에 참여하다 보니 중요한 양질의 회의에 최소한으로만 참여해도 일주일이 꽉 찼다. 나는 여전히 내가 맡은 프로젝트에서 중요하고 확장 가능하며 변화무쌍해 보이는 모든 것을 더 발전시켜야 한다는 절박함을 느꼈다. 나는 일정표에서 '초대' 버튼을 클릭해 그날의 첫 번째 모임인 비글러닝 창립자들의 회의에 참가하는 줌 링크를 열었다.

보스턴에서 이미 접속해 있던 캐럴린 비커스는 긴 머리를 매끄럽게 다듬어 상큼해 보였다. 하지만 경기에 나가듯 결의에 찬 표정을 하고 있어서 그날의 업무에 큰 노력을 쏟고 있다는 사실을 알 수 있었다. 제임스는 내가 줌 회의를 하고 있으면 식탁에 앉아 뒷마당을 내다보곤 했다. 우리는 팬데믹 기간에 거의 매일 판박이 같은 생활을 했다. 나는 서재에 틀어박혀 있었고 제임스는 탁 트인 거실과 식사 공간, 부엌 공간에 있었다. 아들 터너는 뉴햄프셔에서 줌에 접속해 지저분한 금발에 턱수염을 기르고 흔들림 없는 잿빛 눈동자로 크게 미소 지었다. "다들 잘 지내셨어요?" 터너가 물었다. 캐럴린은 항상 그렇듯이 잘 지낸다고 대답하며 자기 남동생에 관한 재미있는 이야기를 꺼냈다. 그리고 나는 오늘 본 새끼 메추라기 소식을 사람들에게 알렸다. 그런 다음 우리는 사업 이야기로 넘어갔다.

회의 시간으로 잡은 30분이 끝났고 다음으로는 프시케 시스템 엔지니어링 팀 회의에 참석해야 했다. 오늘은 단기적인 엔지니어링 설비 점검과 일련의 수정 요청을 처리한 다음, 장비에서 영향을 받을 수 있는 모든 하위 시스템에 대한 검토 계획의 변동 사항을 살필 예정이었다. 이 회의가 끝날 무렵 우리 팀의 프로젝트 매니저인 헨리 스톤에게서 문자 메시지를 받았다. "지금 통화 가능해요?" 이런, 이건 좋은 소식일 리가 없다. 나는 "5분 뒤에 전화할게요"라고 답장을 보냈다. "알겠어요." 헨리의 답장이 돌아왔다.

헨리는 전화로 우리의 하위 시스템 중 하나에 새로운 실수가 발견되어 일정에 차질이 생길 것 같다고 말했다. 담당자들은 장비를 제작하는 데 필요한 모든 부품을 미리 주문해 준비했다. 하지만 부품들을 수령하면서 검사를 불충분하게 받았고 그 상태로 몇 달 동안 창고에 보관했는데, 필요할 때가 되자 결함이 있는 것으로 밝혀졌다. 필요한 부품을 수리하거나 교체하는 데 얼마나 시간이 걸릴지 알 수 없었다. 그뿐만 아니라 계측기 제작 팀이 하위 시스템의 최종 완료와 인계가 예정보다 너무 늦지 않도록 지연된 부분을 수용해 일정을 재구성할 수 있을지 여부도 불투명했다. 헨리는 모든 사실에 관해 자신만의 방식으로 철저하게 설명했고, 그런 다음 우리는 항상 그래 왔던 것처럼 인간적인 요인에 관해 토론했다. 이 일이 반복되지 않도록 팀을 지원할 수 있는 환경을 어떻게 조성해야 할까? 코칭이 필요한 팀원이 있을까? 팀 문화에 대한 우리의 지지는 기적처럼 느껴질 만큼 원활하게 흘러갔다. 우리가 실행하기로 한 조치는 다음과 같았다. 먼저 칼리아니 수카트메와 하위 시스템 담당 관리자, 해당 팀이 참가하는 회의를 열어 해결 과정과 일정에 관해 논의할 예정이었다. 그러면 이들은 우리에게 날마다 변동 사항을 보고하고, 그에 따라 JPL 프로젝트 팀과 협력해 일정을 조율하기로 했다.

발사까지 하루 단위로 계획되어 있었기 때문에 일정에 차질이 빚어지면 정말 심각한 상황이 된다. 탐사선이 '환경' 실험을 하기 전에 장비를 전부 설치해야 했다. 진동이나 음향, 열 진공실에서는 탐사선이 발사된 후 우주 환경에서 계획대로 작동한다는 것을 확인하기 위해 온갖 시험을 했다. 만약 어떤 장비를 설치하고 기존 장비와 통합하는 일정에서 어느 하나가 잘못된 다면 다른 무언가를 더 빨리 앞당겨 일정을 재조정해야 했다. 언제든 변동될 수 있는 사항은 무척 많은 데다 그렇게 차질이 잦아지면 일정은 더욱더 가변적이 되어 지키기 어려워진다.

설비 팀이 문제를 빨리 알려주어 고마웠다. 문제가 발생할 때 해결책을 찾고 미리 작업하려면 즉각적이고 완벽한 커뮤니케이션이 필요하다. 문제는 항상 일어나기 마련이다. 사람들은 실수를 저지르고, 뭔가 변동이 생긴다. 우리의 목표는 이러한 문제를 흡수하고 그런 문제를 처음부터 바로잡을 수 있을 만큼 서로 충분히 협력하는 팀을 만드는 것이다.

지금으로부터 10년 전, JPL 내부의 검토 팀에 프시케 프로젝트의 콘셉트를 제안하기 시작했을 때부터 우리는 팀의 문화를 정해 나갔다. 우리는 진행 과정을 팀원에게 투명하게 공개할 것이고, 말만 그럴듯하게 늘어놓거나 혼란스럽게 하지 않을 것이다. 또 우리는 팀이 성취한 바를 공유하고 우리의 도전 과제에 관해 토론하며 의견을 구하려 했다. 이런 팀 문화는 여러 번 결실을 맺었다. 팀원들의 신뢰를 얻고, 서로 질책 대신 도움을 주고받으며, 서로에게 무죄 추정의 원칙을 적용하는 것이 그랬다.

이 문화를 지속시키려면 거의 매일 노력해야 한다. 우리 모두는 실수를 감추고 창피한 일을 숨기려는 본능이 있다. 그래서 혼자 고군분투하곤 한다. 그 대신 우리는 심호흡을 하고 주변 사람들에게 무엇이든 털어놓기로 했다. 그러면서 처벌을 예상하는 대신 동료애와 조언을 얻는다. 탑재 화물 책임자인 노아는 이런 우리 팀의 관행을 '급진적 투명성'이라고 표현했다.

이런 관행의 연장선상에, 우리 팀 트위터 계정에서 시작한 해시태그 #PI_Daily(수석 연구원의 일상)가 있다. 나는 이 해시태그를 통해 수석 연구원이 되는 방법에 대해 더 알고 싶어 하는 여러 호기심 어린 목소리를 접했다. 이 해시태그에서는 주로 과학적 성과, 탐사선 발사, 새로운 발견에 관한 이야기가 이어졌다.

사람들은 이렇게 말을 걸었다. 연구원의 일상은 어때요? 그 일이 그렇게 전문적이고 잘 알려지지 않는데 어떻게 누군가 그 직업을 알고 지원하고 싶겠어요? 우리는 나사 본부의 승인을 받아 수석 연구원이 정말로 어떤 일을 하는지를 트위터로 알린다. 우리는 이 직업에 관심이 있는 모든 이들이 수석 연구원의 일을 더 가깝게 받아들이기를 바란다. 특히 인맥과 연줄이 없어 일자리를 소개받을 수 없는 사람들과 더 가까워졌으면 한다.

나는 이 트윗과 프시케 프로젝트의 블로그 글들을 쓰면서, 우리 프로젝트가 제안, 설계, 제작, 발사, 탐사선의 순항을 거쳐, 마침내 목표를 달성하고 새로운 과학적 발견을 이뤄내는 것처럼 수석 연구원의 일도 완전히 다른 여러 단계를 거친다는 사실을 깨달았다. 제안 단계에서 우리는 그 프로젝트를 진행해야 한다는 설득력 있는 이야기와, 그로부터 발견하게 될 모든 결과를 사람들에게 어떻게 전달할지를 고민한다. 그런 다음 우리는 팀을 만들어 10년, 또는 20년 동안 누구를 믿고 함께 일할지에 대해 결정을 내린다. 과학자나 엔지니어들이 이런 일을 하는 방법에 대해 따로 훈련받는가? 아니, 그렇지 않다. 또한 동료를 선택한 다음에는 경영, 위험 관리, 리더십, 발표, 조직화, 커뮤니케이션 문제를 해결해야 한다. 정작 과학 자체는 나중에야 등장한다. 이런 과정에서 우리에게 다음과 같은 과제가 등장한다. 수석 연구원은 커뮤니케이션과 협상, 팀 구성, 리더십, 관리 분야에서 전문가로 거듭나는 데 약 10년을 소비해야 한다. 대부분은 우리에게 새로운 분야다. 그렇게 10년이 지나면 우리는 과학으로 돌아가 다시 탁월한 실력을 발휘해야 한다. 이 기간 동안 해당 분야의 최신 흐름을 놓쳐서는 안 되며 그 분야의 모든 인물과 발견, 새로운 가설을 빠짐없이 알아야 한다. 그리고 우리가 알아낸 사실들이 당대의 아이디어들을 어떻게 증명하거나 반증해 그 분야를 발전시킬지를 알아야 한다. 나는 트위터 계정을 통해 그런 작은 발견들을 대중과 공유하고자 했다.

나는 JPL에서 일하는 팀원들을 만나러 비행기를 탄다. 이제 코로나19 규제가 완화되어 나도 연구소에 들어갈 수 있다. 손에 잡힐 듯한 흥분이 느껴진다. 나는 시험대에서 일하는 팀을 방문하고, 그곳에서 젊은 매니저와 그보다 더 젊은 엔지니어 세 명이 우주 탐사선과 함께 비행하는 모든 장비, 판, 벨트가 놓인 선반을 따라 우리를 안내한다. 이 팀은 소프트웨어가 올바르게 통신하고 계측 장비가 제대로 응답하며 데이터가 잘 전달되는지 시험한다. 이들은 나에게 코로나19에 따른 어려움을 이야기한다. 그동안 실험실에 한꺼번에 들어갈 수 있는 인원이 크게 제한되었기 때문에 프시케 탐사선의 통신 장비를 시험하기 위해 안테나를 작동할 사람들이 참석하지 못했다고 한다. 시험대에서 일하는 이 엔지니어들은 적절한 하드웨어를 통해 정기적인 데이터 전송을 준비하기 전, 몇 가지 예비 시험을 거치기 위해 여러 가지를 한데 꿰어 맞춰 기존 일정을 지켰다. 엔지니어들은 웃으며 이렇게 덧붙였다. "연결 장치도 적당했고, 전력 수준도 적절한 것처럼 보이기에 그대로 시험을 거쳤고 그렇게 성공했죠!" 그들이 역경에 맞서 문제를 해결한 데 따른 전율이 나에게도 전염되어, 그때 내 머릿속을 괴롭히던 걱정 역시 사라지고 나도 웃음을 터뜨렸다.

탐사선을 발사하는 과정에도 이런 정신이 필요하다. 이렇게 웃으면서, 개인의 힘과 팀의 힘으로 다가오는 도전 과제를 극복하고 있음을 느껴야 한다. 단지 우리의 프로젝트를 위해서가 아니라, 인류가 곧 알게 될 작은 금속성 세계에 이르는 24억 킬로미터의 여정으로 무인 탐사선을 보내는 대담한 시도를 위해서다. 우리는 우리가 해 나가는 모든 것과, 모든 과제에 직면해서 웃고, 스스로의 힘을 느낄 필요가 있다. 그러니 여러분도 우리와 함께 웃으면서 그 힘을 느껴보기를 바란다. 왜냐하면 이제 스페이스엑스의 팰컨헤비 로켓을 발사하기까지 몇 달 남지 않았고, 여기에는 이 모든 것이 필요하기 때문이다. 그런 다음 로켓이 발사되어 프시케 탐사선의 우주여행이 시작되고 나면, 우리는 진정으로 가치 있는 뭔가를 얻게 될 것이다. 우리를 놀라게 하고, 인류의 지식을 더 먼 곳까지 넓히도록 더 열심히, 더 오래 연구하고 일할 수 있는 기회가 그것이다.

이 책에는 대략적인 묘사와 스케치만 실었기 때문에, 내 마음에 꽃을 피우고 안전하고 편안한 세상을 일구는 모든 친구를 전부 담지는 못했다. 그래도 다음 친구들은 여러 해 동안 나에게 과분한 친절과 우정을 베풀어주었다.

데이브 보데트와 에린 보데트, 캐럴린 비커스와 마이클 비커스, 세라·톰·재러드·내털리·루 콜리나, 엘리 도리스와 밥·미키·캐슬린 스트라코타, 안케 프리드리히, 메리 풀러, 타냐 퍼먼, 앤드리아 해머와 에이미 빌라레조, 재키 모, 세라 플로스와 랩 웡, 수전 포터와 스티브 포터, 앤디 소거와 팀 이케다, 에브게냐 슈콜니크와 애런 드래거샨, 캐럴라인 스미스와 제시카 로빈슨, 헨리 스톤과 줄리애나 머피, 벤 와이스와 타냐 보잭, 그레그 베인과 뎁 베인, 앨리스 비글리아니와 폴 비글리아니, 수 웹, B. J. 위긴스와 엘리스 위긴스. 여러분은 제게 수년 동안 과분한 친절과 우정을 보내주었다.

동료이자 멘토인 이들과 친구가 되는 것은 우리에게 넓은 시야를 열어주는 행운이다. 다음 분들에게 감사드린다. 마리아 앙귀아노, 스티브 바텔, 샘 보링, 마이클 크로, 발레리 페도렌코, 웬디 프리드먼, 낸시 곤잘러스, 팀 그로브, 브래드 헤이거, 폴 헤스, 마르크 파르망티에, 베라 루빈, 에버렛 쇼크, 션 솔로몬, 엘렌 스토판, 나피 톡쇠즈, 마리아 주버, 토마스 추르부헨이 그들이다.

아, 프시케 프로젝트 팀원들을 빼놓을 수 없다! 여러분은 나에게 가족처럼 느껴지지만 무척 대가족이라서 우리가 이 위대한 모험을 함께했음에도 전부 나열하기에는 너무 많다. 이 프로젝트를 발전시키는 데 중요한 역할을 했고 소중한 동료이자 친구들인 다음 리더들만 여기 언급한다. 헨리 스톤, 칼 애덤스, 데버라 베이스, 짐 벨, 바비 브라운, 다이앤 브라운, 마크 브라운, 리처드 쿡, 트레이시 드레인, 하워드 아이젠, 찰스 엘라치, 폴 에스티, 사브리나 펠드먼, 로리 글레이즈, 래리 제임스 장군, 젠트리 리, 밥 메이스, 마이클 뉴, 세라 노블, 데이비드 오, 케유르 파텔, 캐럴 폴란스키, 킴 러, 스티브 스콧, 브렌트 셔우드, 칼리아니 수카트메, 마이크 왓킨스, 벨린다 라이트, 제이컵 반 자일.

여러 해 동안 나는 내 이야기를 쓰고 싶었다. 에이비타스의 제인 폰 메런(이분을 나에게 소개해준 스티브 베슐로스에게도 감사하다)은 이 책의 초고와 제안서에 크게 힘을 실어주어 편집이 진행되면서 내 자신감도 커졌다. 덕분에 편집에 대한 새로운 경험을 할 수 있었다. 그리고 하퍼콜린스 출판사의 닉 앰플렛은 그 가능성을 인정하고 기적적일 만큼 놀랍게 내 노력을 끌어냈으며, 내가 더 나은 글을 쓰고 그 과정과 결과도 즐기도록 해주었다. 그리고 프시케인스파이어드의 전직 미술 인턴인 크리스 바스케스는 이 책에 실린 탐사선 이미지를 그려주었다.

또 내 목숨을 구해주고 내가 건강을 되찾도록 해준 주치의 하비에르 마그리나와 존 카모리아노 박사에게도 감사를 전한다.

한편 이 책을 쓰는 과정에서 몇몇 사람에게 상처와 풀리지 않는 아픔을 준 적이 있어 항상 미안함이 마음속에 남았다. 특히 테오, 뎁, 에드, 샤론에게 미안하다.

마지막이 제일 좋은 법이다. 제임스 탠튼, 터너 볼런, 리즈 케이시, 여러분은 매일 내 마음속에서 빛나며 내가 사는 세계의 구조이자 의미이다. 이런 가족이 있다니 나는 정말 축복받은 사람이다. 그뿐만 아니라 짐 엘킨스와 마거릿 맥나미드, 제프리, 웬디, 캐서린, 알렉스 코헨, 커티스 볼런과 캐럴라인·세라·펠릭스 노든, 줄리·데이비드·일라이자·소피 페리, K·엘리너·젠·스콧·에릭·앤드루 이스대너, 아트·엘리너·세라 칸, 존·캐시 타르복스,

니나 S. 볼런과 로버트 윌리엄스, 니나 볼런, 밥 엘킨스와 셜린 엘킨스, 마셜 엘킨스와 멜리사 월로, 플레처 탠턴과 애비 탠턴, 샐리 엘킨스와 레너드 엘킨스, 톰 엘킨스, 버프 볼런과 재닛 볼런 여러분 모두에게 감사드린다.

Change begins
with a Question

옮긴이 김아림

서울대학교에서 생물학을 공부하고 같은 학교 과학사 및 과학철학 협동과정에서 석사학위를 받았다. 출판사 편집자였다가 지금은 번역가로 일한다. 책과 언어, 고양이를 좋아한다. 옮긴 책으로는 『아는 동물의 죽음』 『동쪽 빙하의 부엉이』 『과학이 우리를 구원한다면』 『나의 첫 뇌과학 수업』 『과학의 반쪽사』 등이 있다.

젊은 여성 과학자의 초상

초판 1쇄 인쇄 2023년 12월 1일
초판 1쇄 발행 2023년 12월 25일

지은이 린디 엘킨스탠턴
옮긴이 김아림
펴낸이 유정연

이사 김귀분
책임편집 유리슬아 **기획편집** 신성식 조현주 서옥수 황서연 정유진 **디자인** 안수진 기경란
마케팅 반지영 박중혁 하유정 **제작** 임정호 **경영지원** 박소영

펴낸곳 흐름출판(주) **출판등록** 제313-2003-199호(2003년 5월 28일)
주소 서울시 마포구 월드컵북로5길 48-9(서교동)
전화 (02)325-4944 **팩스** (02)325-4945 **이메일** book@hbooks.co.kr
홈페이지 http://www.hbooks.co.kr **블로그** blog.naver.com/nextwave7
출력 · 인쇄 · 제본 삼광프린팅(주) **용지** 월드페이퍼(주) **후가공** (주)이지앤비(특허 제10-1081185호)

ISBN 978-89-6596-610-4 03400

• 이 책은 저작권법에 따라 보호를 받는 저작물이므로 무단 전재와 복제를 금지하며,
이 책 내용의 전부 또는 일부를 사용하려면 반드시 저작권자와 흐름출판의 서면 동의를 받아야 합니다.
• 흐름출판은 독자 여러분의 투고를 기다리고 있습니다. 원고가 있으신 분은 book@hbooks.co.kr로
간단한 개요와 취지, 연락처 등을 보내주세요. 머뭇거리지 말고 문을 두드리세요.
• 파손된 책은 구입하신 서점에서 교환해드리며 책값은 뒤표지에 있습니다.